**教育部高等学校电子信息类专业教学指导委员会规划教材**
高等学校电子信息类专业系列教材

IC Layout Design

# 集成电路版图设计

**余华 师建英 编著**
Yu Hua Shi Jianying



清华大学出版社
北京

## 内容简介

本书以 Tanner 版图设计软件为基础，讲述了集成电路版图设计基础及软件 L-Edit、T-Spice 及 W-Edit 的使用方法，给出了大量集成电路单元版图设计实例。全书共分 4 章，第 1 章介绍了集成电路版图设计基础与 L-Edit 使用方法；第 2 章讲解了集成电路基本器件、标准单元、特殊单元及宏单元电路的版图设计实例及设计方法；第 3 章讲述了版图寄生参数提取及后仿真方法，介绍了 T-Spice 的使用方法及应用实例；第 4 章介绍了版图后仿真 W-Edit 软件的使用方法及应用实例。本书最大特点是基于作者多年在半导体领域积累的经验，给出了大量实例，可方便读者学习与应用。

本书可作为高等院校电子类专业的教材、实验或课程设计参考书，也可供集成电路设计、开发人员和版图设计爱好者阅读和参考。



**图书在版编目(CIP)数据**

集成电路版图设计/余华，师建英编著.--北京：清华大学出版社，2016（2025.2重印）
高等学校电子信息类专业系列教材
ISBN 978-7-302-42846-6

Ⅰ.①集… Ⅱ.①余… ②师… Ⅲ.①集成电路工艺－教材 ②集成电路－电路设计－教材 Ⅳ.①TN405 ②TN402

中国版本图书馆 CIP 数据核字(2016)第 028872 号

**责任编辑**：文 怡
**封面设计**：李召霞
**责任校对**：焦丽丽
**责任印制**：宋 林

**出版发行**：清华大学出版社
**网 址**：https://www.tup.com.cn，https://www.wqxuetang.com
**地 址**：北京清华大学学研大厦 A 座 **邮 编**：100084
**社 总 机**：010-83470000 **邮 购**：010-62786544
**投稿与读者服务**：010-62776969，c-service@tup.tsinghua.edu.cn
**质量反馈**：010-62772015，zhiliang@tup.tsinghua.edu.cn
**课件下载**：https://www.tup.com.cn，010-83470236
**印 装 者**：天津鑫丰华印务有限公司
**经 销**：全国新华书店
**开 本**：185mm×260mm **印 张**：12.5 **字 数**：300 千字
**版 次**：2016 年 4 月第 1 版 **印 次**：2025 年 2 月第 9 次印刷
**定 价**：36.00 元

---

产品编号：063700-01

# 高等学校电子信息类专业系列教材

# 序

FOREWORD

我国电子信息产业销售收入总规模在2013年已经突破12万亿元，行业收入占工业总体比重已经超过9%。电子信息产业在工业经济中的支撑作用凸显，更加促进了信息化和工业化的高层次深度融合。随着移动互联网、云计算、物联网、大数据和石墨烯等新兴产业的爆发式增长，电子信息产业的发展呈现了新的特点，电子信息产业的人才培养面临着新的挑战。

（1）随着控制、通信、人机交互和网络互联等新兴电子信息技术的不断发展，传统工业设备融合了大量最新的电子信息技术，它们一起构成了庞大而复杂的系统，派生出大量新兴的电子信息技术应用需求。这些"系统级"的应用需求，迫切要求具有系统级设计能力的电子信息技术人才。

（2）电子信息系统设备的功能越来越复杂，系统的集成度越来越高。因此，要求未来的设计者应该具备更扎实的理论基础知识和更宽广的专业视野。未来电子信息系统的设计越来越要求软件和硬件的协同规划、协同设计和协同调试。

（3）新兴电子信息技术的发展依赖于半导体产业的不断推动，半导体厂商为设计者提供了越来越丰富的生态资源，系统集成厂商的全方位配合又加速了这种生态资源的进一步完善。半导体厂商和系统集成厂商所建立的这种生态系统，为未来的设计者提供了更加便捷却又必须依赖的设计资源。

教育部2012年颁布了新版《高等学校本科专业目录》，将电子信息类专业进行了整合，为各高校建立系统化的人才培养体系，培养具有扎实理论基础和宽广专业技能的、兼顾"基础"和"系统"的高层次电子信息人才给出了指引。

传统的电子信息学科专业课程体系呈现"自底向上"的特点，这种课程体系偏重对底层元器件的分析与设计，较少涉及系统级的集成与设计。近年来，国内很多高校对电子信息类专业课程体系进行了大力度的改革，这些改革顺应时代潮流，从系统集成的角度，更加科学合理地构建了课程体系。

为了进一步提高普通高校电子信息类专业教育与教学质量，贯彻落实《国家中长期教育改革和发展规划纲要（2010—2020年）》和《教育部关于全面提高高等教育质量若干意见》（教高【2012】4号）的精神，教育部高等学校电子信息类专业教学指导委员会开展了"高等学校电子信息类专业课程体系"的立项研究工作，并于2014年5月启动了《高等学校电子信息类专业系列教材》（教育部高等学校电子信息类专业教学指导委员会规划教材）的建设工作。其目的是为推进高等教育内涵式发展，提高教学水平，满足高等学校对电子信息类专业人才培养、教学改革与课程改革的需要。

本系列教材定位于高等学校电子信息类专业的专业课程，适用于电子信息类的电子信息工程、电子科学与技术、通信工程、微电子科学与工程、光电信息科学与工程、信息工程及其相近专业。经过编审委员会与众多高校多次沟通，初步拟定分批次（2014—2017年）建设约100门课程教材。本系列教材将力求在保证基础的前提下，突出技术的先进性和科学的前沿性，体现创新教学和工程实践教学；将重视系统集成思想在教学中的体现，鼓励推陈出新，采用"自顶向下"的方法编写教材；将注重反映优秀的教学改革成果，推广优秀的教学经验与理念。

为了保证本系列教材的科学性、系统性及编写质量，本系列教材设立顾问委员会及编审委员会。顾问委员会由教指委高级顾问、特约高级顾问和国家级教学名师担任，编审委员会由教育部高等学校电子信息类专业教学指导委员会委员和一线教学名师组成。同时，清华大学出版社为本系列教材配置优秀的编辑团队，力求高水准出版。本系列教材的建设，不仅有众多高校教师参与，也有大量知名的电子信息类企业支持。在此，谨向参与本系列教材策划、组织、编写与出版的广大教师、企业代表及出版人员致以诚挚的感谢，并殷切希望本系列教材在我国高等学校电子信息类专业人才培养与课程体系建设中发挥切实的作用。

吕志伟 教授

# 前言
PREFACE

集成电路版图是包含集成电路的器件类型、器件尺寸、器件之间的相对位置及各个器件之间的连接关系等相关物理信息的图形。版图由位于不同绘图层上的基本几何图形构成，是集成电路设计的关键环节之一。版图设计的目的是将设计好的电路映射到硅片上进行生产，是连接集成电路设计和集成电路制造的中间桥梁，版图设计的优劣不仅关系到集成电路的功能能否实现，而且直接关系到芯片的工作速度和面积，极大地影响集成电路的性能、成本与功耗，因此版图设计在集成电路设计中起着非常重要的作用。

Tanner 集成电路设计软件是由 Tanner Research 公司开发的基于 Windows 平台的用于集成电路设计的工具软件。该软件功能十分强大，易学易用，包括 S-Edit、T-Spice、W-Edit、L-Edit 与 LVS，从电路设计、分析模拟到电路布局一应俱全。其中的 L-Edit 版图编辑器在国内应用广泛，具有很高知名度，完全可以媲美其他基于 Linux、UNIX 平台的 IC 设计软件，特别适用于学校的教学，方便学生使用。本书以 Tanner 版图设计软件为基础，讲述了集成电路版图设计基础及 L-Edit、T-Spice、W-Edit 软件的使用方法，给出了大量集成电路基本器件、标准单元、特殊单元及宏单元电路的版图设计方法与实例，具有很高的应用参考价值。全书共分 4 章，首先介绍了集成电路版图设计基础与 L-Edit 使用方法；接着讲解了集成电路器件、标准单元、特殊单元及宏单元电路的版图设计实例及设计方法；然后介绍了版图寄生参数提取及后仿真方法，T-Spice 的使用方法及应用实例；最后介绍了版图后仿真 W-edit 软件的使用方法及应用实例。

本书由重庆大学余华和河北大学师建英共同编著完成，其中余华策划了本书的编写思路及大纲，师建英完成了本书大部分内容的编写。本书编写过程中，得到了清华大学出版社的大力支持，在此向为本书出版做出贡献的所有朋友表示感谢。

由于编者才疏学浅，书中的不足之处在所难免，恳请各位前辈、同仁及广大读者不吝指正，使本书内容更加充实与完善。

重庆大学　余　华

河北大学　师建英

# 目录

CONTENTS

# 第1章 版图设计基础与L-Edit使用

CHAPTER 1

版图是包含集成电路的器件类型、器件尺寸、器件之间的相对位置及各个器件之间的连接关系等相关物理信息的图形，它由位于不同绘图层上的基本几何图形构成。版图设计是集成电路设计和物理制造的中间环节，其主要目的是将设计好的电路映射到硅片上进行生产。版图设计在集成电路设计流程中位于后端，它是集成电路设计的最终目标，版图设计的优劣直接关系到芯片的工作速度和面积，因此版图设计在集成电路设计中起着非常重要的作用。版图设计的流程由设计方法决定。版图设计方法可以从不同的角度进行分类，如果按照自动化程度，大致可以分为三类：全自动设计、半自动设计和手工设计。版图设计的流程可以表述如下：首先把整个电路划分成若干个模块，然后对版图进行规划，确定各个模块在芯片中的具体位置，完成各个模块的版图及模块之间的互联，最后对版图进行验证。

L-Edit布局图编辑器是一种版图设计工具，它用不同颜色和样式的图层与绘图对象来绘制布局图。L-Edit编辑器用文件(file)、单元(cell)、例化体(instance)以及原始图(primitive)等来描述版图设计图。L-Edit可以同时打开多个文件，一个文件至少由一个单元组成。单元中可以包含多个其他单元的原始体和例化体模块。

L-Edit是一个功能齐全、性能强大、人机交互、易于使用的版图设计工具，它能快速方便地产生版图，并支持全等级结构设计。L-Edit中的图层数、单元数和等级结构中的级别数都是不加限制的。L-Edit具有90°、45°和任意角度的绘图模式，以便形成各种主要图形结构的原始体。

L-Edit中还集成了五个功能强大的子模块，分别为DRC(设计规则检查)、SPR(标准单元布局与绕线)、EXT(版图提取程序)、Cross section viewer(剖面观察器)和UPI(用户编程界面)。由于篇幅限制，本章只介绍了DRC、EXT和Cross section viewer三个子模块。

Cross section viewer模块用来产生版图中各单元的横截面图。DRC模块用来对版图设计进行规则检查。设计规则包括最小条宽、最小环绕、最小间距等。用户可以设定所需的设计规则。EXT模块用来提取版图的SPICE网表，以便在LVS或SPICE模拟器中验证版图的正确性。EXT可以识别无源器件、有源器件或子电路，还能够提取元件的相关参数，如电容量、电阻值和面积等。

本章在介绍版图设计与L-Edit使用时，使用的软件版本为L-Edit 9.0。不同版本的软件其使用方法大同小异。

## 1.1 L-Edit 的窗口介绍

L-Edit 版图编辑器的应用窗口界面如图 1-1 所示。它由标题栏、菜单栏、工具栏、布图区、图层板、命令行界面、状态栏七部分组成。

L-Edit - [Cell0 Layout1]
File Edit View Draw Cell Setup Tools Window Help
All Levels
(-32.000, 19.000)
Default
Poly
Metal1
Mode: Drawing

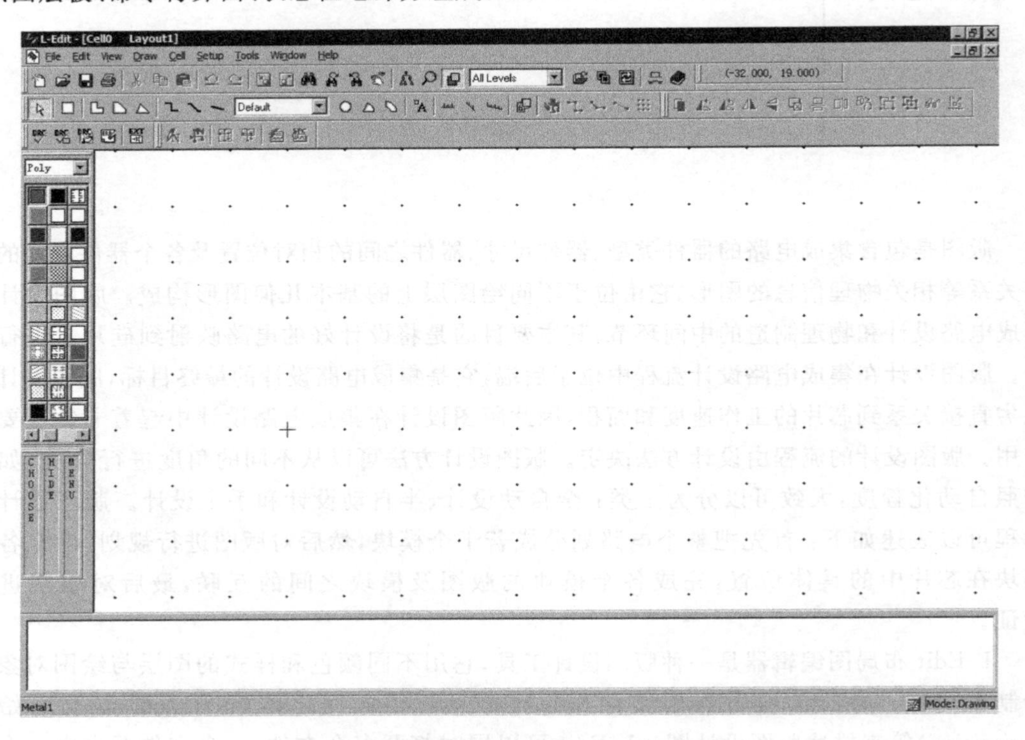

图 1-1 L-Edit 版图编辑器的应用窗口界面

**1. 标题栏**

L-Edit 版图编辑器的标题栏显示当前文件和单元细胞的名称。图 1-1 中的标题栏显示当前文件的名称为 Layout1，单元细胞的名称为 Cell0。L-Edit 文件的后缀为.tdb。

**2. 菜单栏**

L-Edit 版图编辑器的菜单栏如图 1-2 所示。

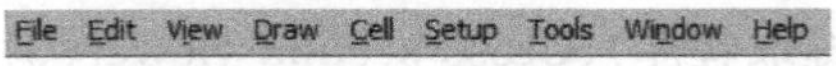

File Edit View Draw Cell Setup Tools Window Help

图 1-2 L-Edit 的菜单栏

其中：

File 项：包括创建、打开、保存和打印文件等命令。

Edit 项：包括取消、恢复、剪切、拷贝、删除、选择、查找等命令。

View 项：包括伸展、缩放和平移等命令。

Draw 项：包括移动、合并以及旋转等命令。

Cell 项：包括创建、编辑和例化单元等命令。

Setup 项：包括对调色板、应用、设计等参数的设定命令。

Tools 项：包括创建和删除产生的图层、DRC、设计的布图和绕线、网表的提取、查看剖面图和运行 L-Edit 宏单元等命令。

Window 项：显示文档窗口。

Help 项：获得在线帮助以及显示 L-Edit 和 Tanner EDA 的基本信息。

**3. 工具栏**

L-Edit 版图编辑器的工具栏包括标准工具栏、绘图工具栏、编辑工具栏、验证工具栏以及布图与绕线工具栏。

(1) 标准工具栏

L-Edit 的标准工具栏如图 1-3 所示。

图 1-3　L-Edit 的标准工具栏

标准工具栏中的前九项工具的功能与其他应用程序中相应工具的功能类似，这里不再赘述。其他工具的功能如下所述：

(Push Edit In-Place)按钮：进入要编辑的子单元内部。

(Pop Edit In-Place)按钮：从编辑的子单元跳回到原先编辑的布局图中。

(Find)按钮：寻找布局中的某一对象。

(Find next)按钮：查找下一个指定的对象。

(Find Previous)按钮：查找前一个指定的对象。

(Goto)按钮：打开 Goto 对话框，设置选中单元在显示区中的坐标。

(Design Navigator)按钮：打开编辑布局文件的单元浏览器。

(Mouse Zoom)按钮：鼠标缩放和平移。

(Toggle Insides)按钮：显示或隐藏当前布局文件中的对象。

All Levels (hierarchy level)按钮：从下拉框中选择显示等级结构的级数。

(Open Cell)按钮：打开一个已有的单元。

(Copy Cell)按钮：拷贝单元。

(Regenerate T-Cell)按钮：重新产生 T-Cell 宏单元。

(Cross-Section)按钮：查看剖面图。

(Help L-Edit Layout User guide)按钮：打开 L-Edit 用户手册。

(2) 绘图工具栏

L-Edit 的绘图工具栏如图 1-4 所示。

图 1-4　L-Edit 的绘图工具栏

其中：

：光标工具。

：矩形工具。

：直角多边形工具。

：45°角多边形工具。

：任意角度多边形工具。

：直角连线。

：45°角连线。

：任意角度连线。

Default ：线宽设置。

：圆形。

：扇形。

：环形。

：端口定义。

：90°标尺。

：45°标尺。

：任意角度标尺。

：模块例化体。

：高亮模式。

：90°绕线。

：45°绕线。

：任意角度绕线。

：使用 BPR 绕线栅格。

(3) 编辑工具栏

L-Edit 的编辑工具栏如图 1-5 所示。

图 1-5 L-Edit 的编辑工具栏

其中：

：复制已存在的细胞。

：逆时针旋转 90°。

：逆时针旋转任意角度。

：水平翻转。

：垂直翻转。

：区域剪切。

：水平切割。

：垂直切割。

：合并。

：组合。

：取消组合。

：编辑对象。

：移动对象。

(4) 验证工具栏

L-Edit 的验证工具栏如图 1-6 所示。

其中：

：对窗口中的全部图层做 DRC 检查。

：对窗口中选中的图层做 DRC 检查。

：打开 DRC 规则设置对话框。

：取消图层上的错误标识。

：执行版图提取。

(5) 布图与绕线工具栏

L-Edit 的布图与绕线工具栏如图 1-7 所示。

图 1-6 L-Edit 的验证工具栏

图 1-7 L-Edit 的布图与绕线工具栏

其中：

：BPR 中，打开网表浏览器。

：BPR 中，选中网线或连接。

：BPR 中，进行全部绕线。

：BPR 中，删除全部绕线。

：BPR 中，进行时间分析。

：BPR 中，进行信号完整性分析。

**4. 布图区**

L-Edit 窗口中除其他六个组成部分以外的区域都是布图区。

**5. 图层板**

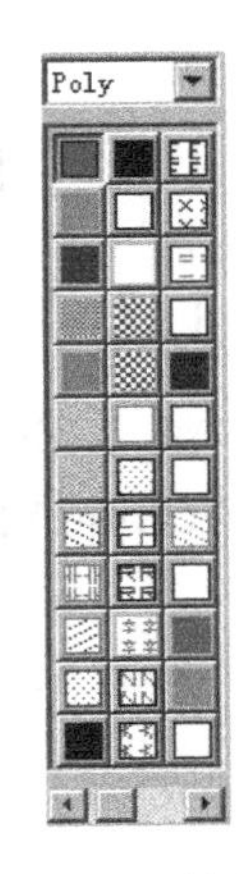

L-Edit 中的图层板如图 1-8 所示。图层板中用图标来表示 L-Edit 的工艺图层,每个图标都有一个特有的颜色和花纹。L-Edit 中工艺图层的数目是无限的。当鼠标指针移动到某个图标上方时,该图标代表的图层的名称将显示在状态栏中。

Poly

图 1-8　图层板

**6. 命令行界面**

L-Edit 包含一个命令行界面,它允许输入一些基本命令的文字信息。命令行界面如图 1-9 所示。

command line interface

图 1-9　命令行界面

**7. 状态栏**

L-Edit 的状态栏包括三个部分,分别为鼠标键栏、定位器栏以及状态栏。可以通过 View→StatusBars 命令来显示或隐藏某个状态栏。

(1) 鼠标键栏

L-Edit 的鼠标键栏显示鼠标各按钮的当前功能。鼠标按钮的功能取决于鼠标在应用文件中的位置,L-Edit 的鼠标键栏如图 1-10 所示。

(2) 定位器栏

L-Edit 的定位器栏如图 1-11 所示。定位器栏中显示鼠标指针在文件中的坐标。

CHOOSE
HIDE
MENU

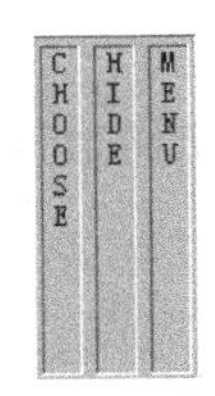

图 1-10　L-Edit 的鼠标键栏

(60.500, 76.500)

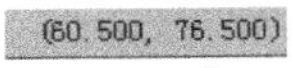

图 1-11　定位器栏

(3) 状态栏

状态栏在 L-Edit 窗口的底部,显示窗口中某个选中项目的相关信息,如图 1-12 所示。

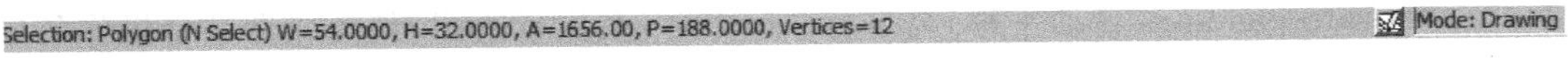

Selection: Polygon (N Select) W=54.0000, H=32.0000, A=1656.00, P=188.0000, Vertices=12
Mode: Drawing

图 1-12　状态栏

# 1.2 L-Edit 的参数设置

## 1.2.1 L-Edit 的应用参数设置

对 L-Edit 的应用参数进行设置可以用 Setup→Application 命令，打开 Setup Application 对话框，如图 1-13 所示。

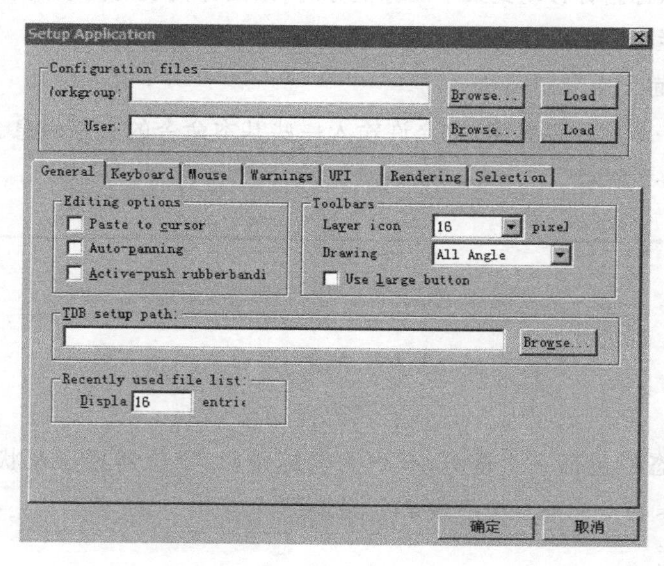


图 1-13 应用参数对话框

应用参数设置的结果保存在应用配置文件中(后缀为.ini)，应用配置文件是 ASCII 文件。在对话框的 Configuration files(配置文件)选项组中的 Workgroup 或 User 填充框中写入已存在的文件的名称，或者从 Browse 按钮中找到已存在的文件，单击“确定”按钮，即可将已存在文件的应用参数设置加载到当前 L-Edit 文件中。如果两个填充框中都写入了应用配置文件，那么起作用的将是 User 填充栏中的应用配置文件。

应用参数设置包括七个组成部分，分别为一般参数设置、键盘参数设置、鼠标参数设置、警告参数设置、UPI 参数设置、描写参数设置和选中参数设置。

**1. 一般参数设置**

一般参数设置使选项、工具栏以及其他的一般应用参数用户化。一般参数设置如图 1-13 所示，其中包括如下信息：

- Editing options(编辑)选项组：又包括三个复选框，分别为：
  - Paste to cursor(粘贴到指针)复选框：选中后，在使用 Edit→paste 工具时，布局图中被选中的对象随着鼠标指针移动直到单击任意一个鼠标按钮为止。
  - Auto-panning(自动平移)复选框：选中后，在执行绘图、移动或者编辑操作的同时，当鼠标指针碰到窗口的边缘时，L-Edit 自动将视图窗口平移。
  - Active-push rubberbanding(活动推拉橡皮条)复选框：选中后，使用者在进行拖曳操作时，鼠标按钮可不用始终保持在按下的状态。

- Toolbars（工具栏）选项组包括如下选项：
  - Layer icon size（图层图标尺寸）选项：设置图层板中的图标大小（单位为像素）。
  - Drawing mode（绘图模式）选项：设置绘图工具栏中显示的绘图工具。
  - Use large buttons（使用大按钮）复选框：选中后，所有工具栏中的快捷按钮的显示尺寸放大50%。
- TDB setup path（TDB文件保存路径）填充框：预定义TDB文件的保存路径。
- Recently used file list（最近保存的文件列表）填充框：设定File菜单中显示的最近打开的文件的个数。

**2. 键盘参数设置**

键盘参数设置用来设定键盘上的热键命令，键盘参数设置如图1-14所示。

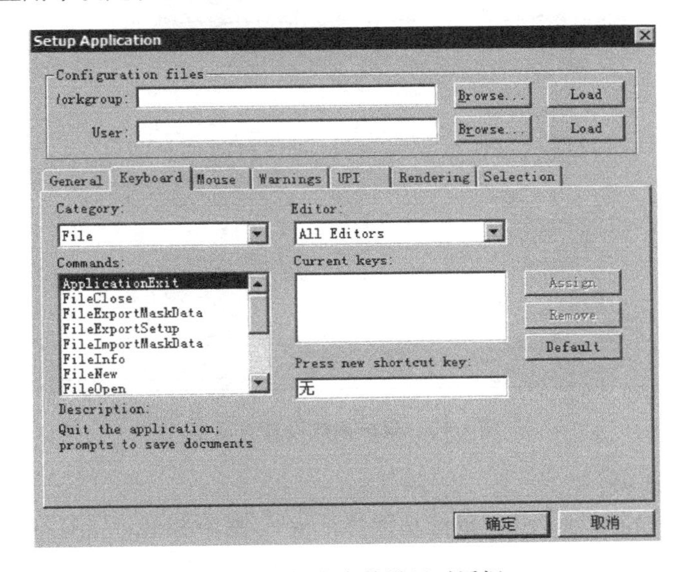


图1-14　键盘参数设置对话框

其中包括如下选项：

- Category（类别）下拉框：在下拉框中选择L-Edit菜单栏中的菜单项。
- Editor（编辑器）下拉框：L-Edit有两个编辑器，一个是Layout（图层编辑器），另一个是Text（文本编辑器）。每个编辑器都有自己的命令组合键盘热键。下拉框中包括All Editors、Layout和Text三个选项。选中All Editors时，将同时设定版图编辑器和文本编辑器中的键盘热键。选中其他任一个编辑器时，只设定本编辑器中使用的键盘热键。
- Commands（命令）下拉框：显示选中的菜单项中的命令。选中其中任一命令时，该命令处于高亮状态。
- Description（描述）显示框：显示Commands下拉框中处于高亮状态的命令的相关描述。
- Current keys（当前热键）显示框：显示Commands下拉框中处于高亮状态的命令的热键名称。删除热键的方法是，选中该热键，单击右侧的Remove按钮。
- Press new shortcut key（键入新热键）填充框：单击填充框中的空白区域，使该填充框中出现闪动的光标。之后就可用键盘输入新的热键名称。输入完成后，单击右侧的 Assign 按钮进行保存。

- Default(默认)按钮：将当前编辑器中所有的热键设置保存为默认热键设置。

**3. 鼠标参数设置**

鼠标标签用于设定鼠标按钮的功能和鼠标显示框显示的位置。鼠标参数设置如图 1-15 所示。

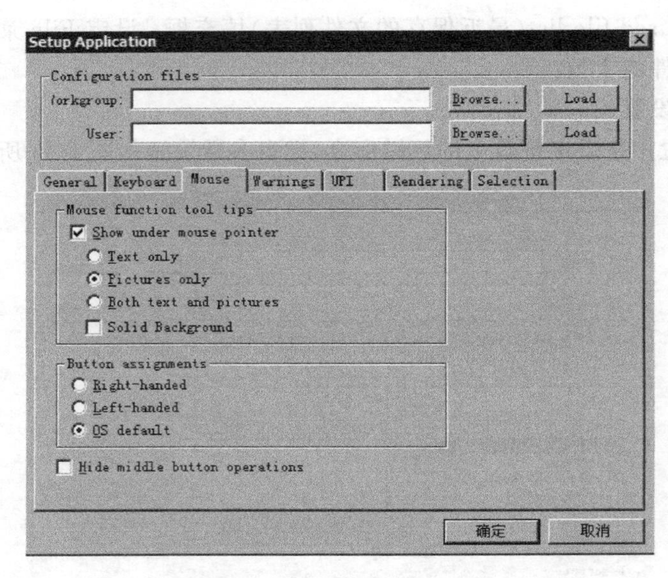


图 1-15　鼠标参数设置对话框

其中包括如下选项：

- Mouse functions tool tips(鼠标功能提示框)：选中 Show under mouse pointer(在鼠标指针下方显示)可选框时，在 TDB 文件中鼠标指针的下方将显示相应的功能提示框。
  - Text only(只显示文本)单选框：在鼠标指针下方只显示各鼠标按钮的文本说明。
  - Pictures only(只显示图标)单选框：在鼠标指针下方只显示各鼠标按钮的图标。
  - Both text and pictures(同时显示文本和图标)在鼠标指针下方同时显示各鼠标按钮的文本说明和图标。
  - Solid Background(实心显示背景)复选框：选中后，将鼠标指针显示的内容放到实心背景框中。
- Button assignments(按钮功能设定)选项组：设定鼠标按钮功能在鼠标指针显示框和鼠标键栏中的显示顺序。使用者可以选择 Right-handed(右旋转排列显示)，或者 Left-handed(左旋转排列显示)，或者 OS default(系统默认显示)。
- Hide middle button operations(隐藏鼠标中键显示)可选框：选中后，在鼠标指针显示栏和鼠标键栏中隐藏鼠标中键功能的显示。

**4. 警告参数设置**

在编辑设计文件时，警告标签用于设定显示或不显示列表中的可选警告和解释说明。警告参数设置如图 1-16 所示。

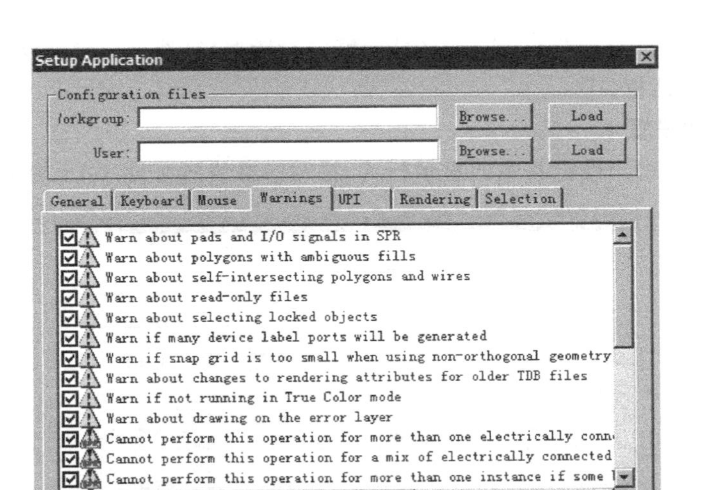


图 1-16　警告参数设置对话框

**5. UPI 参数设置**

L-Edit 在运行解释宏文件时，应用参数设置中的 UPI 标签用于设定宏文件用到的头文件的路径。UPI 参数设置如图 1-17 所示。

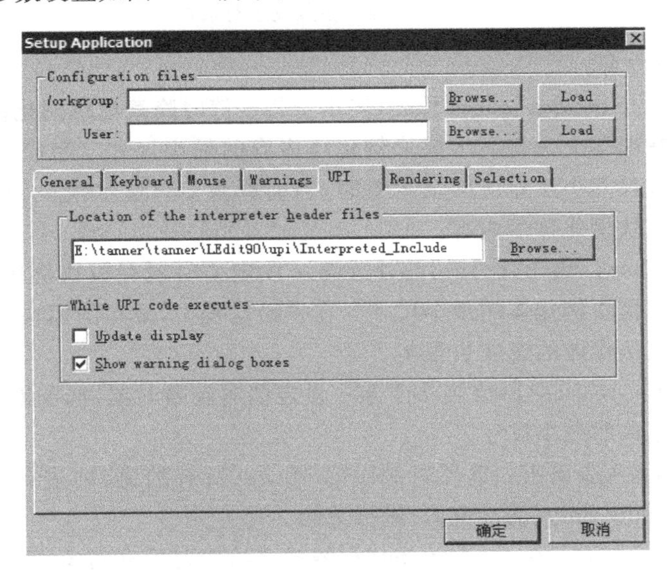


图 1-17　UPI 参数设置对话框

其中包括如下内容：

- Location of the interpreter header files(解释头文件的地址)填充框：写入 L-Edit 解释头文件的绝对路径，或者用右侧的 Browse 按钮找到该解释头文件。
- While UPI code executes(执行 UPI 代码时)选项组：包含两个复选框，内容如下：
  - Update display(更新显示)复选框：在执行 UPI 代码时，随时更新显示信息。

■ Show warning dialog boxes(显示警告对话框)复选框：在执行 UPI 代码时，显示警告对话框。

**6. 描写参数设置**

描写参数标签用于设定基本的显示行为，描写参数设置如图 1-18 所示。

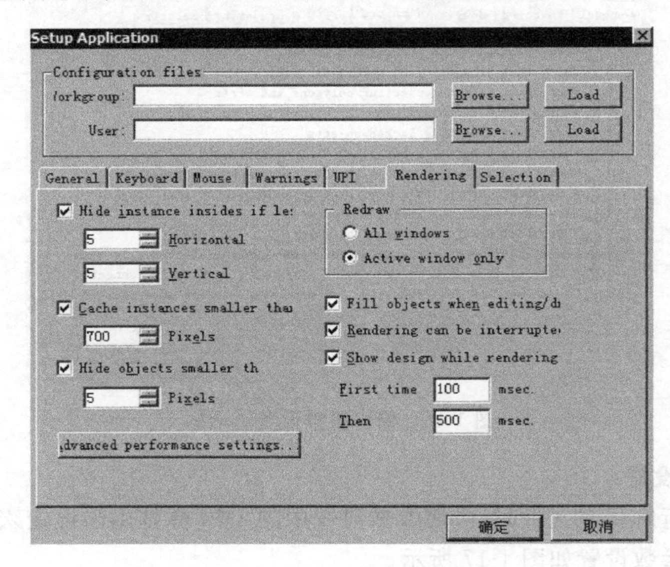


图 1-18 描写参数设置对话框

其中包含如下内容：

- Hide instance insides if less than(当小于某一值时隐藏模块例化体的内容)选项组：设定能够在屏幕上完整显示模块例化体内容的最小尺寸。当模块例化体的水平尺寸或者垂直尺寸小于相应的设定值时，当前屏幕上只显示模块例化体的外部轮廓，而不显示模块例化体的内容。
- Cache instances smaller than(当小于某一设定值时缓存模块例化体)选项组：设定用于缓存的模块例化体的最小尺寸。在重绘过程中，缓存的模块例化体的速度比未缓存的模块例化体的速度快很多。
- Hide objects smaller than(当小于某一设定值时隐藏对象)选项组：设定在当前屏幕中绘制的对象的最小尺寸。
- Redraw(重绘)选项组：选择对 All windows(所有的窗口)进行重绘，或者选择对 Active window only(活动窗口)进行重绘。
- Fill objects when editing/drawing(在编辑或绘图时填充对象)可选框：该可选框未被选中时，在进行绘图或者编辑操作时用轮廓线来描写对象。否则，用颜色填充对象。
- Rendering can be interrupted(描写中断)可选框：选中后，单击鼠标或者单击键盘会中断当前描写，此时不需等待重绘完成即可进行下一次操作。
- Show design while rendering(描写过程中显示图样)选项组：选中时，在描写过程中定期更新显示图样。First time 填充框中显示描写过程中第一次更新图样的时间，Then 填充框中显示描写过程中更新图样的周期。未选中时，L-Edit 等待描述操作完成后才对图样进行更新。

- Advanced Performance Settings(高级性能设置)按钮：打开 Advanced Performance Settings 对话框，如图 1-19 所示。

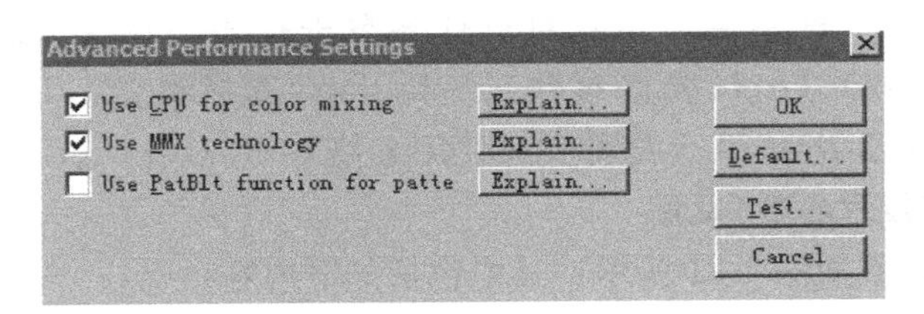


图 1-19　高级性能设置对话框

其中包括如下信息：

■ Use CPU for color mixing(在颜色混合中使用 CPU)复选框：允许用 CPU 或者显示卡操作颜色混合，并影响描写的性能。

■ Use MMX technology(使用 MMX 技术)复选框：如果在颜色混合中使用 CPU，那么 MMX 一般会产生最佳的性能。

■ Use PatBlt function for patterns(制图时使用 PatBlt 功能)复选框：当描写的图层具有图案填充的对象或者加轮廓线的对象时，L-Edit 将使用一种快速的 32 位视图功能 PatBlt。

**7. 选中参数设置**

选中参数标签用于指定边缘选中模式或一般选中参数，如图 1-20 所示。

其中包括如下内容：

- Minimum zoom/selection box size(放大/选中矩形框的最小尺寸)填充框：指定放大/选中矩形框的最小尺寸，单位是像素。
- Edge selection modes(边缘选中模式)可选框：包括 Select edges only when fully enclosed by selection box(仅当被选中矩形全部包含时选中边缘)或者 Select edges when partly enclosed by selection box(被选中矩形部分包含时选中边缘)。

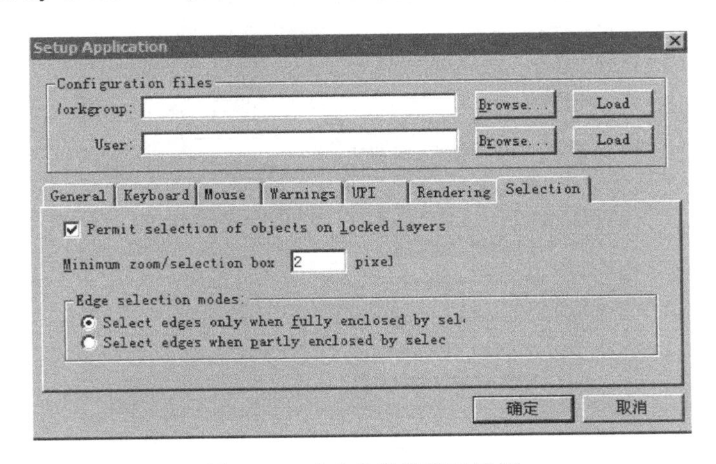


图 1-20　选中参数设置对话框

## 1.2.2 L-Edit 的设计参数设置

对 L-Edit 的设计参数进行设置可以用 Setup→Design 命令，打开 Setup Design 对话框。该对话框包含六个标签供使用者对设计参数进行相关设置。这六个标签分别为：Technology(技术参数)、Grid(栅格参数)、Selection(选择参数)、Drawing(绘图参数)、Curves(曲线参数)以及 Xref files(外部交叉使用文件)。

**1. Technology(技术参数)设置**

技术参数设置标签如图 1-21 所示。其中包括如下内容：

- Technology name(技术名称)填充栏：填写当前设计文件使用的制造工艺的名称。
- Technology units(制造技术单位)可选框：每个制造技术都由一个特定的测量单位来描述。使用者可以从预定义的测量单位中选择一个，也可以选择 Other 按钮定制一个其他的单位(称为定制单位)。当选用定制单位时，需要在 Other 右侧的填充框中写入定制单位的名称。
- Technology setup(技术设定)→Maintain physical size of objects(保持对象的物理尺寸不变)可选项：只在技术单位与内部单位之间的关系发生改变时有效。选中后(或有效后)，L-Edit 检查所有单元中的对象和单位参数以决定是否删简布局图。布局图中所有对象的坐标和尺寸都用内部单位来保存。
- Technology setup(技术设定)→Rescale the design(设计的重新定标)可选项：同样只在技术单位与内部单位之间的关系发生改变时有效。选中后，以内部单位存储的数据保持不变，L-Edit 将根据技术单位与内部单位之间的变化情况来重新定标所有单元中的对象和单位参数。
- Technology setup(技术设定)→Technology units per internal unit(技术单位与内部单位比)设置框：设定内部单位与物理单位之间的关系。如选用定制单位，则设定内部单位与定制单位之间的关系。

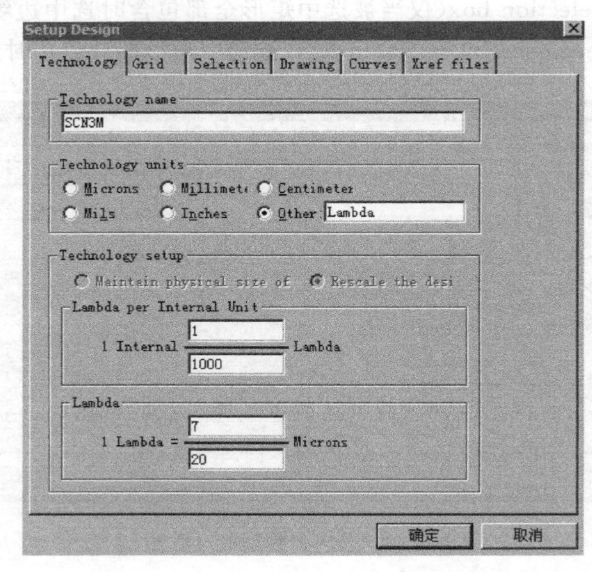


图 1-21 技术参数设置标签

**2. Grid(栅格参数)设置**

栅格参数对于对象的查看、绘制和编辑有很大的帮助。L-Edit 提供三种独立的栅格：显示栅格、鼠标跳跃栅格和定位坐标系栅格。显示栅格提供一组方便观察的定位格点，L-Edit 可以同时显示主栅格和辅助栅格。鼠标跳跃栅格决定指针在移动过程中的自由度。定位坐标系栅格报告单元的位置、大小和距离。栅格参数设置标签如图 1-22 所示。其中包括如下内容：

- One Locater units(一个定标单位)填充框：填写一个定标单位与一个内部单位之间的数值关系。图中设定一个定标单位等于 1000 内部单位。
- Major displayed grid(主栅格)填充框：填写主栅格的格点间距(单位为定标单位)。图中设定主栅格的格点间距为 10 个定标单位。
- Suppress major grid if less than(当小于某一值时不显示主栅格)填充框：主栅格的显示间距随着布图区的缩小而缩小。当主栅格点的屏幕像素数值小于填写的数值时，隐藏布图区中的主栅格点。
- Minor display grid(辅助显示栅格)填充框：填写辅助栅格的格点间距(单位为定标单位)。图中设定辅助栅格的格点间距为 1 个定标单位。
- Suppress minor grid if less than(当小于某一值时不显示辅助栅格)填充框：填写辅助栅格格点的屏幕像素数值。当小于这个值时，隐藏辅助栅格格点。
- Cursor type(光标类型)可选框：光标类型包括两个单选框，分别为 Snapping(跳跃)选框和 Smooth(平滑)选框。选中跳跃选框，光标只在 Mouse snap grid(鼠标跳跃栅格)栏中设定的点上跳动。选中平滑选框，光标的移动将不受限制，鼠标指针可在格点间平滑移动。
- Mouse snap grid(鼠标跳跃栅格)填充框：填写鼠标跳跃栅格的绝对距离。图中设定鼠标跳跃栅格的绝对距离为 0.5 个定标单位。

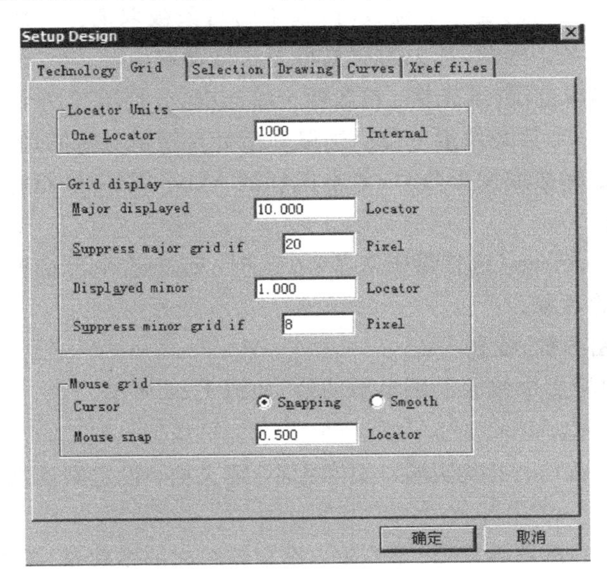


图 1-22　栅格参数设置标签

**3. Selection(选择参数)设置**

选择参数设置可以修改对象的选择参数,Selection 标签如图 1-23 所示。

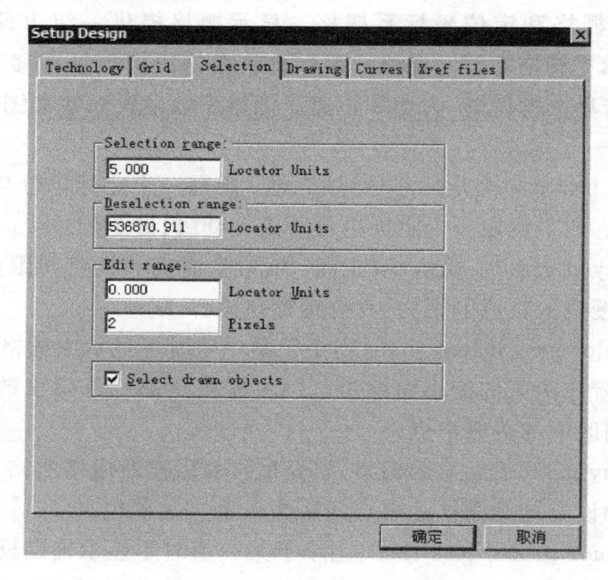


图 1-23 选择参数设置标签

其中包括如下内容:

- Selection range(选择范围)填充框:填写一个正数,确定选择范围与定标单位的数值关系。当鼠标指针处在对象的外部,且与对象的任一边缘的距离小于填写的定标单位数时,仍然可以选中该对象。
- Deselection range(未选择范围)填充框:填写一个正数,当鼠标指针与选中对象的距离大于这个填写的定标单位数时,选中的对象被取消。一般,这个正数被默认为最大可能的正数。因此,选中的对象将无法自动取消。
- Edit range(编辑范围)填充框:包含两个填充框,分别填写两个正数。其中一个数是定标单位,另一个数是像素单位。当鼠标指针与编辑对象的边缘或顶点的距离小于这个填写的定标数或像素数时,单击鼠标的 Move/Edit 按钮将执行编辑操作,否则执行移动操作。
- Select drawn objects(选择绘图对象)可选框:选中这个可选框后,L-Edit 将自动选中刚刚创建的对象。

**4. Drawing(绘图参数)设置**

可以在绘图参数标签中修改绘图参数的值,如图 1-24 所示。

其中包括如下内容:

- Default port text size(默认端口文字大小)填充框:设定默认端口文字的大小,单位是定标单位。
- Nudge amount(微移数字量)填充框:设定绘图时的微移量,单位为定标单位。
- Text size(文字大小)填充框:设定标尺的默认文字大小。
- Display text(显示文字)下拉框:标尺的文字有以下 4 种显示方式:No text(不显

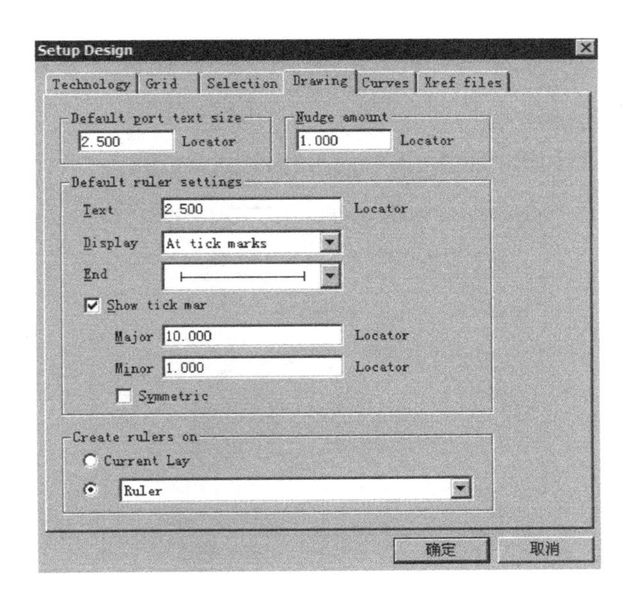


图 1-24　绘图参数设置标签

示)，Centered(居中显示)，At end points(两端显示)以及 At tick marks(在刻度线上显示)。从下拉列表中选中其中一种显示方式。

- End style(端点形状)下拉框：标尺线有两种端点形状：箭头端点和平头端点。从下拉框中选中想要的形状。
- Show tick marks(显示刻度)选项组：当选中 Show tick marks 前面的可选框时，以下操作有效。
  - Major(主刻度)填充框：设定标尺的主刻度与定标单位的数值关系。
  - Minor(辅助刻度)填充框：设定标尺的辅助刻度与定标单位的数值关系。
  - Symmetric(对称显示)可选框：当选中时，刻度同时显示在标尺的上方和下方。
- Create rulers on(创建标尺在)选项组：
  - Current layer(当前图层)可选框：将标尺创建在当前选中的图层上。
  - 图层下拉框：从下拉框中选择要在其上面创建标尺的图层。

**5. Curves(曲线参数)设置**

用 Curves 标签设定近似曲线的参数，如图 1-25 所示。

其中包括如下内容：

- Maximum number of segments per curve(每段曲线可被分割的最大数)填充框：定义 L-Edit 用于近似曲线的最大分割数。
- Maximum length of a segment(分割线段的最大长度)填充框：定义用于曲线近似的单根线段的最大长度，单位是定标单位。
- Display curves as an approximation(用近似线段来显示曲线)复选框：用一系列的线段来显示曲线，而不是显示平滑的曲线。

**6. Xref files(外部交叉使用文件)设置**

Xref files 标签列出使用者想要用作交叉参考的文件或库文件的名称，如图 1-26 所示。

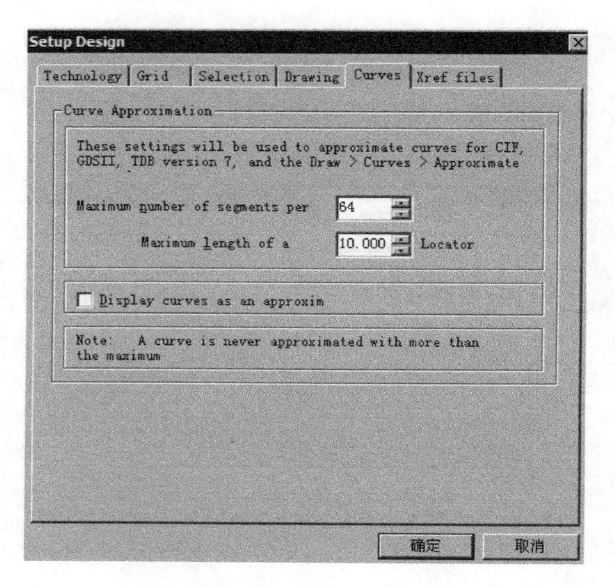


图 1-25 曲线参数设置标签

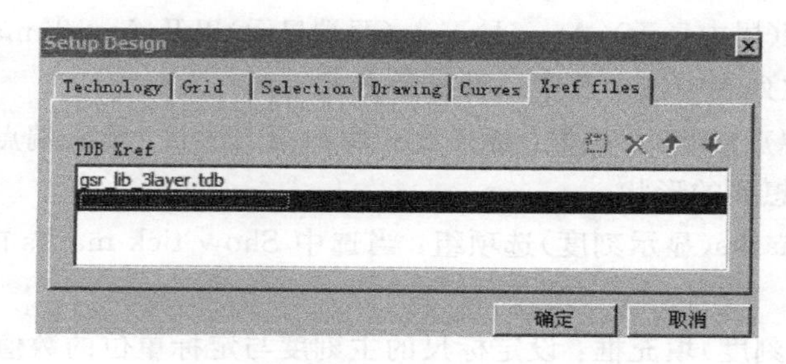


图 1-26 外部交叉使用文件设置标签

可在 TDB Xref files(TDB 交叉使用文件)表中添加用于交叉使用的文件的路径和名称。双击列表中的文件名,可打开该文件的属性对话框。

Xref files 标签页中含有 4 个按钮,其作用分别如下:

[新建按钮]:在列表中添加一个新文件,并使该文件处于编辑模式。

[删除按钮]:从列表中删除选中的 Xref 文件。

[上移按钮]:在列表中,将选中的 Xref 文件向上移动一位。

[下移按钮]:在列表中,将选中的 Xref 文件向下移动一位。

列表中的文件顺序很重要。在进行 GDSII 输出时,L-Edit 将按照使用者设定的 Xref 文件的顺序,在这些文件中查找交叉使用的单元。

## 1.3 文件与单元

L-Edit 的布图设计文件是以 TDB 文件的形式来保存的。TDB 文件中包括设计需要的所有的环境设计文件、设计规则、布局数值以及制造工艺等。TDB 文件可以是文本文件或布图文件。布图文件用各个物质层次来构成有意义的电路或单元,这些电路或单元被称为单元(Cells)。一个完整的设计是由设计文件中的单元来组成的，一个设计文件至少包含一个单元。

## 1.3.1 文件

### 1. 建立新文件

用 File→New 命令(热键 Ctrl＋N)或 L-Edit 工具栏中的快捷按钮，打开 New File 对话框，如图 1-27 所示。

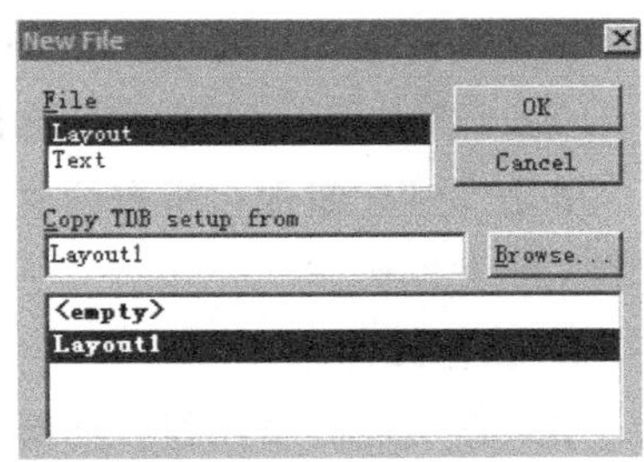


图 1-27　打开新文件对话框

在 File 选择框中可以选择想要建立的新文件的类型(布图文件或文本文件)。选择建立新的布图文件后，使用者可在 Copy TDB setup form(拷贝 TDB 设置)填充框写入或用 Browse 按钮选择相关的 TDB 文件，这可以把填写的 TDB 文件的相关设定数据拷贝到新的布图文件中。如果没有在 Copy TDB setup form 填充框中选择 TDB 文件，那么新的布局文件将以默认的＜empty＞设置打开。

预定义设置文件列表中包括如下内容：

- ＜empty＞：这是标准的空文件设置格式，不包含任何设计规则、工艺文件等。
- 当前打开的 TDB 文件列表：用粗体显示。

设定完成后单击 OK 按钮，将在 L-Edit 的显示区中创建新的 TDB 文件，默认的名称为 TextN 或 LayoutN。其中 N 为正整数，与当前页面中打开的历史文件的个数有关。在第一次保存文件时，可以改变文件的名称。

### 2. 打开文件

用 File→Open 命令(热键 Ctrl＋O)或者工具栏中的快捷按钮，打开“打开”对话框，如图 1-28 所示。

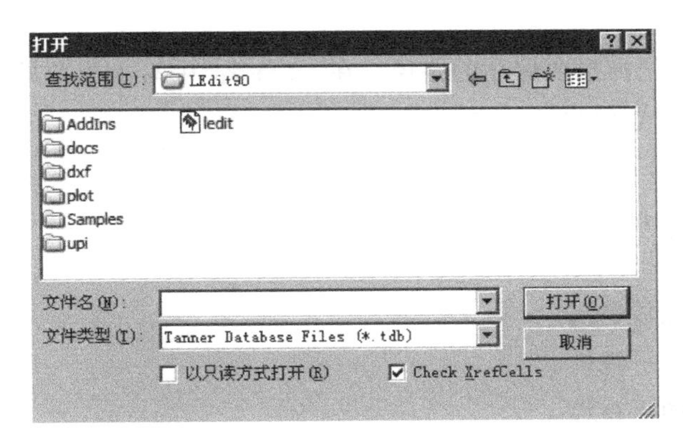


图 1-28　“打开”对话框

其中包括如下内容：

- 查找范围(Look in)下拉框：从中找到想要打开的文件的路径。
- 文件名(File name)填充框：写入想要打开的文件的名称。一次只能打开一个文件。
- 文件类型(File of type)下拉框：显示文件的类型，从下拉框选中要打开的文件所属的类型。

- 以只读方式打开(Open as read-only)可选框：选中后，以只读方式打开文件，对文件所作的修改不能被保存。这个选项只对 TDB 文件有效。
- 检查交叉使用文件(Check XrefCells)可选框：确认当前单元是从其他文件中引入的交叉单元。如果不是，那么将出现 Examine XrefCell Links 对话框。

**3. 关闭文件**

关闭当前文件可使用 File→Close 命令(热键 Ctrl＋W)。如果文件中包含未保存的改变，L-Edit 将出现一个提示框，如图 1-29 所示。

单击"是"按钮保存所有的改变。单击"否"按钮放弃保存所有的改变。单击"取消"按钮取消关闭文件操作。

**4. 保存文件**

用文件当前的路径和名称来保持文件，可以用 File→Save 命令(热键 Ctrl＋S)。若以不同的文件名或路径来保持文件则选用 File→Save As 命令，"另存为"对话框如图 1-30 所示。

图 1-29 是否保存对话框

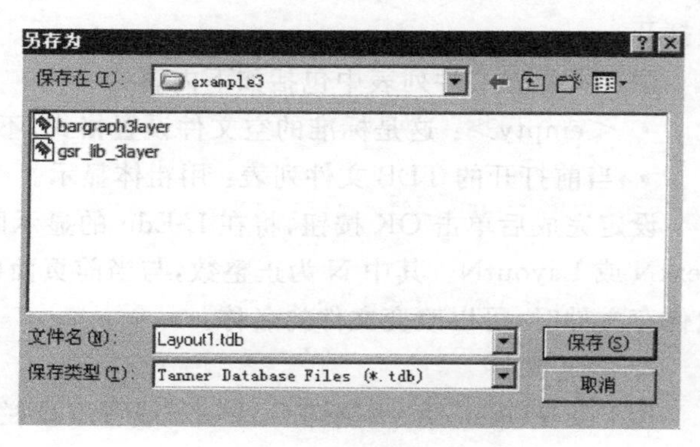


图 1-30 "另存为"对话框

在"保存在"栏中选择想要保存的路径。在"文件名"中写入想要的文件名称。从"保存类型"下拉框中选择想要保存的文件类型。

在保存文件时 L-Edit 将会保存以下信息：

- 当前文件中所有布局窗口的大小和位置。
- 打开的单元。
- 打开单元的缩放情况。
- 原点和栅格的可视性。
- 排列和端口的可视性。
- 图层的可视性。

**5. 输入掩膜数据文件**

使用 File→Import Mask Data 命令将 CIF 文件或 GDSII 文件输入到 L-Edit 的 TDB 文件中。Import Mask Data(输入掩膜数据)对话框如图 1-31 所示。

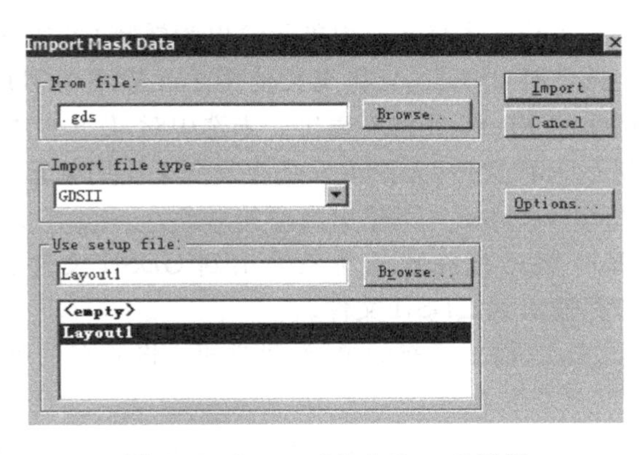


图 1-31　Import Mask Data 对话框

其中包括如下内容：

- Form file(输入文件)填充框：写入要输入的掩膜数据文件的路径和名称。也可以从右侧的 Browse 按钮中找到要输入的掩膜数据文件的路径和名称。
- Import file type(输入文件的类型)选择框：指定输入文件的类型，可以是 CIF 型输入文件或者是 GDSII 型输入文件。
- Use setup file(使用设置文件)填充框：指定包含图层设置信息的 TDB 文件。
- Import(输入)按钮：输入指定的文件。
- Options(选项)按钮：打开一个对话框来选中 CIF 文件或者 GDSII 文件的重要选项信息。

**6. 输出掩膜数据文件**

使用 File→Export Mask Data 命令将 L-Edit 当前 TDB 文件中的数据以 CIF 文件或 GDSII 文件格式输出。Export Mask Data(输出掩膜数据)对话框如图 1-32 所示。

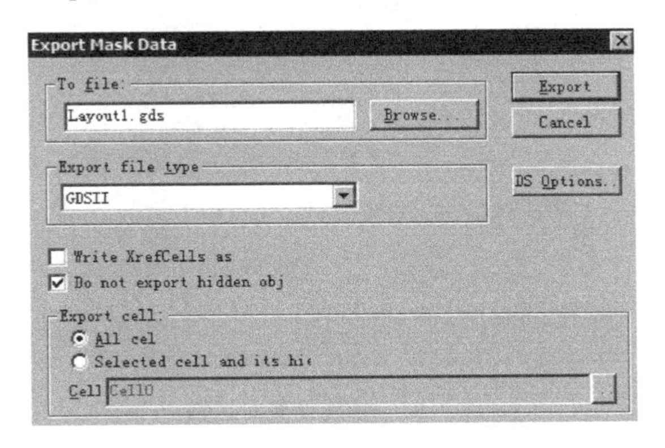


图 1-32　Export Mask Data 对话框

其中包括如下内容：

- To file(输出文件的名称和路径)填充框：写入或从右侧的 Browse 按钮中选择想要输出掩膜数据的文件路径或名称。
- Export file type(输出文件的类型)选择框：选中输出文件的类型，可以是 CIF 文件或者 GDSII 文件。

- Write XrefCells as links(将交叉使用单元输出为链接)可选框：当输出文件类型为GDSII时有效。选中时，L-Edit只将交叉使用单元输出为引用单元，而不包括它们的内容。未被例化的XrefCell将不输出。未选中时，L-Edit把所有单元的单元引用和内容都输出到GDSII文件，无论单元是否是交叉使用单元。
- Do not export hidden objects(不输出隐藏的对象)：当输出文件类型为GDSII时有效。选中时，L-Edit将不把隐藏的对象输出到GDSII文件。未选时，所有的文件(无论是否隐藏)都输出到GDSII文件。
- Export Cell→All Cell(输出所有的单元)可选框：将所有的单元输出成CIF文件或GDSII格式。
- Export Cell→Setected Cell and its hierarchy(指定单元和它们的等级)可选框：将指定的单元和它依赖的所有单元输出。
- GDS Options(GDS选项)/CIF Options(CIF选项)按钮：打开一个对话框来选中CIF文件或者GDSII文件的重要选项信息。
- Export按钮：输出指定的文件。

**7. 替换设置**

每一个L-Edit设计文件都包括如下一些基本信息：图层列表、技术工艺设定、SPR、DRC以及EXT的相关设置选项。

File→Replace Setup命令可以把另一个设计文件的设定信息加载到当前设计文件中。Replace Setup Information对话框如图1-33所示。

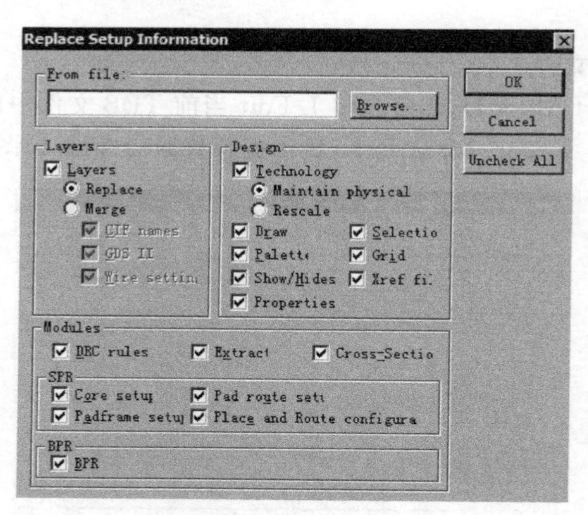


图1-33 替换设置对话框

其中包括如下信息：

- From file(源文件)填充框：写入或用右侧的Browse按钮选中被加载的TDB文件或TTX文件的名称。
- Layers(图层)选项组：从指定的文件中输入图层设置信息。
  - Layers(图层)选项：选中时，Replace(替换)选项和Merge(合并)选项有效。
  - Replace(替换)选项：将当前文件中原有的图层替换为源文件中的图层。

- ■ Merge(合并)选项：将源文件中的图层添加到当前文件的图层列表中。选中时，CIF names(CIF 名称)复选框，GDSII numbers(CGDSII 数字)复选框，Wire settings(线段设置)复选框有效。
- ■ CIF names(CIF 名称)复选框：选中后，将源文件中图层的 CIF 名称添加到当前文件的图层列表中。
- ■ GDSII numbers(CGDSII 数字)复选框：选中后，将源文件中图层的 GDSII 数字信息写入到当前文件的图层列表中。
- ■ Wire settings(线段设置)复选框：选中后，将源文件中图层的线段设置写入到当前文件的图层列表中。

- Design(设计)选项组：
  - ■ Technology(技术)可选框：选中后，Maintain physical size(保持物理尺寸不变)可选框和 Rescale(重定设计)可选框有效。
  - ■ Maintain physical size(保持物理尺寸不变)可选框：选中时，当前文件的工艺技术被源文件中的工艺技术替换后，保持当前文件中所有对象的物理尺寸不变。
  - ■ Rescale(重定设计)可选框：选中时，当前文件的工艺技术被源文件的工艺技术取代后，重新定标设计当前文件中的对象尺寸。
  - ■ Draw(绘图)复选框：选中后，用源文件 Setup Design→Drawing 对话框中的相关设置替换当前文件中的相应设置。
  - ■ Palette(调色板)复选框：选中后，用源文件 Setup Palette 对话框中的相关设置替换当前文件中的相应设置。
  - ■ Show(显示)/Hides(隐藏)复选框：选中后，用源文件中栅格、原点、端口以及其他对象的可视性设定替换当前文件中的相应设置。
  - ■ Properties(属性)复选框：选中后，用源文件 File→Info→Properties 对话框中对系统和其他参数的设置替换当前文件中的相应设置。
  - ■ Selection(选择参数)复选框：选中后，用源文件 Setup design→Selection 对话框中的相关参数设置替换当前文件中的相应设置。
  - ■ Grid(栅格参数)复选框：替换当前文件中的栅格显示参数和鼠标跳跃参数。
  - ■ Xref files(交叉使用文件)复选框：选中后，替换当前文件中用作交叉使用的库文件(TDB 文件)。
- Modules(模块)选项组：包括 3 个复选框，分别为 DRC rules(DRC 规则)、Extract(提取设定)和 Cross-Section(剖面图设置)。用源文件中相应的设定参数替换当前文件中选中的复选框的设定参数。
- SPR(标准单元布图与绕线)选项组：包括 4 个复选框，分别为 Core setup(核心设置)、Padframe setup(焊盘框架设置)、Pad route setup(焊盘绕线设置)和 Place and Route Configuration(布图与绕线配置)。用源文件中相应的设定参数替换当前文件中选中的复选框的设定参数。
- BPR(块单元布图与绕线)选项：选中后，用源文件中 BPR 的设定参数替换当前文件中 BPR 的设定参数。

**8. 输出设置**

用 File→Export Setup 命令打开 TTX Export 对话框，如图 1-34 所示。这个命令将设置的信息输出到一个文本文件中。

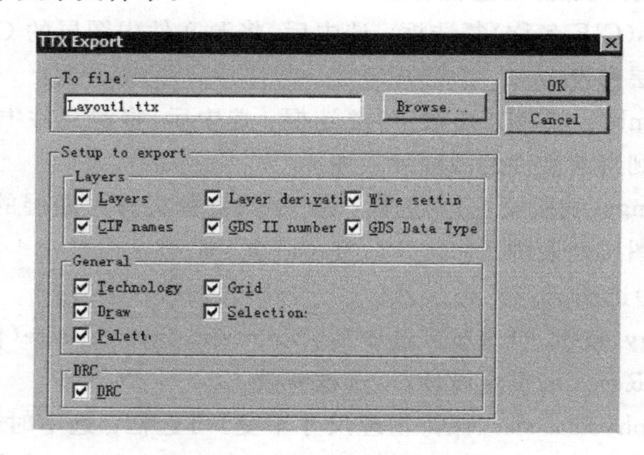


图 1-34 TTX 输出设置对话框

其中包括如下信息：

- To file(到文件中去)填充框：写入或用右侧的 Browse 按钮选择准备接收设置信息的文本文件(后缀为 TTX)的路径和名称。
- Layers(图层)选项组：包括 6 个复选框，分别为 Layers(图层)、Layer derivation(图层引出)、CIF name(CIF 名称)、GDS II numbers(GDS II 数字)、GDS Data Type(GDS 数据类型)和 Wire settings(线段设置)。将选中的复选框代表的图层设置信息保存到 TTX 文件中。
- General(一般设置)选项组：包括 5 个复选框，分别为 Technology(技术)、Draw(绘图)、Palette(调色板)、Grid(栅格)和 Selections(选择参数)。将选中的复选框代表的一般设置信息保存到 TTX 文件中。
- DRC(设计规则检查)可选框：选中后，将设计规则设置信息保存到 TTX 文件中。

## 1.3.2 单元

**1. 创建单元**

用 Cell→New 命令(热键 N)，打开 Create New Cell 对话框。对话框中的一般(General)标签用于输入新单元的基本信息，一般标签如图 1-35 所示。

其中包括如下内容：

- Cell name(单元名称)填充框：写入新单元的名称，每个单元都有一个特有的名称。
- Cell info(单元信息)选项组：包括 Author(作者)、Organization(组织)和 Information(信息)3 个填充框。
- Open in new window(在新窗口中打开)可选框：选中后，L-Edit 将在新的布局窗口中打开新单元。

如果新单元只包含原始体和例化体，单击 OK 按钮即可创建新单元。可以在 T-Cell Parameters 标签中为 T-Cell 单元添加参数和 UPI 代码，如图 1-36 所示。

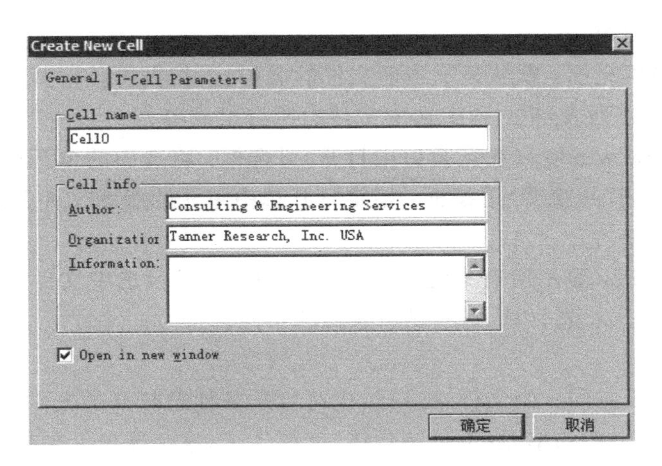


图 1-35　General 标签

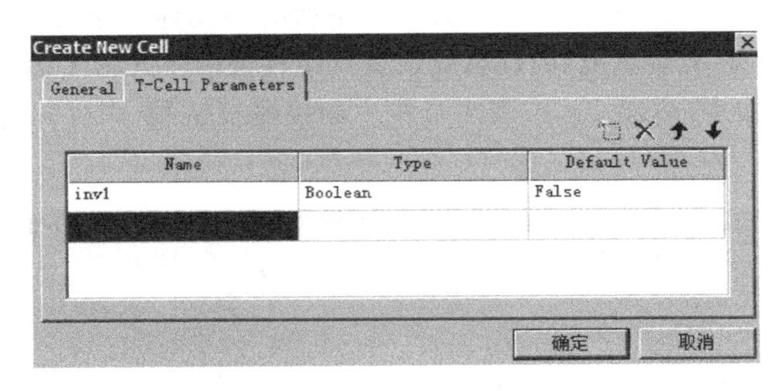


图 1-36　T-Cell Parameters 标签

T-Cell Parameters 标签中包含一个列表，表中列出用于产生 T-Cell 例化体的输入参数的名称、类型和默认值。当输入参数完成后，单击 OK 按钮即可产生 T-Cell 代码模板。

**2. 打开单元**

打开已有单元可用 Cell→Open 命令(热键 O)，或者工具栏上的快捷按钮，打开单元对话框如图 1-37 所示。

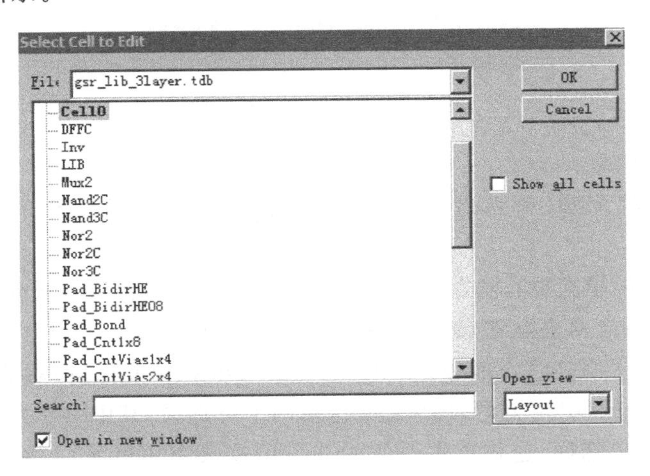


图 1-37　打开单元对话框

其中包括如下内容：

- File(文件)填充框：默认显示当前文件的名称，下拉框中显示其他打开的文件名称。
- Cell list(单元列表)框：列出选中文件的所有组成单元。
- Open in new window(在新窗口中打开)可选框：将选中的单元在新布局窗口打开。
- Open View(打开视图)下拉框：指定打开选中单元的版图文件还是打开选中单元的T-Cell代码。
- Show All cells(显示所有单元)可选框：选中时，显示选中文件中的所有单元，包括隐藏的单元。未选中时，则不显示隐藏的单元。

**3. 拷贝单元**

单元的拷贝可以在同一个文件中进行，也可以从其他已打开的文件拷贝到当前文件中。当单元被拷贝后，一个新的单元(不是例化体)就产生了，这个新单元包括原单元中所有的原始体和例化体的设定。

当拷贝的单元来自于其他文件时，拷贝单元中所有例化体的单元定义也拷贝到当前单元中。由于单元的名称不能重复，因此需要改变产生冲突的单元的名称。

用Cell→Copy命令(热键C)，或者工具栏中的快捷按钮 来打开拷贝单元对话框，如图1-38所示。

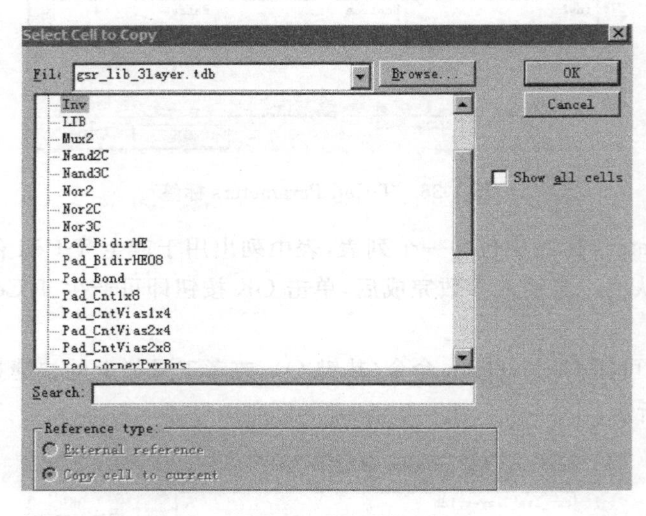


图 1-38　拷贝单元对话框

其中包括如下信息：

- File(文件)填充框：默认显示当前文件的名称，或是从下拉框中选中其他已打开的文件。
- Search(搜寻)填充框：输入要拷贝的单元的名称。或者从单元列表中选中要拷贝的单元，使它处于高亮状态，该单元的名称会自动显示在Search栏中。单击OK按钮或者双击处于高亮状态的单元，将打开Cell Copy(单元拷贝)对话框。
- Reference type(引用类型)选项组：包括两个可选项，其中一个是External reference(外部引用)单选框，这将产生一个XrefCell(交叉引用单元)。另一个是Copy cell to current file(拷贝单元到当前文件)单选框，这将在当前文件中拷贝选定的单元。

• Show all cells(显示所有单元)可选框：选中时显示选中文件中的所有单元，包括隐藏的单元。未选中时，则不显示隐藏的单元。

**4. 重命名单元**

用 Cell→Rename(热键 T)命令或者 Cell→Close as 命令对单元进行重命名。其中 Cell→Rename 打开如图 1-39 所示的对话框。

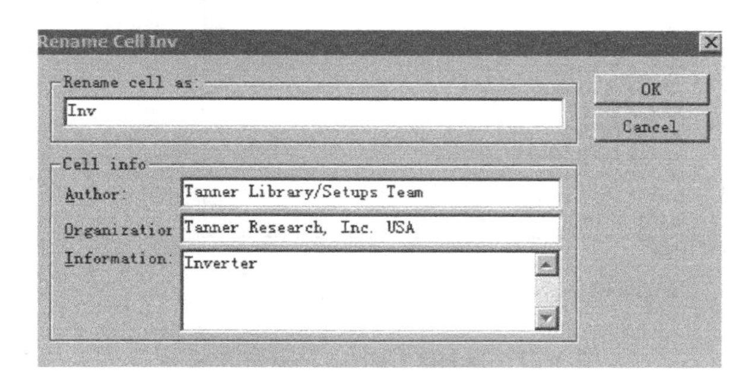


图 1-39　单元重命名对话框

其中包括如下信息：

• Rename cell as(单元重命名为)填充框：写入当前单元的新名称。
• Cell info(单元的信息)选项组：可对当前单元的作者、组织和信息进行编辑。

Cell→Close as 命令将改变后的单元拷贝到一个具有新名称的单元中，同时关闭原始单元且不对原始单元做任何改变。使用 Cell→Close as 命令时，将出现一个警示对话框，如图 1-40 所示。

提示框显示如下信息：

• 只有在保存(save)、产生图层(generated layers)、DRC(设计规则检查)或者文件提取(Extract)等命令后，才可以用 Close as 命令恢复布图单元的改变。
• Close as 操作只能恢复布图单元的改变，不能恢复 T-Cell 代码或参数的改变。
• Close as 操作不能撤销。

选择继续后，出现 Close Cell As 对话框，可在该对话框中写入新单元的名称，如图 1-41 所示。

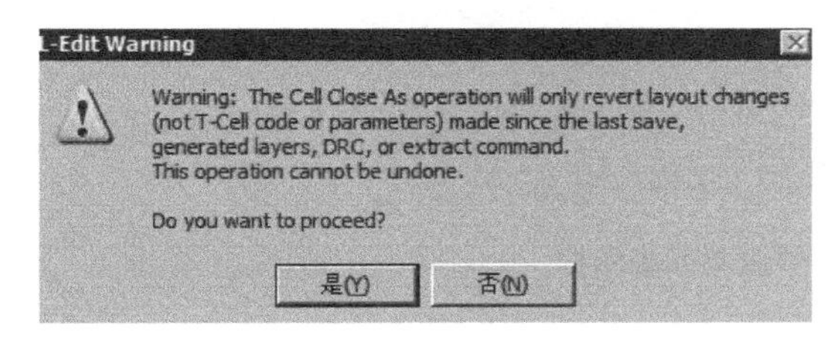


图 1-40　Close as 提示框

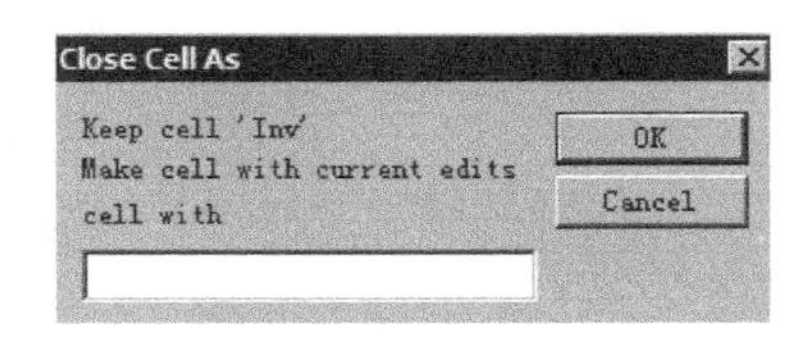


图 1-41　Close Cell As 对话框

**5. 删除单元**

删除单元可用 Cell→Delete 命令(热键 B)，这将打开 Select Cell to Delete(选中要删除的单元)对话框，如图 1-42 所示。

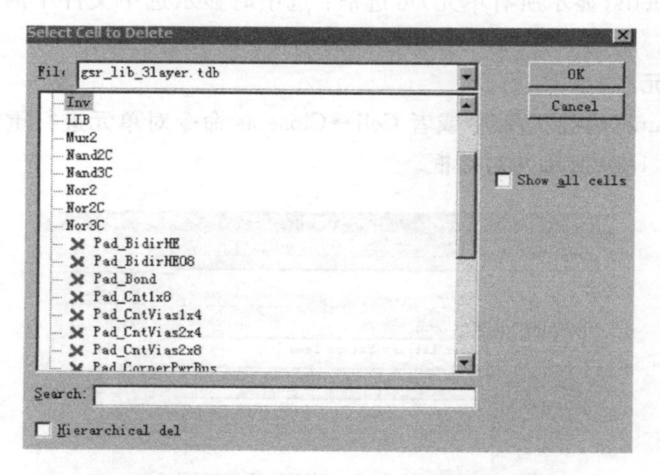


图 1-42 Select Cell to Delete 对话框

其中包括如下信息：

- File(文件)填充栏：默认显示当前 TDB 文件的名称，也可从下拉框中选中其他已打开的文件。
- Search(查找)填充框：写入要删除的单元的名称。或者从单元列表中选中要删除的单元，使它处于高亮状态，该单元的名称自动显示在 Search 栏中。单元列表中具有✖标志的单元不能被删除。单击 OK 按钮或者双击处于高亮状态的单元，将删除选中的单元。
- Hierarchical delete(等级删除)可选框：选中时，选中单元中所有的单元例化体都将被删除。未选中时，则不删除选中单元的单元例化体。

**6. 恢复单元**

可用 Cell→Revert Cell 命令恢复对当前布图单元所做的改变。使用这个命令时，会出现如图 1-43 所示的提示框。

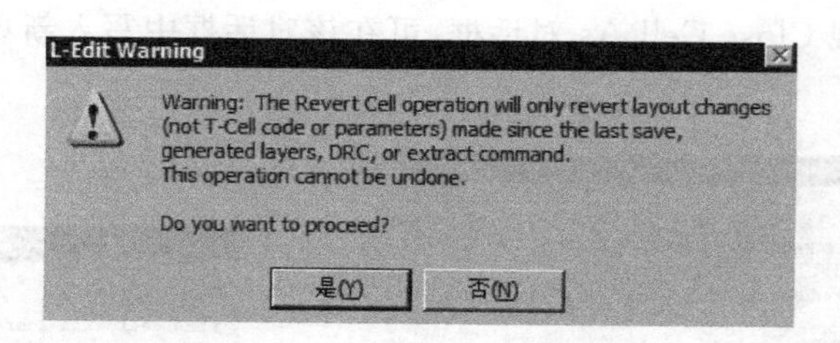


图 1-43 恢复单元提示框

提示框显示如下信息：

- 只有在保存(save)、产生图层(generated layers)、DRC(设计规则检查)或者文件提取(Extract)等命令后，才可以使用恢复单元命令恢复布图单元的改变。
- 恢复单元操作只能恢复布图单元的改变，不能恢复 T-Cell 代码或参数的改变。
- 恢复操作不能撤销。

# 1.4　L-Edit 中的绘图对象

L-Edit 的版图设计文件都是由最基本的绘图对象构成的。版图设计最基本的任务就是绘制对象。绘图对象包括绘制对象的几何图形、端口、连线、标尺以及例化体等。

## 1.4.1　绘图对象

L-Edit 含有多种类型的绘图对象。绘图对象的类型与绘图工具栏中的绘图工具联系在一起,如表 1-1 所示。

表 1-1　绘图对象的类型

| 绘图对象的类型 | 图标 | 说　明 |
|---|---|---|
| Box(矩形) | | 长方形 |
| Polygon(多边形) |  | 用直线连接相邻顶点形成的闭合图形 |
| Wire(连线) |  | 由一个或多个等宽的矩形段相互连接而成的图形 |
| Circle(圆形) | | 由圆心和半径构成的圆 |
| Pie wedge(弧形) | | 由圆心、半径和扫描角构成的图形 |
| Torus(环形) | | 由圆心、两个半径和扫描角构成的图形 |
| Port(端口) | | 由带有文字标注的点、线或矩形框构成 |
| Ruler(标尺) |  | 用于测量图层对象几何尺寸的刻度线 |
| Instance(例化体) | | 代表一个单元对另外一个单元的援引符号 |

## 1.4.2　绘图工具

绘图工具栏中的按钮代表各种绘图工具,详见 1.1 节中的相关解释。

绘图工具栏有 3 种显示模式:直角模式(如图 1-44 所示)、45°角模式(如图 1-45 所示)和任意角模式(如图 1-46 所示)。

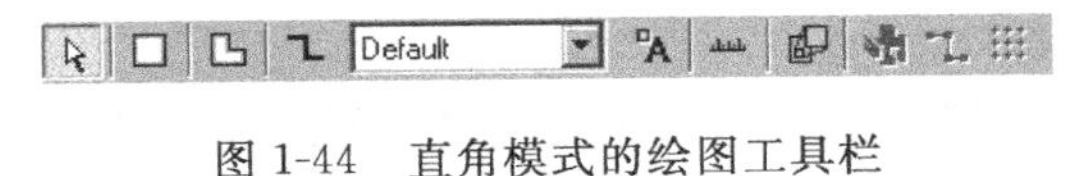


图 1-44　直角模式的绘图工具栏

图 1-45　45°角模式的绘图工具栏

图 1-46　任意角模式的绘图工具栏

改变绘图工具栏显示模式的方法有以下两种:

- 在绘图工具栏中,单击鼠标右键,从弹出的快捷菜单中选中 Orthogonal(直角),或

45Degrees(45°角)，或 All Angle(任意角)。

- 在 Setup→Application→General 标签页下，从 Drawing mode(绘图模式)下拉列表中选择 Orthogonal(直角)，或 45Degrees(45°角)，或 All Angle(任意角)。

### 1.4.3 绘图操作

绘制对象之前需要首先选择图层和绘图工具。L-Edit 窗口中的鼠标键栏显示各鼠标键的功能。

**1. 绘制矩形**

选中某一图层后，在绘图工具栏中选中 Box(矩形)按钮，绘图区中鼠标指针的停靠点是矩形的一个顶点，按住 Draw 键将鼠标指针拖拽到矩形的对角，释放 Draw 键即可完成矩形的绘图。

**2. 绘制圆**

选中某一图层后，在绘图工具栏中选择 Circle(圆)按钮，绘图区中鼠标指针的停靠点是圆心的位置，按住 Draw 键将指针拖拽到圆的半径点处，释放 Draw 键即可完成圆的绘制。

**3. 绘制弧形**

选中某一图层后，在绘图工具栏中选择 Pie Wedges(弧形)按钮，绘图区中鼠标指针停靠的位置是圆心的位置，此时鼠标左键为 Vertex(顶点)键，中键为 Backup(返回)键，右键为 End(结束)键。

绘制弧形时，单击确定弧形的圆心位置，移动鼠标指针在弧形的半径点处再次单击确定弧形的一个端点，顺时针或逆时针地移动鼠标指针到弧形的另一个端点，单击完成弧形的绘图。在绘制过程中，可以用鼠标中键修改弧形的半径和扫描角。

**4. 绘制环形**

选中某一图层后，在绘图工具栏中选择 Torus(环形)按钮，绘图区中鼠标指针停靠的位置是圆心的位置，此时鼠标左键为 Vertex(顶点)键，中键为 Backup(返回)键，右键为 End(结束)键。

绘制环形时，单击确定弧形的圆心位置，移动鼠标指针到环形的第一个半径点处再次单击确定环形的第一个半径。再次移动鼠标指针确定环形的扫描角和第二个半径，单击完成环形的绘制。在绘制过程中，可以用鼠标中键修改环形的两个半径和扫描角。

**5. 绘制多边形和连线**

绘制多边形或连线时，鼠标指针的停靠点为多边形或连线的第一个顶点，多边形或连线可以包含多个顶点。此时鼠标左键为 Vertex(顶点)键，中键为 Backup(返回)键，右键为 End(结束)键。

绘制多边形或连线时，单击确定多边形或连线的第一个顶点。移动鼠标指针，再次单击确定多边形或连线的第二个顶点。重复上述操作来产生以后的顶点。绘制过程中可以用鼠标中键删除且只能删除上一次绘制的顶点。右击来产生最后一个顶点，同时完成绘图操作。右击时，还将重合的顶点和共线上的顶点删除。

在绘制多边形或连线的过程中，最常见的两个设计错误就是自相交的多边形(或连线)和不明确填充的多边形。

(1) 自相交多边形(或连线)

如图 1-47 为自相交多边形和自相交连线的实例。图中左边为自相交的多边形，右边为自相交的连线。当存在自相交多边形或连线时，将会出现一个警示框，如图 1-48 所示。

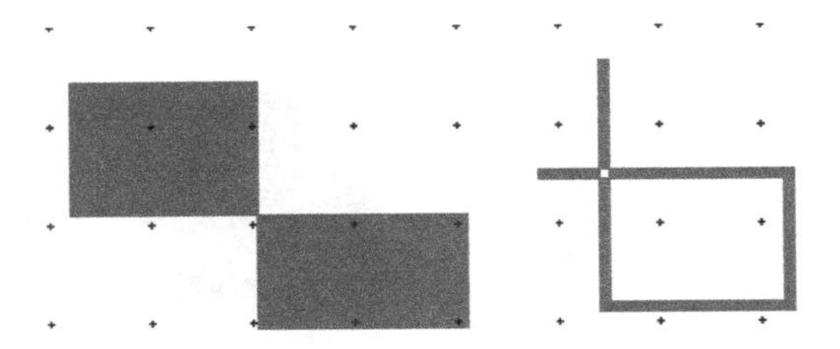

图 1-47　自相交多边形和自相交连线举例

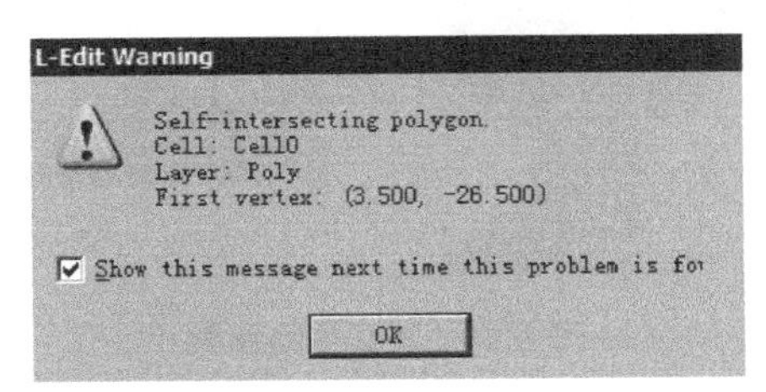


(a) 自相交多边形的警告提示框

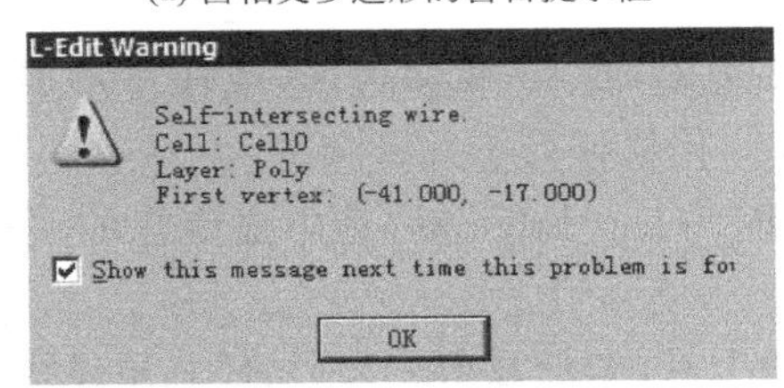


(b) 自相交连线的警告提示框

图　1-48

(2) 不明确填充的多边形

图 1-49 为不明确填充的多边形的实例。当存在不明确填充的多边形时，将会出现一个警告提示框，如图 1-50 所示。

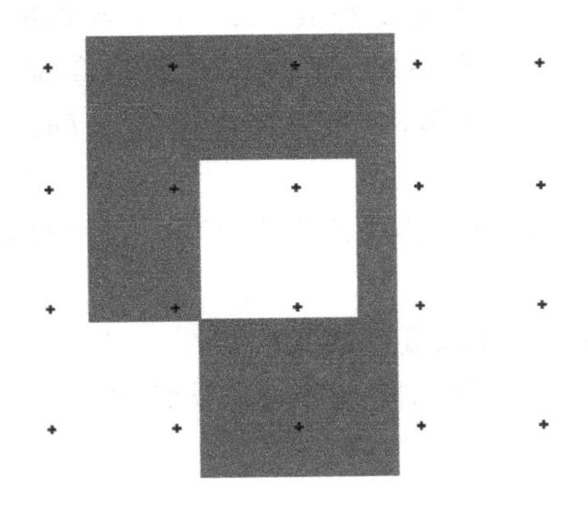

图 1-49　不明确填充的多边形举例

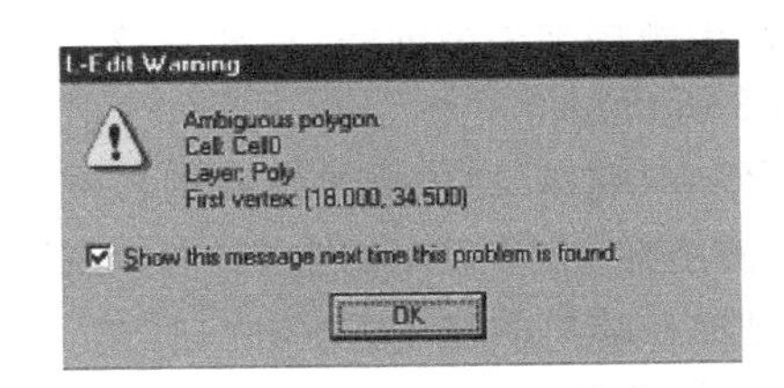


图 1-50　不明确填充的多边形的警告提示框

**6. 绘制曲线**

利用任意角工具(包括任意角多边形、任意角连线、任意角标尺、圆形、弧形或环形)和Ctrl+鼠标左键,可以将直角多边形、45°角多边形或者任意角多边形的边缘转变为圆弧曲线,如图 1-51 所示。

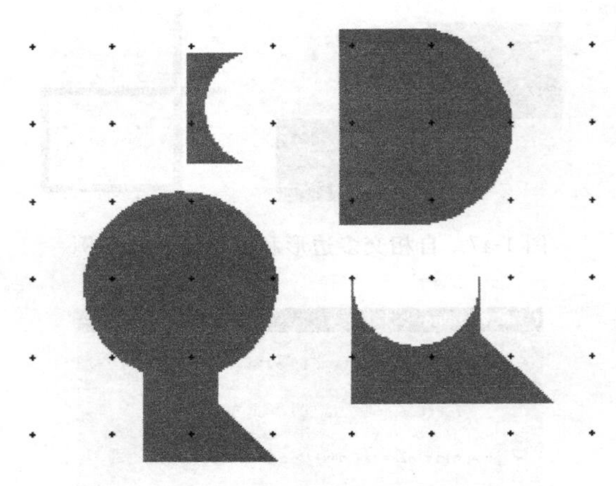

图 1-51　图形变换举例

变换步骤如下:

① 首先绘制一个直角多边形,或 45°角多边形,或任意角多边形,然后单击选中绘图工具栏上的 Selection 按钮( ),使鼠标处于选择状态。

② 用 Ctrl+鼠标左键(即 Select Edge 键)选中要变化的多边形的一个边,而不是选中整个多边形。

③ 选中任何一个任意角工具,如任意角多边形、任意角连线、任意角标尺、圆形、弧形或环形。

④ 用 Ctrl+鼠标中键(即 Arc/Edit 键)将选中的多边形的边变化为圆弧曲线。

**7. 绘制端口**

端口可以分为 3 类:点端口、线端口和二维矩形端口。鼠标指针的停靠点为端口的起始点。

绘制点端口的方法是,在停靠点单击鼠标的 Draw 键后随即释放 Draw 键。绘制线端口的方法是,在停靠点按住鼠标 Draw 键,拖曳鼠标指针形成一条水平线或一条垂直线,在线端口的终点位置释放 Draw 键。绘制二维矩形端口的方法是,在停靠点按住鼠标 Draw 键,拖拽鼠标指针到矩形的对角释放 Draw 键。

无论绘制哪种类型的端口,在释放鼠标的 Draw 键时都会出现 Edit Object(s)对话框,如图 1-52 所示。

在 Ports(端口)栏中输入端口的名称。同时还可以修改端口的其他属性,包括文字的大小、端口的坐标、文字显示的方向(横向或纵向)以及文字显示阵列等。默认情况下,端口名称横向显示在端口的左下方。

**8. 绘制标尺**

鼠标指针的停靠点是标尺的一端,在停靠点按住鼠标 Draw 键并将其拖拽到标尺的另一端,释放鼠标 Draw 键即可完成标尺的绘制。

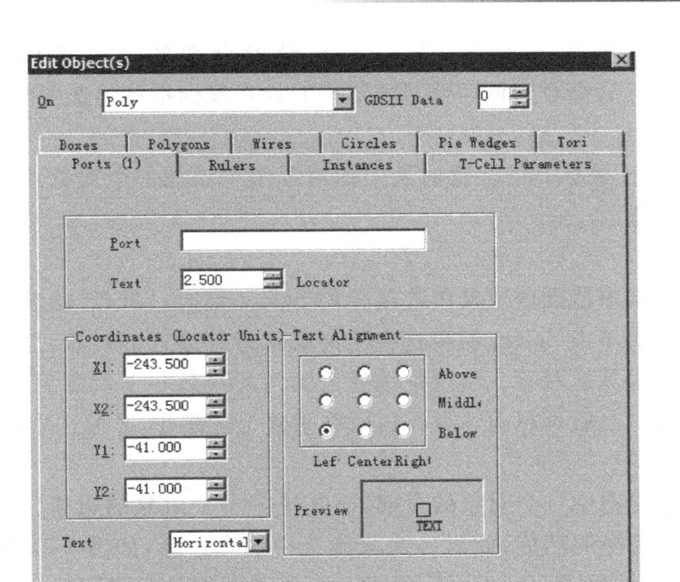


图 1-52　编辑端口对话框

# 1.5　对象的编辑

L-Edit 中的绘图对象包括矩形、多边形、圆形、弧形、环形、连线、标尺、端口以及例化体等。对象的编辑就是对对象的修改，详细叙述如下。

## 1.5.1　对象的选中和取消

**1. 选中对象**

只有先选中对象才能对该对象进行后续的编辑操作，L-Edit 一次可以选中多个对象。默认情况下，选中的对象被轮廓线包围。当打开同一单元的多个视图时，对象的选中将体现在所有的视图窗口中。当选中的对象是某个例化体的一部分时，它只在原始体中被选中。

L-Edit 提供以下几种选中对象的方式：

(1) 显选

将鼠标指针放在对象的上方或附近，单击 Select 键选中对象。与此同时，之前选中的对象自动去选。L-Edit 还可以同时选中多个对象，用鼠标指针在当前视图窗口中绘制一个矩形框，完全包含在矩形框中的对象将全部被选中。

(2) 隐选

如果视图窗口中没有对象被选中，在对象的选中范围内单击并按住鼠标的 Move/Edit 键，将选中该对象，此时可对选中的对象进行移动或编辑操作。如果视图窗口中有选中的对象，且也处在鼠标指针的选中范围内，那么按下 Move/Edit 键时并不选中新的对象，而是对已选的对象进行移动或编辑操作。

为了避免出现上述问题，可以采取以下两个措施：一个是在进行隐选对象之前用 Edit→

Deselect All 命令去除所有对象；另一个是设置合理的取消选中范围（用 Setup→Application→Selection 命令），使两个对象不同时处在鼠标指针的选中范围内。

（3）扩展选择

可以使用 Shift＋鼠标 Select 键向选中的对象组中添加一个对象或一组对象。该操作不取消已选中的对象。

（4）循环选择

在多个对象的选中范围内重复单击鼠标的 Select 键时，L-Edit 将轮流选中处于选择范围内的对象。第一次单击 Select 键将选中距离鼠标指针最近的对象，之后按照指针与对象距离的远近依次选中其他对象。当选中选择范围内的最后一个对象后，再单击 Select 键将取消所有选中对象。之后再单击 Select 键时将重复上述操作，开始选中距离最近的对象。

（5）边缘选择

边缘选择不是要选中一个对象的全部，而是选中一个对象的边缘。可以用 Ctrl＋鼠标 Select 键实现边缘选择的功能，此时一次只能选中一个边缘，如图 1-53 所示。如果想要同时选中多个边缘，可以用 Shift＋Ctrl＋鼠标 Select 键来实现，如图 1-54 所示。

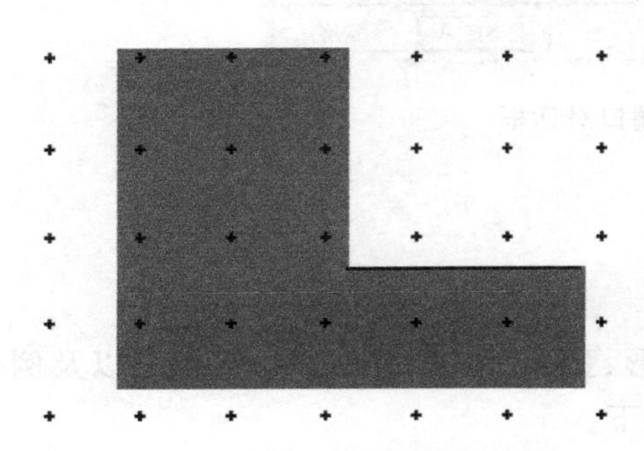

图 1-53　选中多边形的一个边缘

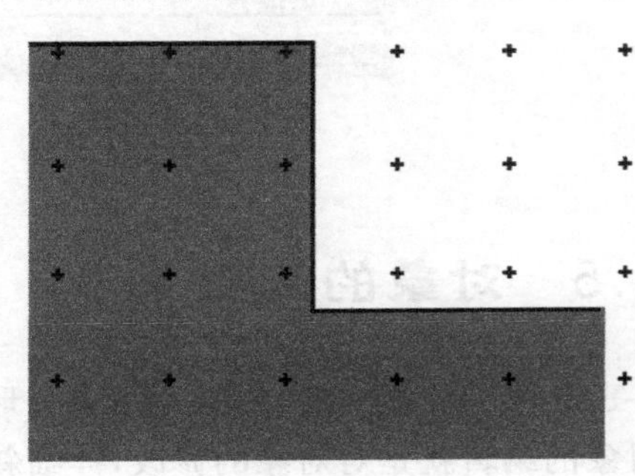

图 1-54　选中多边形的多个边缘

（6）全部选择

可以用 Edit→Select All（热键 Ctrl＋A）命令选中当前单元中所有的对象。

**2. 取消选中对象**

取消选中对象使得该对象在以后的编辑操作中不再有效。在操作进行之前，确定取消范围可以确保选中对象不会被意外取消。

L-Edit 提供以下几种取消选中对象的方式：

（1）显取消

在不改变其他已选对象状态的前提下，可以用 Alt＋鼠标 DeSelect 键取消其中任何一个已选对象。在取消选中对象附近使用 Alt＋鼠标 DeSelect 键，或者是在所有已选对象的选择范围之外使用 Alt＋鼠标 DeSelect 键，对于对象的选择状态不产生影响。

（2）隐取消

在选中对象的选择范围外按键盘上的 Select 键，自动取消选中对象。

（3）隐藏取消

当某个图层处于隐藏状态时，这个图层上的所有已选对象被自动取消。这可以防止对隐藏的对象进行移动或编辑操作。即使之后这个图层又变化为显示状态，这个图层上的对象也仍然处于取消状态。

(4) 全取消

可以用 Edit→Deselect All(热键 Alt+A)命令取消当前单元中所有的对象。

## 1.5.2 查找对象

可以用 Edit→Find(热键 Ctrl+F)或者工具栏上的快捷按钮 打开 Find object(s)对话框,如图 1-55 所示。它即可以查找对象的几何图形,也可以查找有特定名称的端口或例化体。

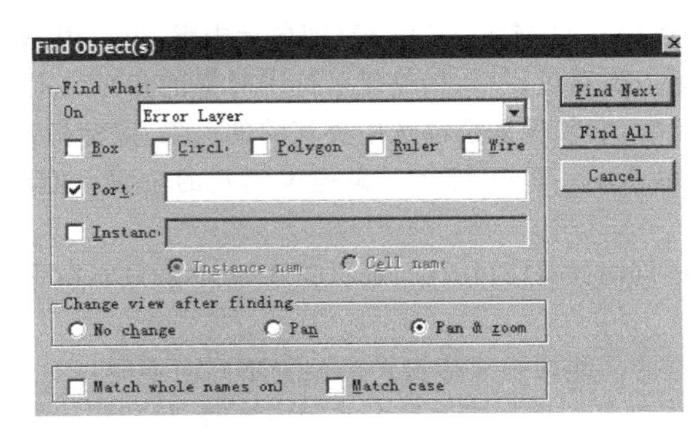


图 1-55 查找对话框

其中包括如下内容:

- Find what(找什么)选项组:在对象的指定图层(On 栏中填写)上查找矩形、圆、多边形、标尺或者连线。从 Port 栏中写入要查找的端口名称。当没有指定图层时,L-Edit 将在对象的所有图层中查找指定端口。根据 Instance name 单选框或 Cell name 单选框的选择情况,在 Instance 栏中输入要查找的例化体的名称或单元的名称。
- Change view after finding(查找后改变视图)选项组:包括 3 个可选项,如下所述。
  - No change(不改变):查找完成后不改变视图。
  - Pan(平移):查找完成后平移视图,使找到的对象处于屏幕的中央。
  - Pan(平移)&zoom(缩放):查找完成后平移和缩放视图,使找到的对象布满整个屏幕。
- Match whole names only(全名匹配查找)可选框:选中时,L-Edit 只查找与指定名称完全匹配的对象。不选时,L-Edit 找到的对象中还包括名称的一部分与填入的字符串相符合的对象。
- Match case(大小写匹配查找)可选框:选中时,L-Edit 执行区分大小写查找。
- Find Next(查找下一个)按钮:L-Edit 在找到符合条件的对象后停止查找。
- Find All(全部查找):L-Edit 将找到所有符合条件的对象。

当查找对象被找到后,使用者还可以查找窗口中下一个符合查找条件的对象和上一个符合查找条件的对象。使用 Edit→Find Next(热键 F)命令或者工具栏中的快捷按钮 ,查找并选中下一个符合查找条件的对象。使用 Edit→Find Previous(热键 P)命令或者工具栏中的快捷按钮 ,查找并选中上一个符合查找条件的对象。

### 1.5.3 移动图像

L-Edit 中移动图像的方式有 4 种：①用鼠标移动对象。②在预设的距离上推动对象。③在规定的距离上移动对象。④旋转和翻转对象。

**注意**：如果对象绘制在锁定的图层上，那么不能对该对象进行编辑或移动操作。只有将锁定的图层开启后，才能对绘制在该图层上的对象进行编辑或移动操作。

**1. 图像移动**

移动单个对象时需先选中对象，将鼠标指针放在离对象的距离大于编辑范围且小于取消范围的任何位置，按住鼠标的 Move/Edit 键（即鼠标中键，也可用 Alt＋鼠标左键来完成）将对象拖曳到新的位置。拖动过程中，始终显示选中对象的相对位置。

同时移动多个对象时，必须保证全部选中要移动的对象，鼠标指针放在小于取消范围内的任何位置，按住鼠标的 Move/Edit 键将对象拖曳到新的位置。拖动过程中，多个对象的相对位置保持不变。

如果在移动过程中同时按住 Shift 键，那么选中的对象只能在水平方向和垂直方向上移动。

鼠标 Move/Edit 键的功能根据鼠标指针的位置不同而不同：

- 当指针处在选中对象的顶点或边缘上或相当近时，执行编辑操作。
- 当指针在其他任何地方时，执行移动操作。

指针与顶点或边缘的距离决定执行编辑操作还是移动操作。这个距离由 Setup Design→Selection 命令来进行设置。

**2. 递增移动**

L-Edit 有 4 个递增移动对象或对象组的命令，分别为：

- Draw→Nudge→Left（热键 Ctrl＋←）：向左递增移动。
- Draw→Nudge→Right（热键 Ctrl＋→）：向右递增移动。
- Draw→Nudge→Up（热键 Ctrl＋↑）：向上递增移动。
- Draw→Nudge→Down（热键 Ctrl＋↓）：向下递增移动。

使用者可以在 Setup Design→Drawing 对话框中的 Nudge amount 栏中指定移动增量。

**3. 数字移动**

使用 Draw→Move By 命令，在打开的 Move By 对话框中设定特定的坐标单位来移动选中的对象，如图 1-56 所示。

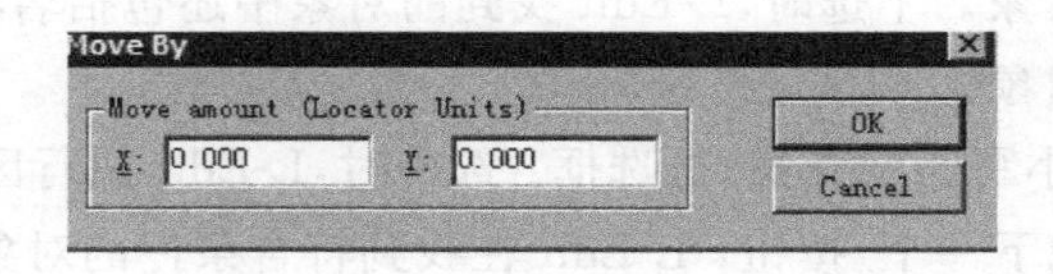


图 1-56　Move By 对话框

输入对象在 X-方向和 Y-方向上的移动量，单击 OK 按钮就可完成移动。

**4. 旋转和翻转**

L-Edit 共包含 4 种旋转和翻转命令，分别如下：

- 用 Draw→Rotate→90 degrees（热键 R）命令，或者工具栏上的快捷按钮 ：将选中的对象沿着它的几何中心逆时针旋转 90°。

- 用 Draw→Rotate→Rotate(热键 Ctrl+R)命令，或者工具栏上的快捷按钮：打开一个对话框，可在对话框中设定任意的旋转角度。这个命令将选中的对象沿着它的几何中心逆时针旋转任意角度。
- 用 Draw→Flip→Horizontal(热键 H)命令，或者工具栏上的快捷按钮：将选中的对象沿着通过它的几何中心的垂直线水平翻转。
- 用 Draw→Flip→Vertical(热键 V)命令，或者工具栏上的快捷按钮：将选中的对象沿着通过它的几何中心的水平线垂直翻转。

### 1.5.4　拷贝和复制对象

L-Edit 中拷贝对象的方法有以下两种：

① 使用 Edit→Copy(热键 Ctrl+C)命令，或者使用工具栏上的快捷按钮。

② 使用 Edit→Duplicate(热键 Ctrl+D)命令，或者使用工具栏上的快捷按钮。

Copy(拷贝)操作将选中对象(对象组)的复本放进内部剪贴板，并没有把拷贝的对象放进版图文件中。如把拷贝的对象放进版图文件中还要用到 Edit→Paste(粘贴)命令。

Duplicate(复制)操作创建选中对象(对象组)的复本，同时将它放进当前单元。新的复本对象与原始对象之间存在着一个鼠标跳跃格点的距离。操作完成后新的复本对象处于选中状态，可将其移动到另一个位置。Duplicate 操作对内部剪贴板的内容没有影响，即它不将对象放进内部剪贴板。

### 1.5.5　粘贴对象

L-Edit 的内部剪贴板中保存着 Cut(剪切)和 Copy(拷贝)的对象。这些对象可以被粘贴到同一文件的不同单元或不同图层中。L-Edit 包含两个粘贴对象的命令，分别为 Edit→Paste 命令和 Edit→Paste to Layer 命令。

使用 Edit→Paste 命令(热键 Ctrl+V)，或者工具栏中的快捷按钮，可将剪贴板中的存储对象(对象组)放进当前图层窗口的中央。这个操作并不改变粘贴过来的对象(对象组)所在的图层。

使用 Edit→Paste to Layer 命令(热键 Alt+V)，也可以将剪贴板中的存储对象(对象组)放进当前图层窗口的中央。同时，将粘贴过来的对象(对象组)所在的图层全部改为图层板中当前选中的图层。

### 1.5.6　删除对象

L-Edit 将对象从版图文件中移除的方法有以下两种：

- 使用 Edit→Cut(热键 Ctrl+C)命令，或者工具栏中的快捷按钮。
- 使用 Edit→Clear 命令，或者使用 Delete 键或 Backspace 键。

Cut 命令将剪切的对象放进内部剪贴板。因此剪切的对象可以再次保存到当前单元或者同一文件中的其他单元。

Clear 命令并不将移除的对象放进剪贴板，只能用 Undo(取消)命令将其恢复到当前单元。

## 1.5.7 对象的图形编辑和文本编辑

**1. 对象的图形编辑**

L-Edit 中可以用键盘和鼠标来完成对对象图形的编辑操作。使用者可以改变对象的大小和形状,对图形进行扩展编辑,增减多边形或连线的顶点,以及对对象进行分割、合并和区域剪切等操作。

(1) 改变对象的大小和形状

进行图形编辑之前需要先选中对象。

对于矩形、多边形或端口,用鼠标的 Move/Edit 键(即鼠标中键)或 Alt+鼠标左键来移动对象的顶点或边缘,进而改变对象的大小和形状。

对于圆,用鼠标的 Move/Edit 键(即鼠标中键)或 Alt+鼠标左键拖拽圆周改变圆的半径,进而改变对象的大小和形状。

对于连线,选中并拖拽连线可以改变连线的长度,使用 Draw→Add Wire Section(增加连线分段)命令来增加连线的顶点数,使用 Edit Object→Wire 命令来改变连线的宽度。

对于弧形和环形,可以改变它们的扫描角和半径。改变扫描角时,将鼠标指针放在弧形或环形的直边上,用鼠标的 Move/Edit 键(即鼠标中键)或 Alt+鼠标左键移动这条直边到指定的位置,释放鼠标按钮完成扫描角的改变。改变半径时,将鼠标指针放在弧形或环形的曲边上,用鼠标的 Move/Edit 键(即鼠标中键)或 Alt+鼠标左键移动这条曲边到指定的位置即可。

(2) 扩展编辑

L-Edit 可以同时改变矩形、多边形、连线、弧形、环形或端口的大小和形状。方法是:首先,用 Ctrl+鼠标左键(Select Edge 命令)选中某一个图形的边缘。其次,用 Shift+Ctrl+鼠标左键(Extent Select Edge 命令)来选中多个的图形的边缘。再次,用鼠标的 Move/Edit 键(即鼠标中键)或 Alt+鼠标左键来移动这些选中的边缘,进而改变被选对象的大小和形状。

(3) 增加顶点

L-Edit 只能在任意角的多边形或任意角的连线中增加顶点。首先选中对象,将鼠标指针放在想要增加新顶点的边缘上,按住 Ctrl+鼠标 Move/Edit 键或者 Ctrl+Alt+鼠标左键,拖曳指针到新顶点的位置即可。

(4) 增加连线线段

L-Edit 只能在连线的水平部分和垂直部分中增加线段。首先选中连线,选择 Draw→Add Wire Section 命令使鼠标处于 Add Section(增加线段)模式,在想要增加新线段的位置单击即可完成增加线段的操作,右击结束 Add Section 模式。添加的新线段所属的图层与原线段所属的图层相同。举例如图 1-57 所示,当在连线的非正交线上添加线段时,会出现如图 1-58 所示的警示框。

(5) 分割对象

使用 Draw→Slice→Horizontal 命令或工具栏上的快捷按钮,对选中的对象进行水平线分割。使用 Draw→Slice→Vertical 命令或工具栏上的快捷按钮,对选中的对象进行垂直线分割。

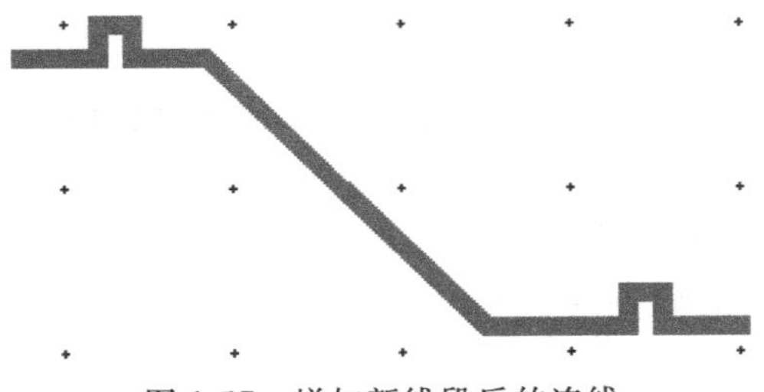

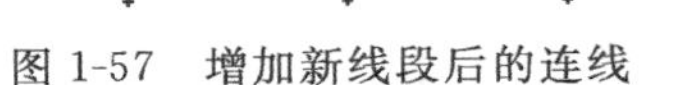

图 1-57　增加新线段后的连线

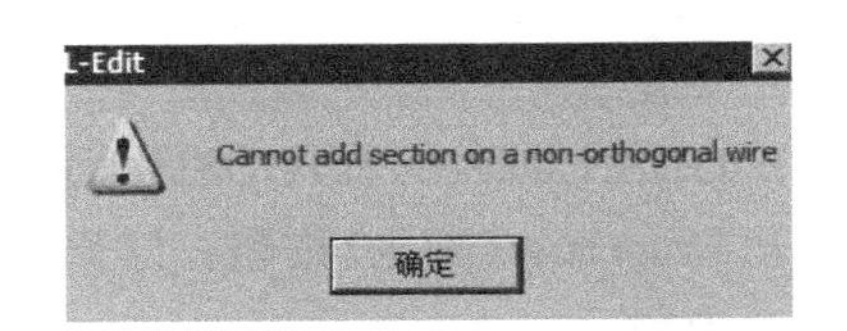


图 1-58　增加线段警示框

在执行分割命令时，视图窗口中会自动出现随鼠标移动的水平分割线或垂直分割线。移动鼠标指针到想要分割对象的位置后，单击完成分割。

**注意**：圆、曲线多边形、弧、环形、端口、标尺和例化体不能被分割。

（6）合并对象

使用 Draw→Merge 命令将选中的交叉的矩形、多边形（限于 45°角和 90°角），或连线（限于 45°角和 90°角）合并为一个对象。L-Edit 只能合并同一个图层上交叉的对象。

（7）区域剪切对象

L-Edit 可以从选中的对象中切去一个或多个绘图区域。首先选中对象，然后利用 Draw→Nibble（热键 Alt+X）命令或者工具栏上的快捷按钮，在选中的对象中绘制要切去的图形形状，右击将绘制的图形从选中的对象中删除。可以从选中对象中切去的图形包括矩形、90°多边形、45°多边形、90°连线和 45°连线，如图 1-59 所示。

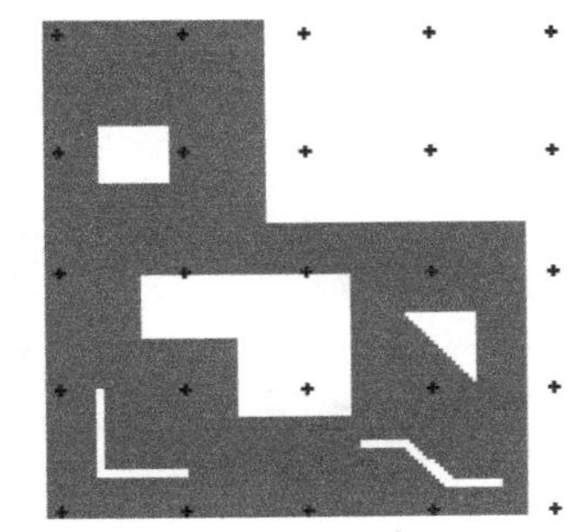

图 1-59　区域剪切举例

**2. 对象的文本编辑**

对对象进行文本编辑，首先选中对象，然后使用 Edit→Edit Object(s)命令（热键 Ctrl+E），或双击鼠标的 Move/Edit 键，或单击工具栏上的快捷按钮，打开 Edit Object(s)对话框，如图 1-60 所示。

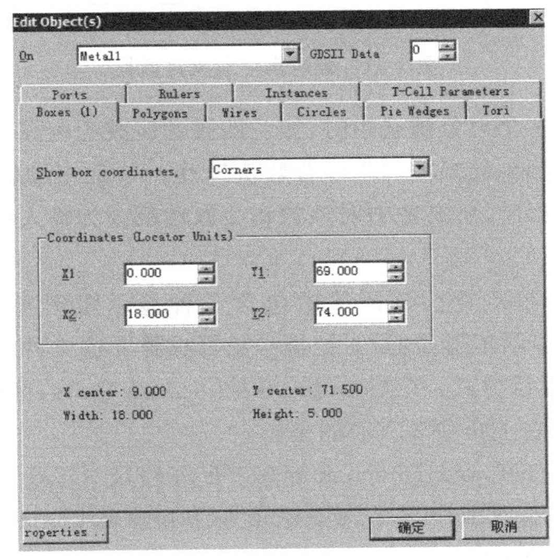


图 1-60　Edit Object(s)对话框

其中包括以下信息：

- On 下拉框：显示选中对象所处的图层名称，可通过右侧的下拉框改变对象所在的图层。
- GDSII Data type(GDSII 数据类型)框：用来选中 GDSII 的数据类型。
- Properties(属性)按钮：打开选中对象的属性对话框，在选中且仅选中一个对象时有效。

Edit Object(s)对话框包括 9 个标签，分别为矩形、多边形、连线、圆、弧形、圆环、端口、标尺和例化体。

(1) 编辑多个对象

L-Edit 可以用 Edit Object(s)对话框同时修改多个选中的对象。Edit Object(s)对话框的每个标签中，标签名称的右边标有选中的标签类型对象的数目，如图 1-61 所示。

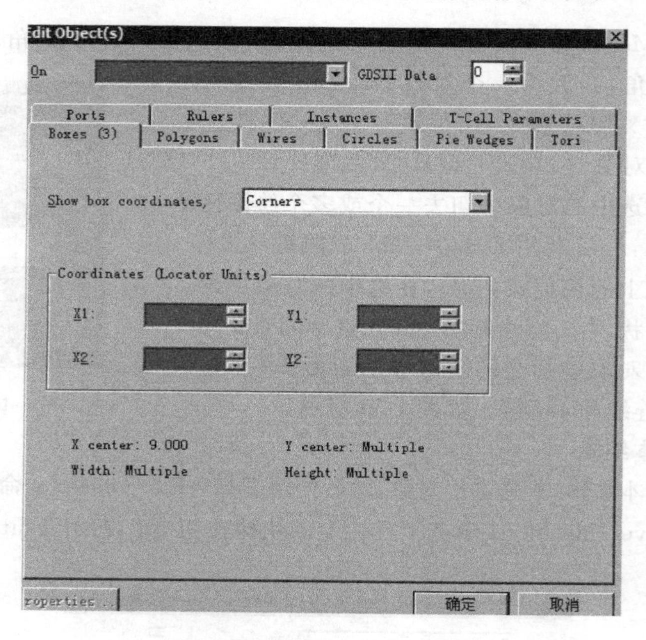


图 1-61　编辑多个对象对话框

当具有不同属性的多个对象被选中时，相关的属性区域变为深灰色，这代表这些属性具有多个不同的值。这种颜色标识被称为混合数值外观。与禁止编辑的区域不同，当在混合数值区域中输入新的数据后，所有选中对象的相关属性都变为输入的数值。

(2) 矩形标签

矩形标签示于如图 1-60 中。该标签中包含 3 种显示矩形坐标和尺寸的方式，可从 Show box coordinates(显示矩形坐标)下拉框中进行选择。这 3 种方式分别为：

- Corners(对角)显示方式：在 Coordinates[Locator Units]选项组中显示选中矩形左下角(X1,Y1)和右上角(X2,Y2)的坐标。
- Bottom Left Corner and Dimensions(左下角和尺寸)显示方式：在 Coordinates [Locator Units]选项组中显示选中矩形左下角坐标(X left,Y)，选中矩形的宽度(Width)和高度(Height)。

- Center and Dimensions(中心和尺寸)显示方式：在 Coordinates[Locator Units]选项组中显示选中矩形中心点的坐标(X centered,Y center)以及矩形的宽(Width)和高(Height)。

(3) 多边形标签

多边形标签如图 1-62 所示，这个标签可以对顶点和曲线进行添加、删除或修改操作。其中包含如下内容：

- Vertices(Locator Units)(顶点坐标)列表：列出选中多边形中各个顶点的坐标(X,Y)。
- Add Vertex(添加顶点)按钮：在选中的多边形中增加顶点。
- Delete Vertex(删除顶点)按钮：在选中的多边形中删除顶点。
- Show Curve Height(显示曲线高度)可选框：选中后，在顶点列表中增加 Curve Height 栏，如图 1-63 所示。

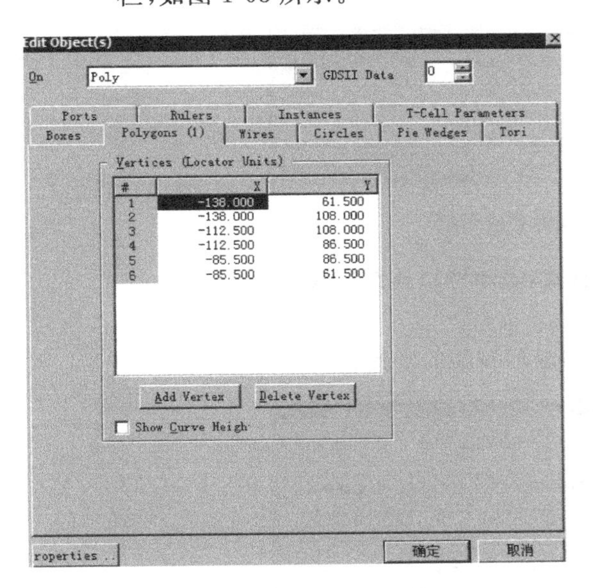


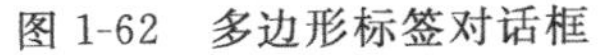

图 1-62　多边形标签对话框

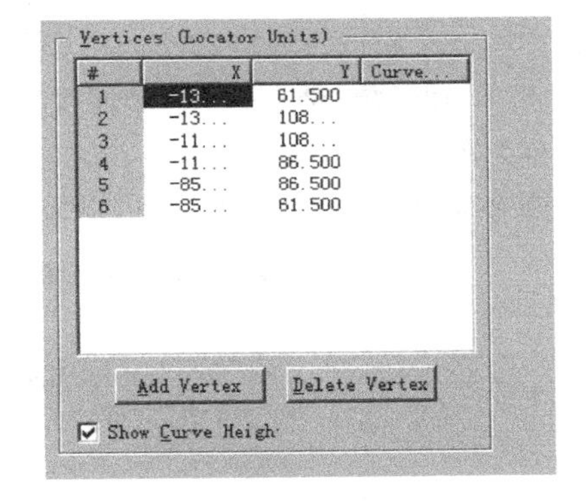


图 1-63　显示 Curve Height 栏的多边形顶点列表

(4) 连线标签

连线标签如图 1-64 所示。这个标签可以修改、增加或者删除连线的顶点坐标，还可以改变连线的宽度、端点样式和链接样式。

其中包括如下内容：

- Vertices(Locator Units)(顶点坐标)列表：列出选中连线各顶点的坐标。可以用 Add Vertex(添加顶点)按钮和 Delete Vertex(删除顶点)按钮向顶点坐标列表中添加或删除顶点。
- Wire width(连宽)框：显示并可调整选中连线的宽度，单位为定标单位。
- Join style(连接样式)框：显示连线的连接样式。有 4 种可选样式：Layout、Round、Bevel 或 Miter。
- End style(端点样式)框：显示连线的端点样式。有 3 种可选样式：Butt、Round 或 Extend。

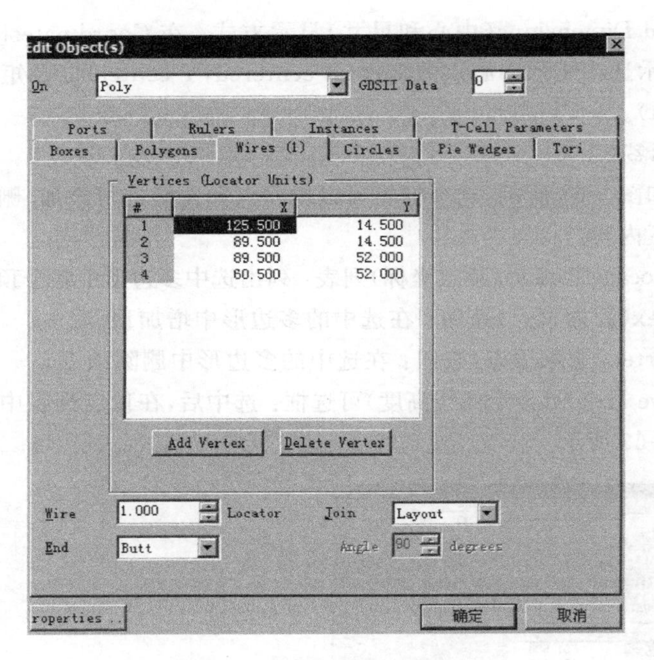


图 1-64 连线标签对话框

- Angle(角)框：在 miter 连接方式下有效，表示两段连线的夹角。

(5) 圆标签

圆标签如图 1-65 所示，它可以编辑圆心的坐标和圆的半径。

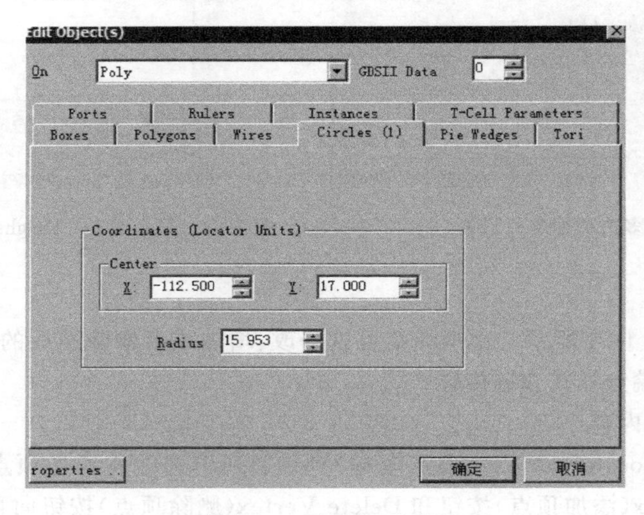


图 1-65 圆标签对话框

其中，Coordinates(Locator Units)(坐标)填充框组显示圆心的坐标和半径的大小。

(6) 弧形标签

弧形标签如图 1-66 所示，它可以修改弧形的圆心坐标、扫描角和半径。

其中：

- Center Coordinates(Locator Units)(圆心坐标)栏：列出选中弧形的圆心坐标。

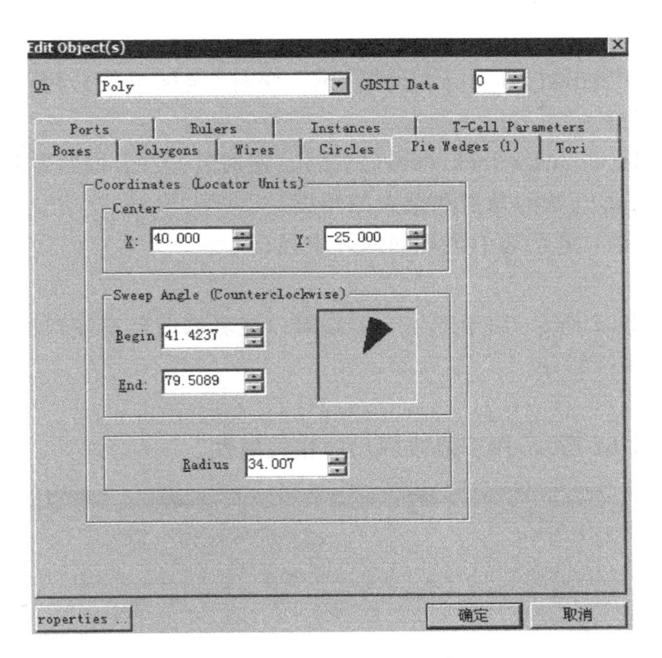


图 1-66　弧形标签对话框

- Sweep Angle(counterclockwise)(扫描角(逆时针))栏：按照逆时针方向，以 0°为参考点，显示弧形开始的角度和结束的角度。
- Radius(半径)栏：显示弧形的半径大小。

(7) 环形标签

环形标签如图 1-67 所示，它可以编辑环形的圆心坐标、扫描角和半径。

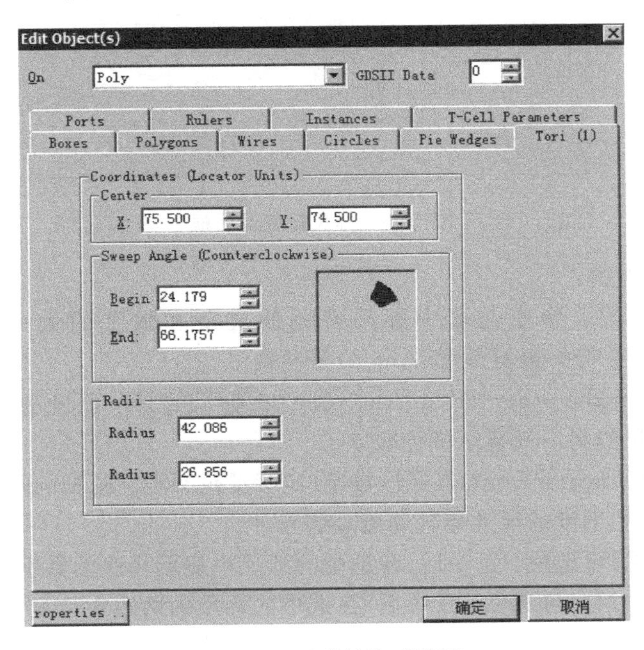


图 1-67　环形标签对话框

其中：

- Center Coordinates(Locator Units)(圆心坐标(定标单位))栏：显示选中的环形的圆心坐标(X,Y)。
- Sweep Angle(Counterclockwise)(扫描角(逆时针))栏：按照逆时针方向，以0°为参考点，显示环形开始的角度和结束的角度。
- Radii(半径)栏：显示选中圆环的内外半径。

(8) 端口标签

端口标签如图1-52所示，用于产生一个新端口或者修改已有端口的属性。详细描述参见1.4.3节中绘制端口部分。

(9) 标尺标签

标尺标签如图1-68所示，用于修改标尺的相关属性。

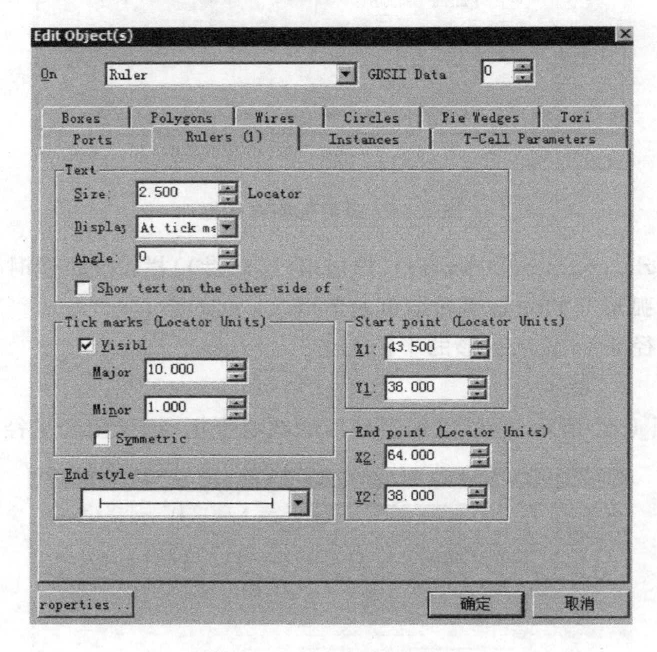


图1-68 标尺标签对话框

其中包括如下内容：

- Text(文字)栏：指定与选中标尺有关的文字和数字的大小(Size)、显示样式(Display)和字符的倾斜角度(Angle)等参数。
- Show text on the other side of the ruler(在标尺的另一面显示文字)可选框：选中后，将在标尺的另一面显示标注数字。
- Tick marks(Locator Units)(标注数字(定标单位))栏：在Major和Minor栏中分别设定标尺的主刻度的尺寸与辅助刻度的尺寸。
- Visible(可见)可选栏：选中后，在选中的标尺中显示标注的数字。
- Symmetric(对称)可选栏：选中后，在选中的标尺的两边对称显示标注。
- End style(端口样式)栏：确定选中标尺的端口显示样式。显示样式包括平头端口和箭头端口。

- Start point(起始端)栏：设定标尺的起始端坐标。
- End point(终止端)栏：设定标尺的终止端坐标。

(10) 例化体标签

例化体标签如图 1-69 所示。它可以修改例化体的名称和影响例化体显示的相关因素。

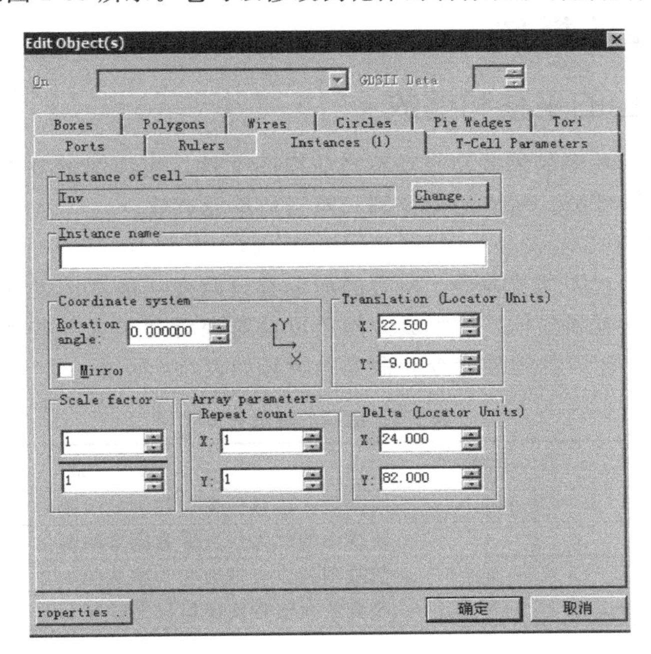


图 1-69　例化体标签对话框

其中包括如下内容：

- Instance of cell(被例化单元的名称)栏：显示选中的被例化单元的名称。当多个单元被选中时无效。可以单击右侧的 Change 按钮选择其他的被例化单元。
- Instance name(例化体名称)栏：确定选中的例化体或阵列的名称。当多个例化体被选中时无效。该栏为空白时，L-Edit 自动地给选中的例化体设定名称。每个例化体的名称都必须是唯一的。
- Coordinates system(坐标系统)选项组：包括两个设定选项，用来设定选中的例化体和其坐标系统的旋转角。
  - Rotation Angle(旋转角)栏：设定例化体的旋转角度，增量为 1.00°。当旋转角改变后，旋转角栏右侧的坐标轴将显示发生的变化。
  - Mirror(镜像)可选框：选中后，水平翻转坐标轴系统。旋转角栏右侧的坐标轴将显示发生的变化。
- Translation(Locator Units)(转移(定标单位))栏：相对于例化单元的原点而言，设定例化体的位置。在初建例化体后，L-Edit 自动将其放置在当前布局窗口的中央，然后根据设定的 X-和 Y-坐标来移动例化体。
- Scale factor(尺寸因子)栏：设定例化体的显示尺寸与原始单元的显示尺寸的比例因子。这个比例因子对例化单元中 X 和 Y 轴上的所有对象都有效。在 GDSII 和 CIF 格式下，比例设定将保持对象的比例和几何图形的形状不变。

- Array parameters(阵列参数)栏：包括如下两个选项。
  - Repeat count(重复数)栏：设定例化体在 X 轴方向和 Y 轴方向上的重复次数。
  - Delta(增量)栏：设定阵列单元在 X 方向和 Y 方向上的间距。

# 1.6 视图的操作

## 1.6.1 窗口的平移和缩放

L-Edit 可以利用视图的缩放命令查看当前视图文件。当视图被放大后，可以使用平移命令查看视图的不同部分。所有的命令都只对当前单元有效。

**1. 窗口的缩放**

L-Edit 中有 4 个视图缩放命令。所有的命令都只改变当前视图的放大倍数，而不改变设计文件中对象的位置和坐标。增大放大倍数可使对象看起来大一些，缩小放大倍数可使对象看起来小一些。窗口的缩放命令和命令的解释如表 1-2 所示。

**表 1-2 窗口的缩放命令**

| 命令 | 热键 | 功能 |
|---|---|---|
| View→Home | Home | 改变放大倍数使窗口能够显示单元中的所有对象 |
| View→Zoom→In | + | 使视图的放大倍数变为原来的两倍 |
| View→Zoom→Out | − | 使视图的放大倍数变为原来的 1/2 |
| View→Zoom→To Selections | W | 改变放大倍数使窗口只完整显示单元中被选中的对象 |

**2. 窗口的平移**

L-Edit 中共有 9 个移动窗口的命令。它们只改变当前视图的显示效果而不改变设计文件中对象的位置和坐标。表 1-3 对这 9 种平移命令进行了详细的说明。

**表 1-3 窗口的平移命令**

| 命令 | 热键 | 功能 |
|---|---|---|
| View→Pan→To Selections | Y | 使选中的对象处在视图窗口的中央 |
| View→Pan→Left | ← | 使窗口向左移动 1/4 视图宽度 |
| View→Pan→Right | → | 使窗口向右移动 1/4 视图宽度 |
| View→Pan→Up | ↑ | 使窗口向上移动 1/4 视图高度 |
| View→Pan→Down | ↓ | 使窗口向下移动 1/4 视图高度 |
| View→Pan→To Cell Edge→Left | Shift+← | 移动窗口使单元的左边缘恰好位于视图的左边 |
| View→Pan→To Cell Edge→Right | Shift+→ | 移动窗口使单元的右边缘恰好位于视图的右边 |
| View→Pan→To Cell Edge→Up | Shift+↑ | 移动窗口使单元的上边缘恰好位于视图的上边 |
| View→Pan→To Cell Edge→Down | Shift+↓ | 移动窗口使单元的下边缘恰好位于视图的下边 |

## 1.6.2 鼠标控制的视图操作

使用 View→Zoom→Mouse(热键 Z)命令或者工具栏上的快捷按钮，可以改变鼠标各键的功能。变化后的功能仅可使用一次，使用之后鼠标各键将恢复原来的功能。

使用上述命令后，鼠标各键变化如下：Zoom Box(左键)，Pan(中键)，以及 Zoom Out

(右键),详见表 1-4。

表 1-4　鼠标控制的视图操作命令

| 鼠标按键 | 功　　能 |
|---|---|
| Zoom Box | 单击某个点时,使围绕该点的视图区域放大倍数增加两倍。单击并拖曳指针形成一个矩形区域,该区域中的对象被放大(保持对象的高宽比不变) |
| Pan | 单击中键,平移视图并使视图的中心移动到鼠标指针单击的位置。单击并拖曳指针,窗口将按照指针移动的方向和距离移动,窗口中的对象将按照指针移动相反的方向和距离移动 |
| Zoom Out | 右击,窗口中的视图在指针单击的位置缩小 |

## 1.6.3　视图的交换

L-Edit 在使用任何一种缩放或平移命令后,再使用 View→Exchange(热键 X)命令,可使窗口恢复到原来的显示状态。反复使用这个命令可使视图在两个显示状态之间转换。

## 1.6.4　移动视图到指定位置

使用 View→Goto 命令可使视图的中心移动到指定的坐标位置上。View→Goto 命令打开的对话框如图 1-70 所示。可在 Goto(Locator Units)栏中改变视图中心点的坐标。

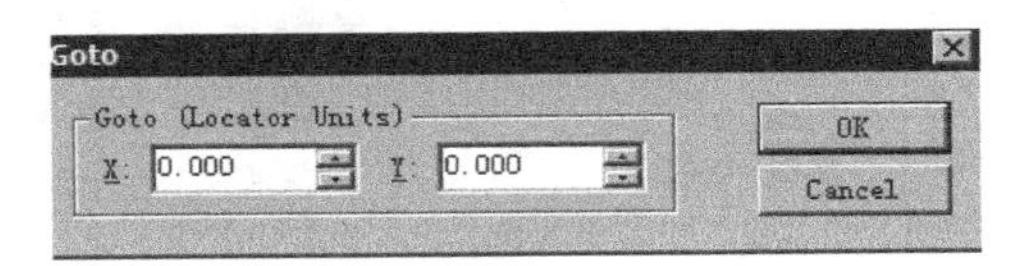


图 1-70　Goto 对话框

## 1.6.5　视图窗口元素的显示

使用 View→Display 命令可以改变视图窗口中各元素的显示情况。项目名称之前存在"√"标识时,该项目处于显示状态,如图 1-71 所示。

其中包括如下内容:

- Icon(图标)选项:当 View→Insides→Toggle Insides 关闭时,表示是否显示下级几何图形。
- Arrays(阵列)选项:表示是否显示当前单元中的例化体阵列。
- Ports(端口)选项:表示是否显示所有打开的例化体内第一级图形中的端口。
- Major Grid(主栅格)选项:表示是否在窗口中显示主栅格。
- Minor Grid(辅助栅格)选项:表示是否在窗口中显示辅助栅格。
- Origin(原点)选项:表示是否在窗口中显示原点。
- Mouse Hints(鼠标提示)选项:表示是否在视图窗

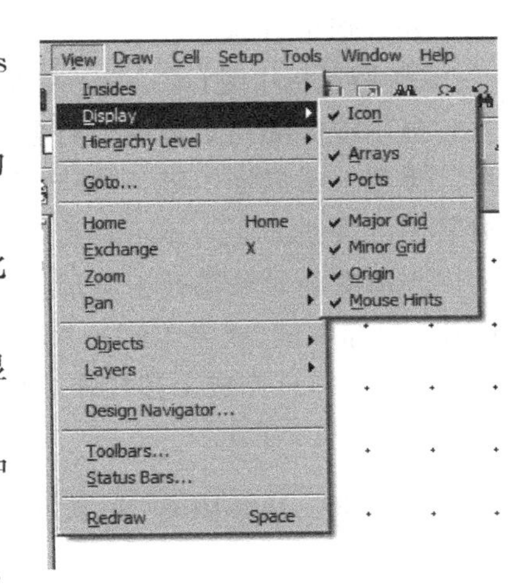


图 1-71　View→Display 命令

口中显示鼠标指针下方的提示框。

## 1.6.6 显示和隐藏对象

L-Edit 可以显示或隐藏设计文件中的指定对象。当隐藏对象时，绘图工具栏上的相应图标按钮将加有阴影线。不能对隐藏的对象进行绘图、选择、编辑、移动，或者删除操作。

显示或隐藏对象的方法有以下 3 种：

① 使用 View→Objects 命令来显示或隐藏对象。

此时 L-Edit 显示的菜单如图 1-72 所示。

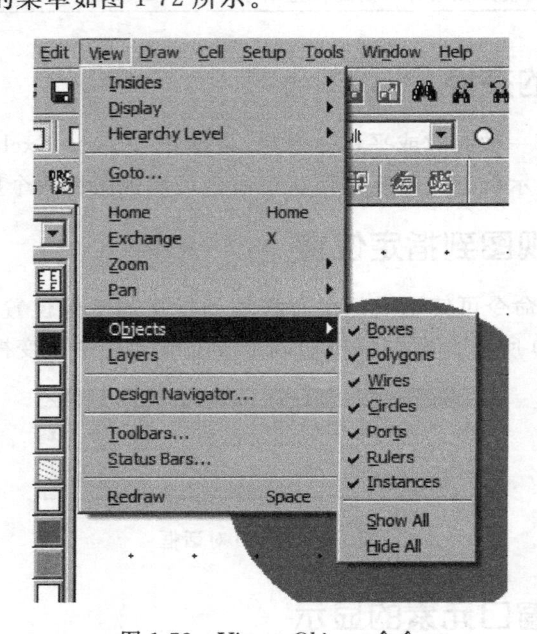


图 1-72 View→Objects 命令

在 View→Objects 命令菜单中，对象类型之前有"√"标记，表明该对象在设计窗口中可见。显示全部对象，选择 Show all 选项。隐藏全部对象，选择 Hide All 选项。显示或隐藏弧形和环形可以通过选中或取消 Polygons 项来实现。

② 用鼠标中键(或 Alt+左键)单击绘图工具栏上的对象图标按钮来显示或隐藏对象。

显示或隐藏指定类型的对象时，将鼠标指针放在指定的图标按钮上，单击鼠标中键即可。重复单击鼠标中键，可使对象在显示状态和隐藏状态之间转换。以矩形图标为例，隐藏时其图标按钮为 ，显示时其图标按钮为 。

当所有的对象都处于显示状态时，要在窗口中隐藏除指定对象之外的所有对象，可使用 Ctrl+鼠标中键(或者 Ctrl+Alt+左键)。将鼠标指针放在指定对象的图标按钮上，单击 Ctrl+中键即可完成上述操作。仍以矩形图标为例，当窗口中只显示矩形时，绘图工具栏的变化如图 1-73 所示。

图 1-73 窗口中只显示矩形时的工具栏状态

③ 在绘图工具栏上，单击鼠标右键，在弹出的列表中选择显示或隐藏。

在绘图工具栏上右击时，弹出的菜单窗口如图 1-74 所示。

其中，Show 选项显示的对象为在弹出菜单之前鼠标指针指向的对象。例如，如果鼠标指针指向圆，那么弹出菜单中的 Show 选项将显示设计图中所有的圆。

显示所有的对象时，选择菜单中的 Show All 即可。隐藏除指定对象类型之外的所有对象时，将鼠标指针放在要显示的对象图标按钮上，选中弹出菜单中的 Hide All 即可。

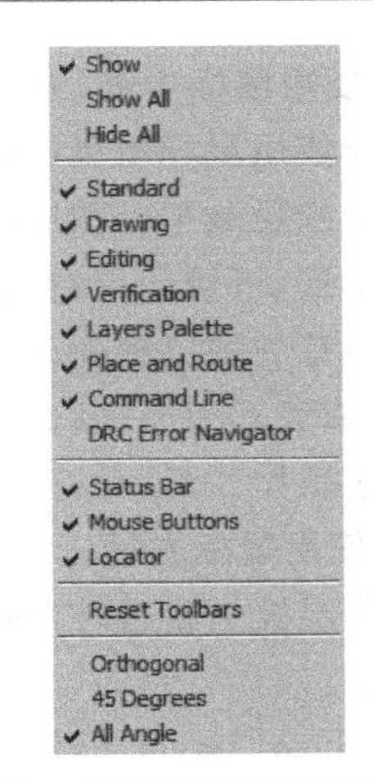

图 1-74　绘图工具栏的弹出菜单

## 1.6.7　显示和隐藏图层

L-Edit 可以显示或隐藏指定图层上的所有对象。当图层被隐藏后，图层板上代表该图层的图标加上阴影线。隐藏的图层上的对象不能被绘制、选择、编辑、移动或者删除。显示和隐藏图层的方法有以下几种。

**1. 使用 View→Layers 命令**

使用该命令时出现的菜单如图 1-75 所示，其中包括如下内容：

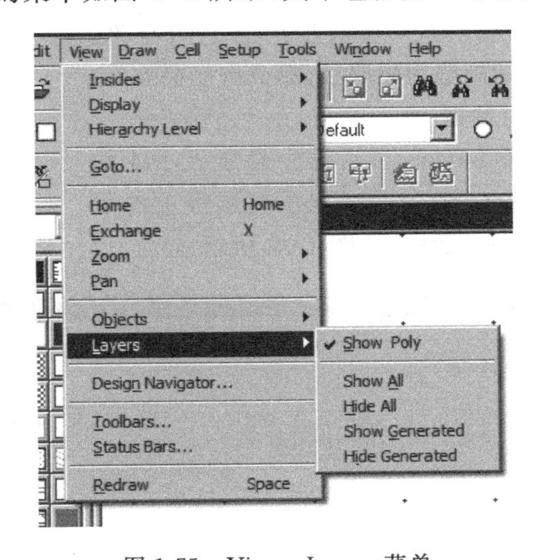

图 1-75　View→Layers 菜单

- Show [Layer name]选项：显示图层板中当前被选中的图层。Layer name 为当前被选中的图层的名称。Show [Layer name]之前有“√”标识时表示该层上的对象可见，没有“√”标识时表示该层上的对象被隐藏。
- Show All 选项：显示所有图层上的对象。
- Hide All 选项：隐藏除当前选中图层之外所有图层上的对象。
- Show Generated 选项：显示所有生成层上的对象。
- Hide Generated 选项：隐藏所有生成层上的对象。

**2. 使用鼠标中键(或 Alt+左键)**

可以使用鼠标中键(或 Alt+左键)单击图层板上的图标来显示或隐藏图层。

显示或隐藏某个图层时,将鼠标指针放在该图层的图标上,单击鼠标中键即可。重复单击鼠标中键,可使图层在显示状态和隐藏状态之间转换。

当所有的图层都处于显示状态时,要隐藏除指定图层之外的所有图层,可使用 Ctrl+鼠标中键(或者 Ctrl+Alt+左键)。将鼠标指针放在指定图层的图标上,单击 Ctrl+中键即可完成上述操作。

**3. 使用鼠标右键**

在图层板上右击时,弹出的菜单窗口如图 1-76 所示。

其中:

- Show[Layer name]选项:显示的图层为在弹出菜单之前鼠标指针指向的图层。例如,鼠标指针指向 Ploy 层,那么弹出的菜单中的 Show 选项将显示设计图中 Ploy 层上所有的对象。
- Show All 选项:显示所有图层上的对象。
- Hide All 选项:隐藏除指定图层之外的所有图层上的对象。
- Show Generated 选项:显示所有生成层上的对象。
- Hide Generated 选项:隐藏所有生产层上的对象。如果鼠标指针指向的图层为生成层,那么将该层除外。

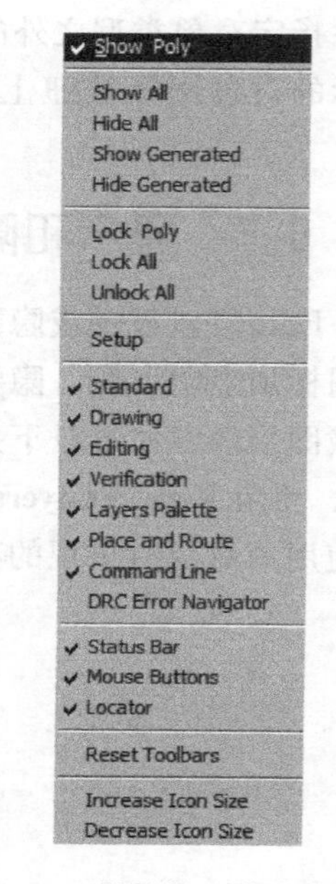


图 1-76 图层板上弹出的菜单

**4. 使用 Setup Layer 对话框**

L-Edit 还可以在 Setup Layers 对话框中设置显示或隐藏图层。使用 Setup→Layers 命令或者双击图层板上的图标都可以打开 Setup Layers 对话框,如图 1-77 所示。

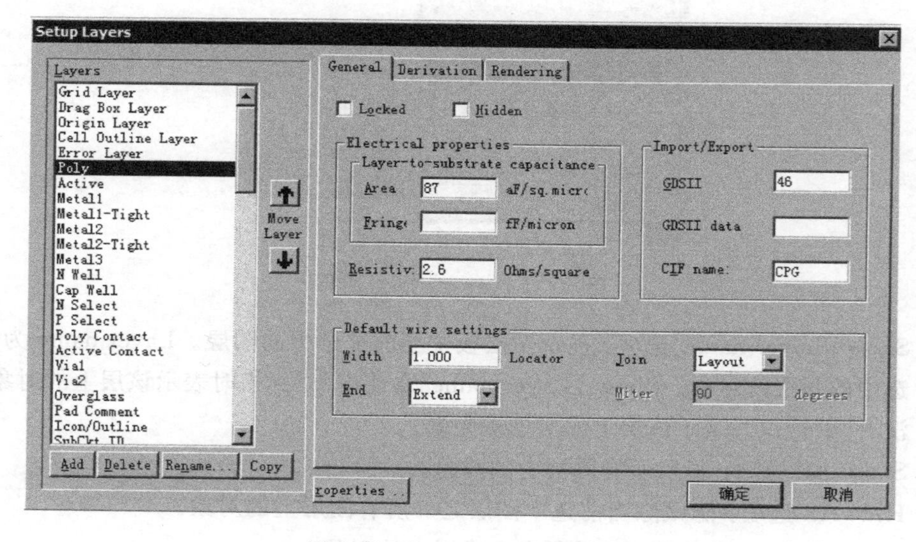


图 1-77 Setup Layers 对话框

对话框的左侧是 Layers(图层)列表区，从中选中想要显示或隐藏的图层，右侧的对话框中有一个 Hidden(隐藏)可选框，选中时表示隐藏该图层，未选时表示显示该图层。

# 1.7 图层

## 1.7.1 图层板

L-Edit 中包含的工艺图层的数目没有限制。它们以正方形的图标(代表可以使用的图层)排列在图层板上。L-Edit 以图标中不同的颜色和花纹来表示不同的图层。当鼠标指针移动到某个图标的上方时，状态栏中会自动显示该图标所代表的图层的名称。图层板的大小是可调的，使用图层板下方的滚动条来显示图层板上的其他图层。L-Edit 的图层板如图 1-78 所示。

将鼠标指针移动到图层板上的任何位置右击即可弹出一个下拉菜单，如图 1-76 所示。使用者可以显示、隐藏或者锁定图层。在 Setup Layers 对话框中(如图 1-77 所示)，还可以改变图层板中图标的尺寸。

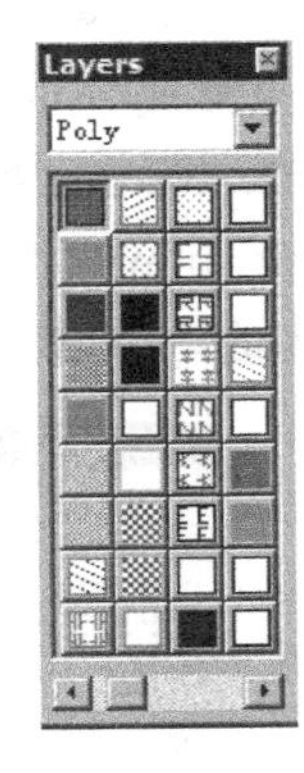

图 1-78　L-Edit 的图层板

## 1.7.2 图层设置

图层板上图层的顺序为从上到下，从左到右。图层设置还包括对图层板上各图层的显示顺序的设置。图层板上图标的显示顺序跟 Setup Layers 对话框中图层的显示顺序是相同的。

在 Setup Layers 对话框(如图 1-77 所示)的左侧为图层列表，其中包括如下信息：

- Add(添加)按钮：向图层板中添加新图层。新图层的名称可以用 Rename 按钮来改变。
- Delete(删除)按钮：从图层列表中删除某一选中的图层。只有不包含几何图形的图层才能被删除。
- Rename(重命名)按钮：打开一个对话框，在该对话框中输入选中图层的新名称。
- Copy(拷贝)按钮：在图层列表中添加一个选中图层的复本。新的图层将显示在选中图层的下方，新图层的名称为 Copy of name，其中 name 为选中的图层名称。
- Move Layer(移动图层)按钮：单击向上或向下箭头使图层列表中选中的图层向上或向下移动一位。
- Properties(属性)按钮：打开属性对话框，可附加或删除选中图层的相关属性。

Setup Layer 对话框中还包含 3 个标签页，分别为 General(一般页)，Derivation(推导页)和 Rendering(描写页)。

**1. General(一般)页设定**

一般页标签示于图 1-77 中，它可以设定图层的以下属性。

- Locked(锁定)可选框：选中后，当前图层上的几何对象不能被绘制、移动或编辑。
- Hidden(隐藏)可选框：选中后，当前图层被隐藏。
- Layer-to-substrate capacitance(图层与衬底间的电容)填充框组：设定图层与衬底间的面积电容(Area capacitance)和边缘电容(Fringe capacitance)。

- Resistivity(单位面积电阻)填充框：确定图层材料的单位面积电阻。
- Import/Export(输入/输出)填充框组：对选中图层的输入/输出参数进行编辑。输入的数值可以是以下 3 种：
  - GDSII 框：输入选中图层的 GDSII 图层数。
  - GDSII data 框：输入选中图层的 GDSII 数据类型。
  - CIF name 框：输入选中图层的 CIF 文件名称。
- Default wire settings(默认连线设置)填充框组：设置连线的默认宽度(Width)、端点样式(End Style)和连接样式(Join Style)。

**2. Derivation(推导)页设定**

Derivation 页面用于定义新图层，这些新图层是利用逻辑和选择运算从已有的图层中派生出来的，它们被称为生成层。Derivation(推导)页如图 1-79 所示，详细介绍见 1.7.3 节。

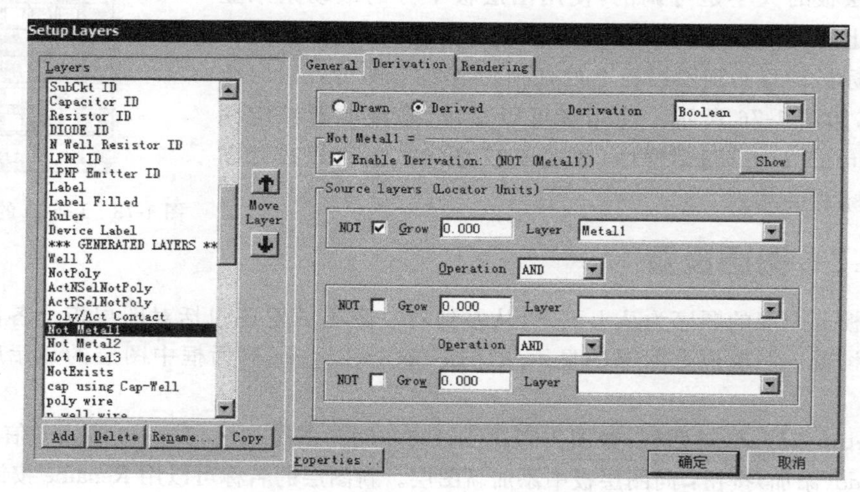


图 1-79 Derivation(推导)页对话框

**3. Rendering(描写)页设定**

Rendering 标签页用于设定图层的显示效果，如图 1-80 所示。

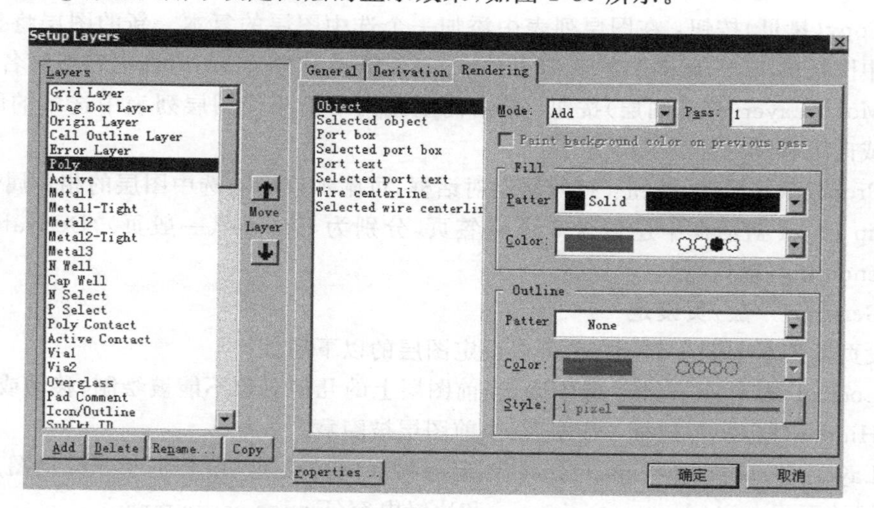


图 1-80 Rendering(描写)页对话框

对于每一个图层，都可以设定绘制元素在选中和取消选中状态下的填充颜色和花纹，以及轮廓线。可以设定颜色和花纹的设计元件包括：Object（对象），Select object（选中的对象），Port box（端口矩形框），Select port box（选中的端口矩形框），Port text（端口文字），Select port text（选中的端口文字），Wire centerline（连线的中心线）和 Select wire centerline（选中的连线的中心线）。

图层的描写页面中包括以下信息：

- Mode（模式）下拉框：Mode 用于控制一个图层与其他图层重叠时重叠区的外表。Mode 包含 3 个选项：
  - Paint（覆盖）模式：使用逻辑覆盖操作。
  - Add（添加）模式：使用逻辑或操作。
  - Subtract（减少）模式：使用逻辑与非操作。
- Pass（次序）下拉框：用于控制描写图层的顺序。顺序的范围为 1～10。1 表示第一个被描写，10 表示最后一个被描写。
- Paint background color on previous pass（在前一个描写次序上覆盖背景色）复选框：该选项用于适当的描写重叠的通孔。选中后，在描写带有花纹的对象前，布局背景色将清除当前图层之前的所有图层的颜色。
- Pattern（填充和轮廓线的花纹）下拉框：从下拉框中选择一个预定义的花纹，或者在下拉框中的 other 按钮中创建新的花纹。
- Color（填充和轮廓线的颜色）下拉框：通过单击下拉框中的颜色或二进制代码来设定当前图层的颜色。
- Style（轮廓线的样式）下拉框：单击省略号来设定选中元素轮廓线的样式。L-Edit 将打开 Outline Style 对话框，从中设定线型和线宽的测量单位。

## 1.7.3 生成层

**1. 设定生成层**

生成层是通过运用布尔运算、选择运算、面积运算或密度运算来产生的。布尔运算根据图层之间的逻辑关系（AND、OR、NOT 等）来产生新图层。选择运算根据图层之间的面积关系来产生新图层。面积运算允许使用者根据面积来选择图形。

（1）用布尔运算设定生成层

在 Setup layers→Derivation 标签页中的 Derivation 下拉框中选择 Boolean，即可用布尔运算来设定生成层，如图 1-79 所示。使用者可以用这个对话框来定义生成层的名称，L-Edit 用源图层（最多 3 个）跟布尔运算组合后形成新的生成层。

图 1-79 所示的对话框中包含如下信息：

- Enable Derivation（激活推导）可选框：当该可选框被选中且源图层信息已被输入后，允许产生生成层。使用这个选项可以在不改变源图层的输入信息的情况下产生生成层。
- Show（显示）按钮：打开 Full Derivation（完整推导表达式）对话框，其中显示生成层和源图层之间的推导表达式。
- Source layers（locator units）Layer…Layer…Layer…（源图层）选项组：显示产生新

图层的源图层的名称。从下拉框中选择每一个源图层，下拉框中只显示图层列表中位于产生的新图层上方的图层。另外，该选项组中还包括两个有关源图层的运算。

- NOT(非)可选框：选中后，在生成图层时先对源图层非运算。
- GROW(生长)填充框：输入一个正数或负数，单位为定标单位。在生成图层时先对源图层做伸展或压缩运算。

- Operation(运算操作)下拉框：从下拉框中选择AND(与)或者OR(或)，表示对上下两个源图层所做的运算。

L-Edit中有3种基本的布尔运算AND、OR和NOT用来预定义图层。L-Edit还使用GROW运算来伸展或压缩源图层。这些运算可以单独或组合在一起来形成复杂的运算公式。

布尔运算按如下顺序执行，AND和OR运算中，AND运算有优先权。

- GROW(仅作用于一个图层)。
- NOT(仅作用于一个图层)。
- AND/OR(作用于前后两个图层)。

举例：

源图层的名称分别为a、b和c，设定的运算操作如下：对图层a进行NOT和GROW 1操作，在图层a和图层b之间选择OR操作，在图层b和图层c之间选择AND操作。因此最终的运算公式为(NOT(GROW 1 a))OR(b AND c)。

(2) 用选择运算设定生成层

选择运算操作是从图层中选择一组多边形，设定它们的关系式以产生新的图层。选择运算可以创建布尔运算不能产生的规则，例如间距检查和大小检查。在Setup Layers→Derivation标签页中的Derivation下拉框中选择Select，即可用选择运算来设定生成层如图1-81所示。

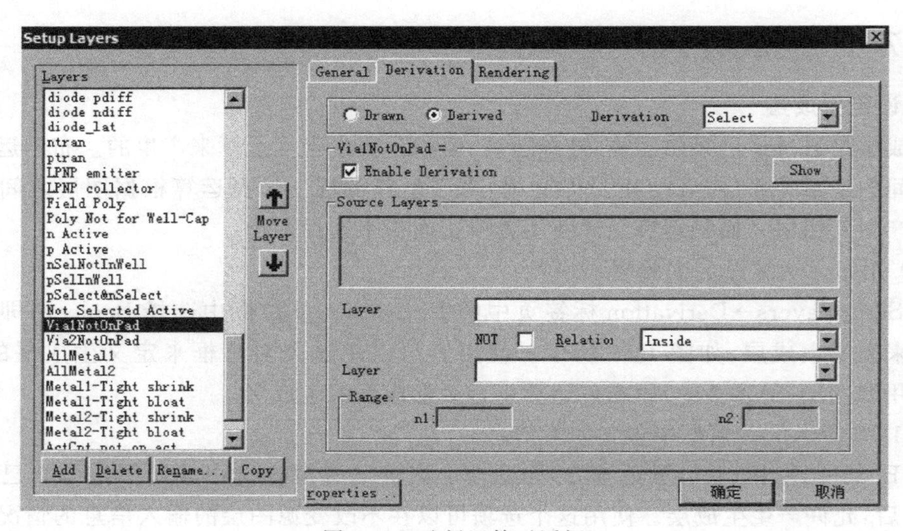

图1-81 选择运算对话框

其中包括如下信息：

- Enable Derivation(激活推导)可选框：当该可选框被选中且源图层信息已被输入后，允许产生生成层。使用这个选项可以在不改变源图层的输入信息的情况下产生生成层。

- Show(显示)按钮：打开 Full Derivation(完整推导表达式)对话框，其中显示选中图层和所有的源图层之间的推导表达式。
- Source layers(locator units)Layer…Layer…Layer…(源图层)选项组：显示产生新图层的源图层的名称。从下拉框中选择每一个源图层，下拉框中只显示图层列表中位于产生的新图层上方的图层。
- NOT(非)可选框：选中后，在生成图层时先对源图层做非运算。
- n1，n2 填充框：在 n1 中输入一个最小值，在 n2 中输入一个最大值，它们用于定义顶点数的范围。
- Relation(关系)下拉框，包括以下关系：
  - Inside(内部)关系：选择完全在图层 2 多边形内部的图层 1 上的多边形。举例如图 1-82 所示，深色表示图层 1。

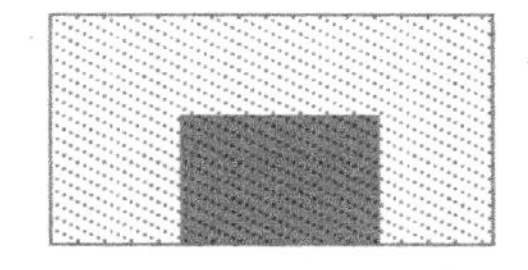
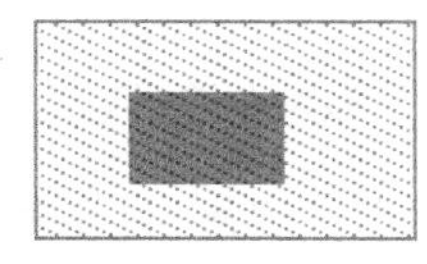
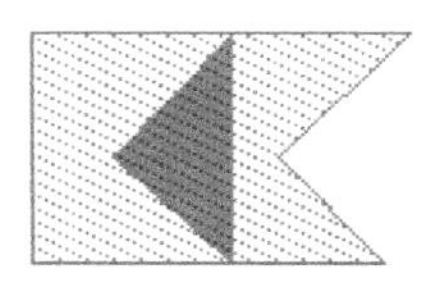
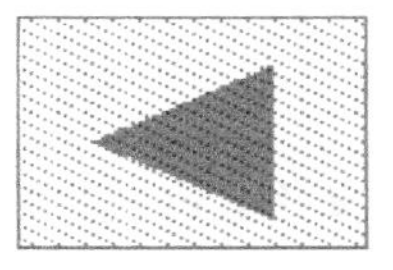

图 1-82 内部关系举例

  - Not inside(不在内部)关系：选择不完全在图层 2 多边形内部的图层 1 上的多边形。包括两种情况：一种是图层 1 多边形完全在图层 2 多边形外部；另一种是图层 1 多边形部分在图层 2 多边形内部。举例如图 1-83 所示，深色表示图层 1。

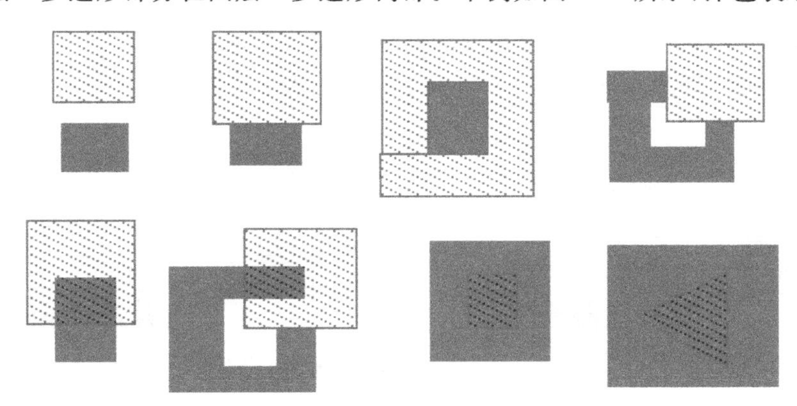

图 1-83 不在内部关系举例

  - Outside(外部)关系：选中完全在图层 2 多边形外部的图层 1 上的多边形。举例如图 1-84 所示，深色表示图层 1。

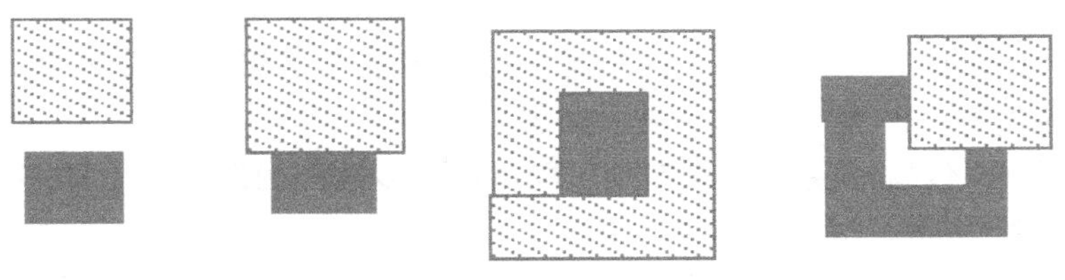

图 1-84 外部关系举例

- Not outside(不在外部)关系：选择不完全在图层 2 多边形外部的图层 1 上的多边形。包括两种情况：一种是图层 1 多边形完全在图层 2 多边形内部；另一种是图层 1 多边形部分在图层 2 多边形外部。举例如图 1-85 所示，深色表示图层 1。

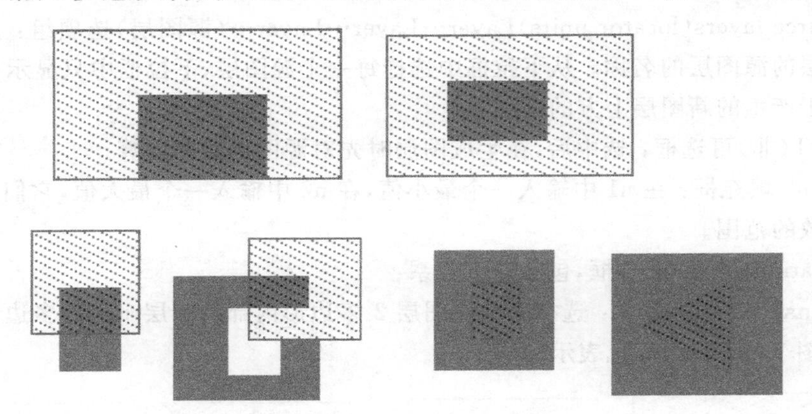

图 1-85　不在外部关系举例

- Hole(孔)关系：选择外表面与图层 2 多边形外表面完全接触的图层 1 上的多边形。举例如图 1-86 所示，深色表示图层 1。Not hole 操作选择外表面不完全与图层 2 外表面完全接触的图层 1 上的多边形。

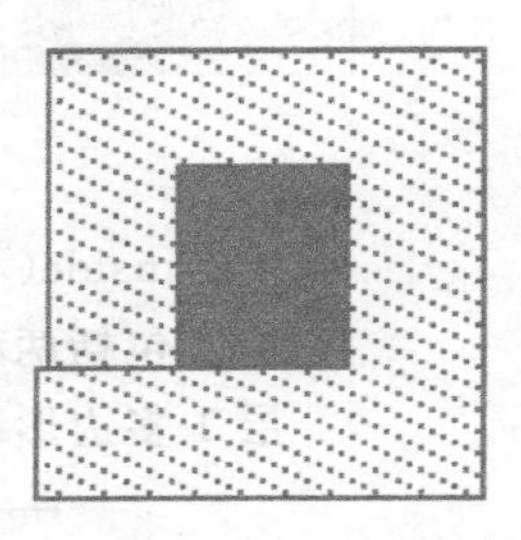

图 1-86　孔关系举例

- Cut(切割)关系：选择与图层 2 多边形相交而不是与图层 2 多边形相接触的图层 1 上的多边形，也就是说图层 1 多边形既有在图层 2 多边形内部的部分，也有在图层 2 多边形外部的部分。举例如图 1-87 所示。深色表示图层 1。

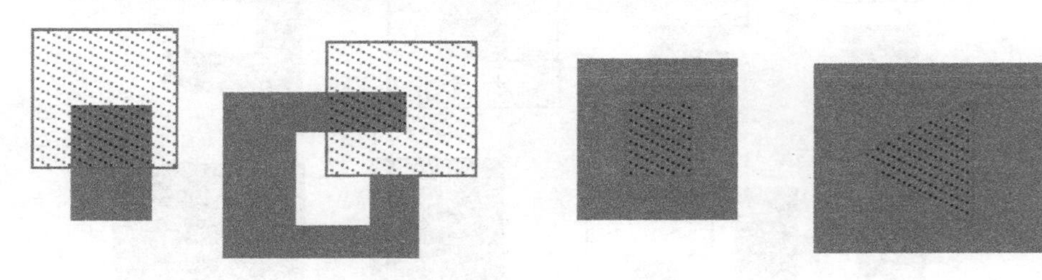

图 1-87　切割关系举例

- Not cut(不切割)关系：选择完全在图层 2 多边形内部或完全在图层 2 多边形外部的图层 1 上的多边形。举例如图 1-88 所示。深色表示图层 1。
- Touch(接触)关系：选择外部与图层 2 多边形相接触但不切割图层 2 多边形的图层 1 上的多边形。举例如图 1-89 所示。深色表示图层 1。
- Not touch(不接触)关系：选择与图层 2 多边形不相接触的图层 1 上的多边形。举例如图 1-90 所示。深色表示图层 1。
- Enclose(包围)关系：选择完全包围图层 2 多边形的图层 1 上的多边形。举例如图 1-91 所示。深色表示图层 1。
- Not enclose(不包围)关系：选择不完全包围图层 2 多边形的图层 1 上的多边形。

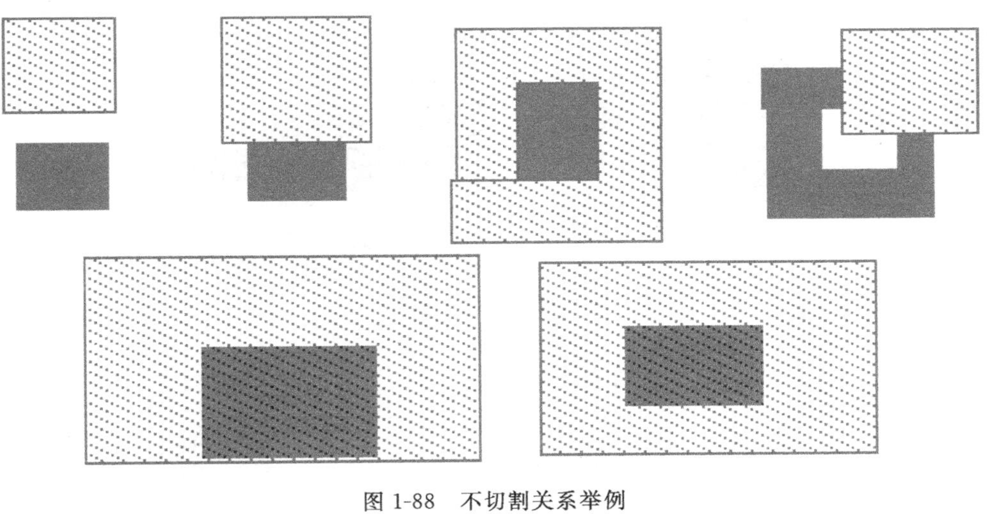

图 1-88 不切割关系举例

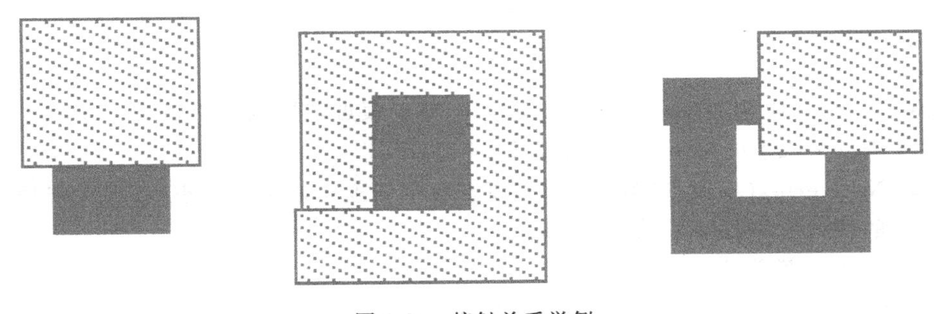

图 1-89 接触关系举例

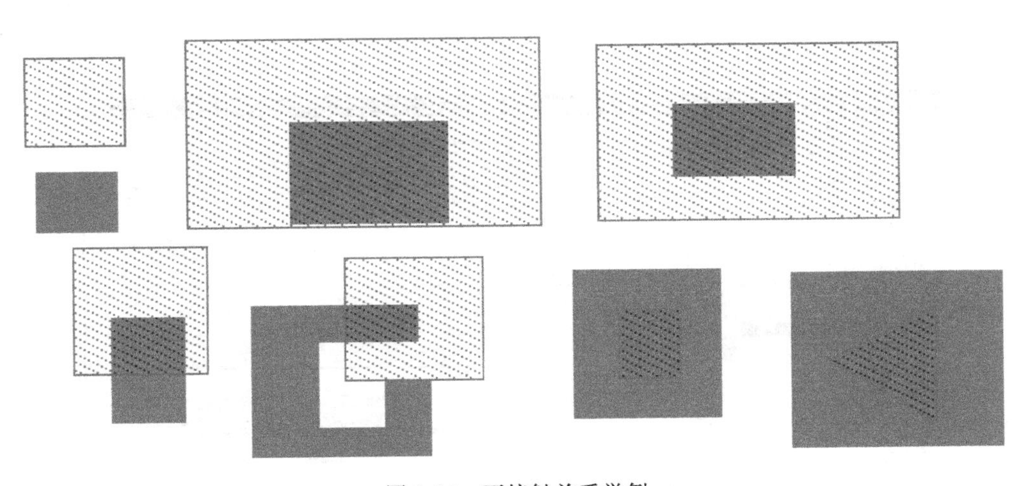

图 1-90 不接触关系举例

举例如图 1-92 所示。深色表示图层 1。

- Overlap(覆盖)关系：选择接触、切割或包围图层 2 多边形的图层 1 上的多边形，或者在图层 2 多边形内部的图层 1 上的多边形。
- Not overlap(不覆盖)关系：选择完全在图层 2 多边形外部的图层 1 上的多边形。

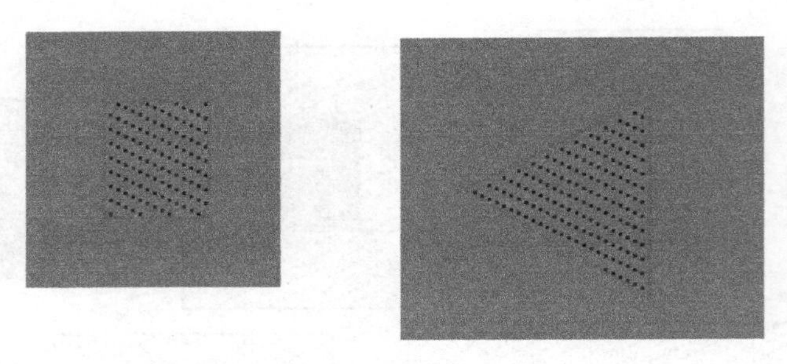

图 1-91　包围关系举例

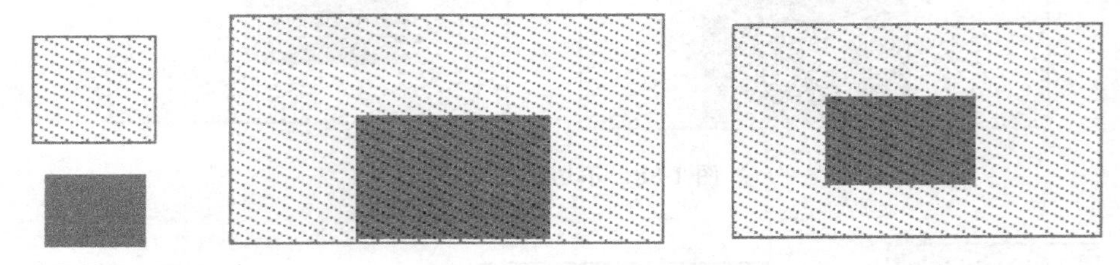

图 1-92　不包围关系举例

- Vertex(顶点)关系：选择顶点数大于等于顶点范围的最小值且小于等于顶点范围的最大值的图层 1 上的多边形。
- Not vertex(非顶点)关系：选择顶点数小于顶点范围的最小值，或大于顶点范围的最大值的图层 1 上的多边形。

(3) 用面积运算设定生成层

面积运算是根据设定的面积范围与选中图层上的多边形的面积之间的关系来产生新的图层。在 Setup Layers→Derivation 标签页中的 Derivation 下拉框中选择 Area，即可用面积运算来设定生成层如图 1-93 所示。

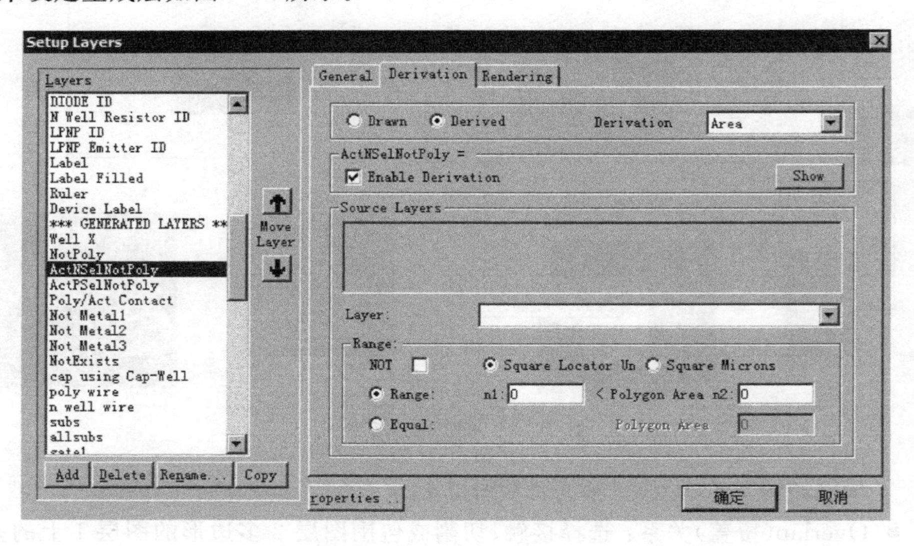


图 1-93　面积运算设定对话框

其中包括如下信息：

- Enable Derivation(激活推导)可选框：当该可选框被选中且源图层信息已被输入后，允许产生生成层。使用这个选项可以在不改变源图层输入信息的情况下产生生成层。
- Show(显示)按钮：打开 Full Derivation(完整推导表达式)对话框，其中显示选中图层和所有的源图层之间的推导表达式。
- Layers(源图层)下拉框：从下拉框中选择产生新图层的源图层名称。下拉框中只显示图层列表中位于产生的新图层上方的图层。
- Not(非)可选框：选中后，执行非关系操作，此时面积大小在设定的面积范围之外的多边形有效。
- Square Locator Units(定标单位的平方)or square lambda(lambda 的平方)选框：选择其中一个单选框，确定面积的单位。
- Range(范围) or Equal(相等)填充框：选中其中一个选框，确定多边形的面积是处于设置的 n1(最小值)～n2(最大值)数值范围内，还是与 Equal 填充框中的设定值相等。

(4) 用密度运算设定生成层。

密度运算规则需要测试当前图层被另一个图层覆盖的面积百分比。密度操作根据图层 2 多边形在图层 1 多边形上的面积覆盖百分比来选中图层 1 上的多边形，这个面积百分比的值需在设定的数值范围内。

在 Setup Layers→Derivation 标签页中的 Derivation 下拉框中选择 Density，即可用密度运算来设定生成层如图 1-94 所示。

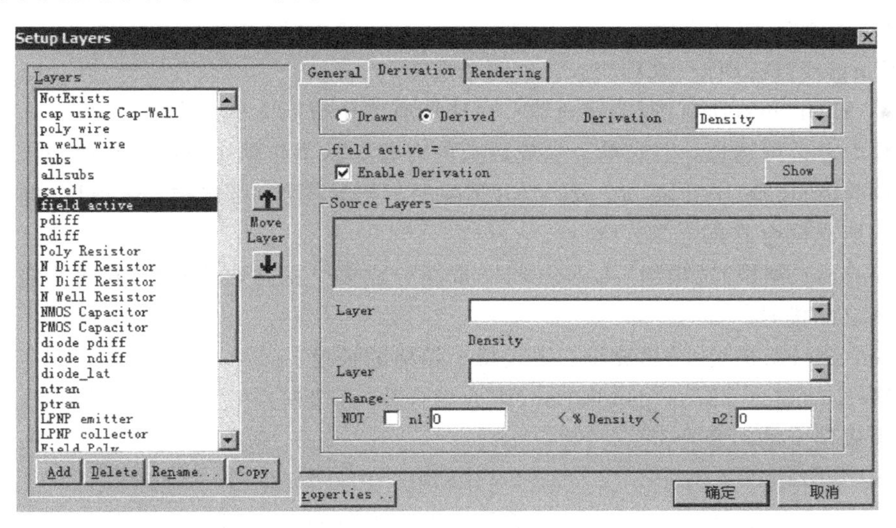


图 1-94　密度运算设定对话框

其中包括如下信息：

- Enable Derivation(激活推导)可选框：当该可选框被选中且源图层信息已被输入后，允许产生生成层。使用这个选项可以在不改变源图层输入信息的情况下产生生成层。

- Show(显示)按钮：打开 Full Derivation(完整推导表达式)对话框，其中显示选中图层和所有的源图层之间的推导表达式。
- Layers(源图层)下拉框：从下拉框中选择产生新图层的源图层名称。下拉框中只显示图层列表中位于产生的新图层上方的图层。
- Not(非)可选框：选中后，执行非关系操作。
- Layer1,Layer2(图层 1,2)填充框：从下拉框中选择产生新图层的源图层名称。下拉框中只显示图层列表中位于产生的新图层上方的图层。
- n1,n2 填充框：设定密度范围的最小值(n1)和最大值(n2)。

**2. 产生生成层**

生成层被设定完成后，将出现在图层板中，但是并不在当前单元中显示生成层。要在当前单元中显示生成层，可以用 Tools→Generate Layers 命令。它打开的对话框如图 1-95 所示。

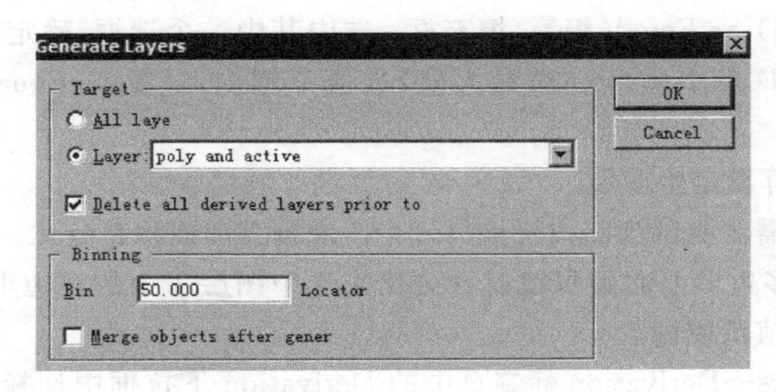


图 1-95　生成层对话框

其中包括如下信息：

- Target(目标图层)选项组：包含两个选项。
  - All layers(所有图层)可选框：生成所有的生成层上的对象。
  - Layer 可选框：生成单个生成层上的对象。从下拉框中选择单个生成层。
- Delete all derived layers prior to(删除所有推导图层)可选框：选择后，删除生成层上所有已存在的对象。
- Binning(箱格)选项组：L-Edit 将布局图分成多个正方形的箱格，在每个箱格内完成图层的推导。
- Bin size(箱格尺寸)填充框：填入每个箱格的长度。
- Merge objects after generation(生成后合并)可选框：在生成操作完成后，将同一个生成层上的对象合并。

举例：

当前布局文件中包含一个 poly 对象和一个 active 对象，如图 1-96 所示。在图层设置(Setup layers)对话框中用 Add 和 Rename 命令设置一个新的生成层，生成层的名称为 poly and active。在推导标签页中设置该生成层的布尔运算关系为(poly) AND (active)。在描写标签页中设定该生产层的颜色和花纹，这里设置完成后的生产层的图标为▤。最后用 Tools→Generate Layers 命令将生成层显示在当前布局单元中，结果如图 1-97 所示。

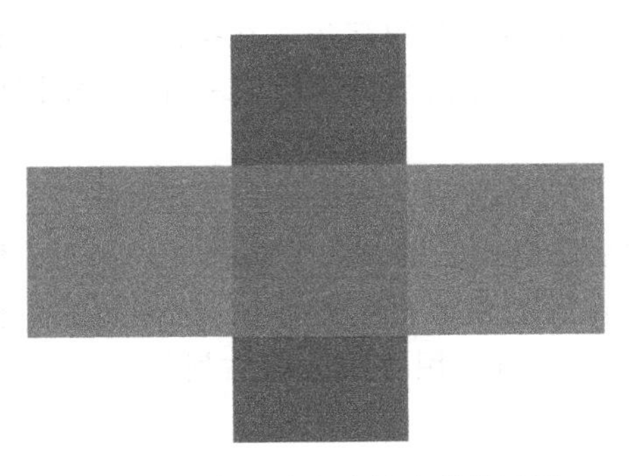

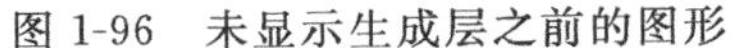

图 1-96　未显示生成层之前的图形

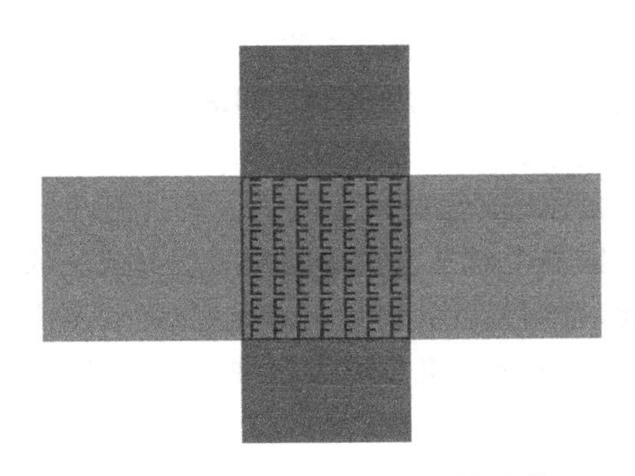

图 1-97　显示生成层之后的图形

**3. 编辑生成层**

生成层跟普通图层一样可以进行编辑、显示或隐藏等操作。

用 View→Layers→Show Generated 命令来显示当前单元中所有的生成层。用 View→Layers→Hide Generated 命令来隐藏当前单元中所有的生成层。用 Tool→Clear Generated Layers 命令来删除当前单元中所有的生成层。

# 1.8　剖面观察器

## 1.8.1　剖面观察的意义

集成电路本身是一个三维器件，但是在版图设计上只能以二维的方式来展示。L-Edit 提供了一个剖面观察的工具，这个工具可以让设计者看到器件的纵向结构，这有助于电路设计者了解集成电路的纵向结构，但它并不真实地反映电路被实际制造之后的物理结构。实际制造之后的芯片包括不同的特性和制造工艺，某些特性如平滑转变、鸟嘴(bird's beak)或平面化等现象并没有在剖面观察中显示出来。

## 1.8.2　剖面的形成

L-Edit 是通过将布局与一些制造工艺步骤联合起来来产生剖面图的。这里涉及的工艺步骤包括：Grow(生长)/Deposit(淀积)，Etch(蚀刻)，以及 Implant(离子注入)/Diffuse(扩散)。

**1. Grow(生长)/Deposit(淀积)**

生长/淀积工序是在材料的表面均匀产生一层新的材料。这个工艺步骤是在材料的所有的面向上的表面上生长或淀积一层指定厚度的材料，生长或淀积的厚度单位为技术单位。如图 1-98 所示。

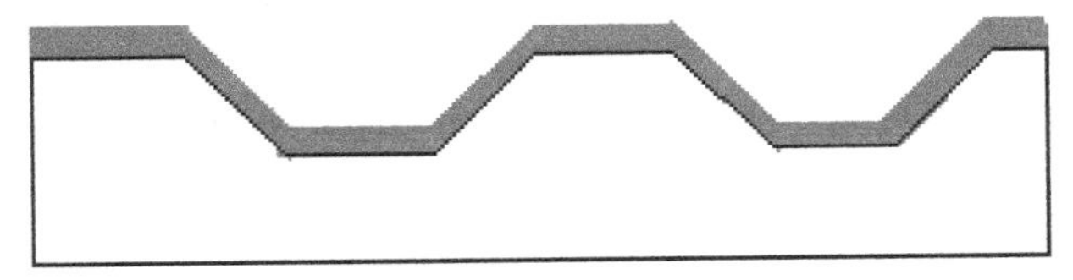

图 1-98　生长或淀积工艺中产生的新材料(灰色部分)

还可以用类似的工艺步骤来模拟氧化物的生长和金属层的淀积。在实际制造中，这些制造层和衬底是用完全不同的工艺来实现的，但是为了方便剖面观察，L-Edit 用相同的方法来模拟。

**2. Etch(蚀刻)**

蚀刻工艺是在指定的掩膜层覆盖下的区域中去除材料。蚀刻工艺包括 3 个参数：蚀刻深度、钻刻宽度和钻刻角。其中，蚀刻深度和钻刻宽度的单位是工艺单位，钻刻角的单位是度。图 1-99 中用 $d$ 来表示蚀刻深度，用 $u$ 来表示钻刻宽度，用 $a$ 来表示钻刻角。

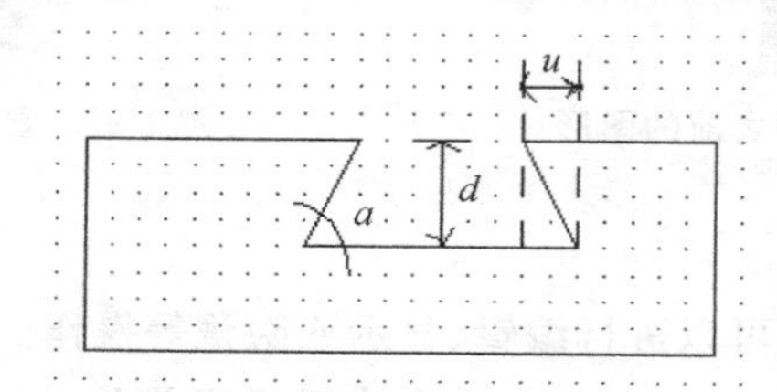


图 1-99 蚀刻工艺示例

**3. Implant(离子注入)/Diffuse(扩散)**

离子注入或高温扩散工艺都是为了改变半导体材料表面附近的导电类型。在对离子注入或高温扩散工艺进行模拟时，剖面图中显示掩膜层覆盖区域从材料的上表面开始向下到设定的深度颜色发生变化。离子注入或高温扩散工艺与蚀刻工艺具有类似的工艺参数，不同的是离子注入或高温扩散工艺中掩膜覆盖下的材料是被取代而不是被去除了。

### 1.8.3 使用剖面观察器

在产生布局图的剖面图之前，需要存在一个工艺设定文件(后缀为 xst)。这个 xst 文件中的图层名称必须与要查看剖面图的布局图中的图层名称完全相匹配。在 tech 库(在 L-Edit 的安装目录下)中包含有简单的工艺设定文件。

要查看剖面图的布局图必须处于打开状态，使用 Tools→Cross-Section 命令或者工具栏上的快捷按钮来查看布局图的剖面图。Tools→Cross-Section 命令打开的 Generate Cross-Section 对话框如图 1-100 所示。

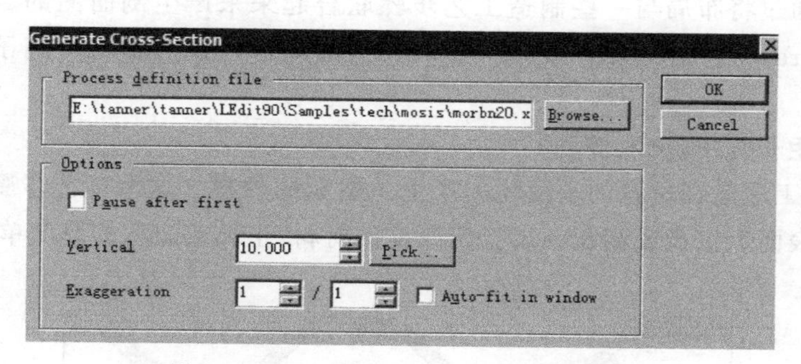


图 1-100 Generate Cross-Section 对话框

其中包括如下信息：

- Process definition file(工艺设定文件)填充框：填入工艺设定文件的名称，或者利用右侧的 Browse 按钮来选择一个工艺设定文件。

- Pause after first step(第一步完成后暂停)可选框：在工艺过程的第一步完成后暂停剖面观察。如需继续观察剖面图，在剖面观察窗口单击 Next step(▶)按钮即可。
- Vertical(垂直坐标)数字点拨框：设置产生的剖面线的垂直坐标。
- Pick(挑选)按钮：单击后 Generate Cross-Section 对话框消失。剖面线可随着鼠标指针上下移动，在要查看剖面图的位置单击，再次出现 Generate Cross-Section 对话框，此时对话框中的 Vertical 栏中的坐标值已被设定。
- Exaggeration factor(夸大因子)数字点拨框：设定 Z-轴上剖面图的放大倍数。由于工艺上深度的测量单位是工艺单位，因此只有当剖面图中显示的图层厚度被放大之后才能被看清楚。
- Auto-fit in window(自动填充窗口)可选框：自动设定剖面图在 Z 轴上的放大因子，使得剖面图能恰好填满整个窗口。

举例说明：

在 L-Edit 窗口中打开 orbtp20. tdb 文件(在 Tanner 安装目录下的 L-Edit\samples\tech\orbit 文件下)，再打开该文件中的 XST_INV 单元，如图 1-101 所示。

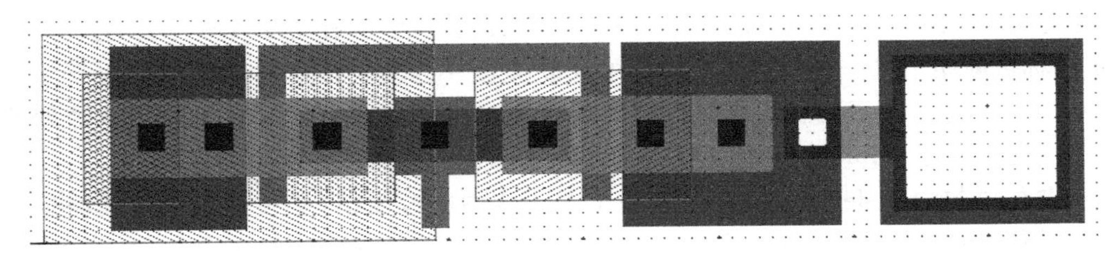

图 1-101 XST_INV 反相器的版图

使用 Tools→Cross-Section 命令或者工具栏上的快捷按钮 来查看 XST_INV 的剖面图。在打开的 Generate Cross-Section 对话框中，在 Process definition file(工艺设定文件)填充框中选用 orbtp20. xst 版图提取文件(详见 1. 8. 4 节)。使用 Pick 按钮确定剖面线的垂直坐标。最后单击 OK 按钮即在 L-Edit 的显示区下方出现剖面图窗口，如图 1-102 所示。

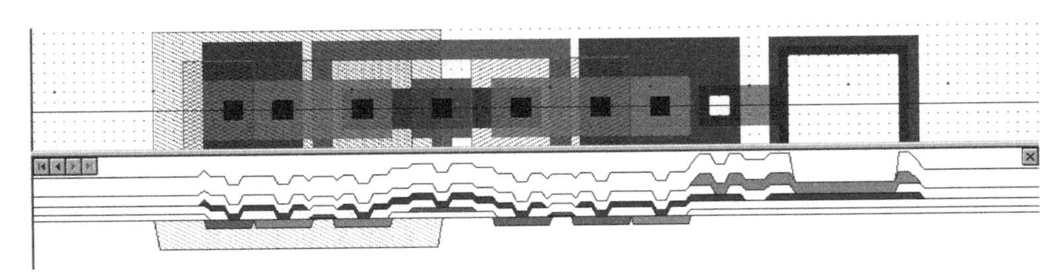

图 1-102 CMOS INV 反相器的剖面图

剖面图窗口的左上方有 4 个按钮，单击◀按钮显示前一个工艺步骤的剖面图，单击▶按钮显示下一个工艺步骤的剖面图，单击|◀按钮显示工艺流程第一步的剖面图，单击▶|按钮显示工艺流程最后一步的剖面图。

### 1.8.4 XST 文件

**1. 语法**

剖面观察工艺设定文件(XST 文件)包含注释行语句和工艺行语句。注释行语句以“#”号开头,只起注释说明的作用。注释行语句举例如下:

```
# Technology:2.0u (Lambda = 1.0um) / P-well (P202P2MNPN)
```

XST 文件中的工艺行语句的格式为:

```
Step      layer     depth  label  [angle [offset]]  [comment]
工序类型  图层名称  深度   标号   [角度[偏移值]]    [注释]
```

其中,工艺行语句中的 step(工序)有 3 种类型,分别为:gd 或 grow/deposit,e 或 etch,以及 id 或 implant/diffuse。

工艺行语句中的 layer(图层)是包含的图层的名称。XST 文件中图层的名称必须与 TDB 文件中的图层名称完全相匹配。如果工艺行语句中的 layer 名称以数字开头或名称中包含空格,那么名称上需加上双引号。如果某个工艺步骤中没有图层名称,则工艺行语句的 layer 名称被破折号(——)代替。不同的 step 类型下 layer 的名称也不同。对于 grow/deposit 工艺,layer 表示要生长或淀积的图层名称。对于 etch 工艺,layer 表示被蚀刻掉的图层的名称。对于 implant/diffuse 工艺,layer 表示注入或扩散的图层的名称。

工艺行语句中的 depth(深度)代表该工艺步骤中的深度值(必须是正数),其测量单位是工艺单位。在不同的 step(工序)中 depth 的意义也不同。在 grow/deposit 工艺中,depth 表示生长或淀积的厚度。在 etch 或 implant/diffuse 工艺中,depth 表示蚀刻深度或注入/扩散的深度。

工艺行语句中的 label(标号)是可选项。label 可以是任意的字符串。如果字符串中包含空格,那么 label 上需加上双引号。破折号(——)也可以被用作标号。

工艺行语句中的 angle(角)的单位是度,数值大小在 0~180 之间。

工艺行语句中的 offset(偏移值)的测量单位是工艺单位。

**2. 举例**

以 orbtp20. xst 文件为例。该文件对应的是 P-阱,双层多晶硅和双层金属工艺。

```
# File:             ORBTp20.xst
# For:              Cross-section process definition file
# Vendor:           Orbit Semiconductor, Inc./Foresight
# Technology:       2.0u (Lambda = 1.0um) / P-well (P202P2MNPN)
# Technology File:  ORBTp20.tdb
# Copyright ?1991—2002 Tanner EDA, A Division of Tanner Research, Inc.
# All Rights Reserved
# ********************************************************************
#     L-Edit
# Step  Layer Name          Depth   Label  [Angle[offset]]  Comment
#----  ----------------     ------  ---    ------------------------------------------------
gd     -                     10     n-                      #  1. Substrate
id     "Well X"               3     p-                      #  2. P-Well
```

```
id    ActPSelNotPoly          0.9   p+   75   0   #  3. P-Implant
id    ActNSelNotPoly          0.9   n+   75   0   #  4. N-Implant
gd    -                       0.6   -             #  5. Field Oxide
e     Active                  0.6   -    45       #  6.
gd    -                       0.04  -             #  7. Gate Oxide
gd    Poly                    0.4   -             #  8. Polysilicon
e     NotPoly                 0.44  -    45       #  9.
gd    -                       0.07  -    45       #  10. 2nd Gate Oxide
gd    Poly2                   0.4   -             #  11. 2nd Polysilicon
e     NotPoly2                0.47  -    60       #  12.
gd    -                       0.9   -             #  13.
e     "P/P2/Act Contact"      0.9   -    60       #  14.
gd    Metal1                  0.6   -             #  15. Metal 1
e     "Not Metal1"            0.6   -    45       #  16.
gd    -                       1     -             #  17.
e     Via                     1     -    60       #  18.
gd    Metal2                  1.15  -             #  19. Metal 2
e     "Not Metal2"            1.15  -    45       #  20.
gd    -                       2     -             #  21. Overglass
e     Overglass               2     -             #  22.
```

## 1.9 设计规则检查

简单地说，设计规则就是在设计对象的过程中被允许的最小条宽、最小间距、最小延伸以及最小重叠等参数。制造工厂根据不同的设计工艺制定了不同的设计规则。

对布局文件进行设计规则检查(design rule checker，DRC)时，首先要制定布局文件适合的设计规则，然后对整个设计文件或设计文件的某一部分进行设计规则检查。

在 L-Edit 中，用 Tools→DRC(检查整个设计文件)命令或 Tools→DRC Box(检查设计文件的一部分)命令来进行设计规则检查。L-Edit 将设计规则的违规结果显示在 DRC Error Navigator 窗口中。

L-Edit 只能对矩形，45°角和 90°角多边形和连线进行设计规则检查，而不能对圆或任意角的多边形和连线进行设计规则检查。

### 1.9.1 设计规则集

用 Tools→DRC setup 命令或者工具栏上的快捷按钮，打开 setup Design Rules 对话框，该对话框中列出了布图文件使用的所有的设计规则，如图 1-103 所示。

其中包含如下信息：

- Rule set(规则设定)选项组，包含以下信息：
    - Name(名称)填充栏：填写设计规则集的名称。
    - Tolerance(公差)填充栏：填入设计规则检查时允许的公差 T，其单位是定标单位。公差 T 适用于所有的规则。它跟每个规则的距离 D 结合在一起决定错误检查的精度。当某个图层的距离大于 D±T 时被认为违反设计规则。对于含有

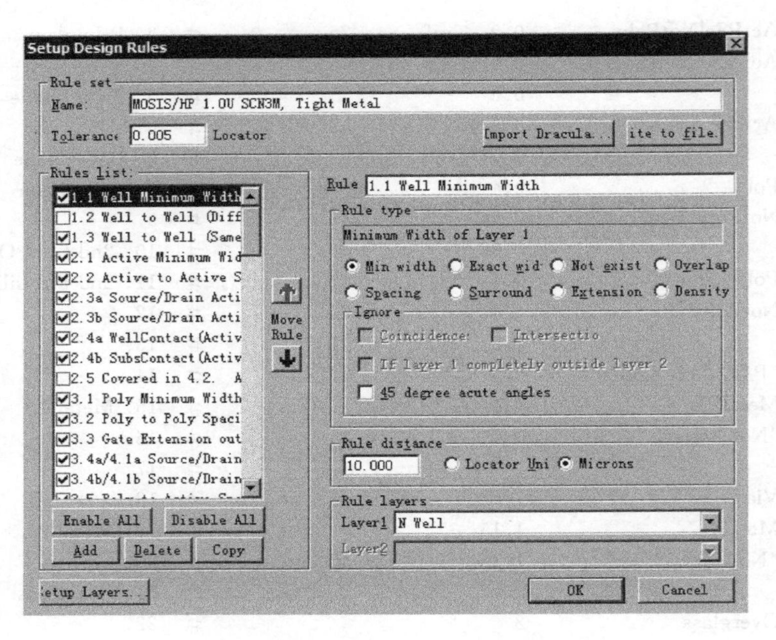


图 1-103 Setup Design Rules 对话框

45°角的图层对象，最小的设计公差 T 为 5 个内部单位。对于只包含 90°角的图层对象，设计公差 T 可以为零。

- Import Dracula（输入 Dracula）按钮：打开 Import Dracula 对话框，对输入的 Dracula 规则进行相关设置。其中 Dracula 是 Cadence 设计系统的注册商标，是 Cadence 设计工具中的设计规则检查模块。
- Write to file（写文件）按钮：打开 Write DRC rules to File（把 DRC 规则写入文件）对话框，用于设定文件的名称、路径和类型。

• Rules list（规则列表）显示区：列出可用的规则。每条规程之前的复选框被选中时代表该规则被激活，激活的规则在 DRC 检查时将被检查。规则列显示区下方有以下选项。

- Enable All（全部激活）按钮：激活列表中的所有规则。
- Disable All（全部不激活）按钮：列表中的所有规则都不被激活。
- Add（添加）按钮：向规则列表中添加一条新规则。添加新规则时需要制定新规则的名称和内容。
- Delete（删除）按钮：删除列表中被选中的规则。
- Copy（拷贝）按钮：在规则列表中添加选中规则的复本。添加的复本位于原规则的下方，名称为 copy of name，其中 name 为原规则的名称。
- Move Rule（移动规则）按钮：单击向上或向下箭头使列表中被选中的规则向上或向下移动一位。

• Rule（规则）填充框：显示规则列表中处于选中状态的规则的名称。

• Rule type（规则类型）填充框：显示选中规则的类型。从下方的选项组中选中合适的类型。规程类型的详细介绍见 1.9.2 节。

- Ignore(例外)选项组：说明哪些情况不在设计规则检查的范围。Ignore 选项共包括以下 4 种可选的例外情况：Coincidence(重合)，Intersection(交叉)，If layer1 completely outside layer2(图层 1 完全在图层 2 外部)，以及 45 degree acute angles (45°锐角)。详细介绍见 1.9.2 节。
- Rule distance(规则距离)填充框：填写设计规则的距离。其测量单位可以是定标单位，也可以是使用者设定的单位。在 Setup Design-Technology 对话框中设定使用者设定的单位。
- Rule layers(规则图层)填充框：指定每一条设计规则作用的图层。从下拉框中选中适用的图层名称。

## 1.9.2　设计规则类型

L-Edit 包括 8 种类型的设计规则，还包括 DRC 检查时属于例外情况的设定规则(rule exceptions)。

**1. Minimum Width(最小条宽)规则**

最小条宽规则规定选中图层上所有对象在任何方向上的最小宽度。可以用这条规则设定例外情况(如表 1-5 所示)。示例如图 1-104 所示，Metal2 Minimum Width(金属 2 的最小条宽)等于 3μm。

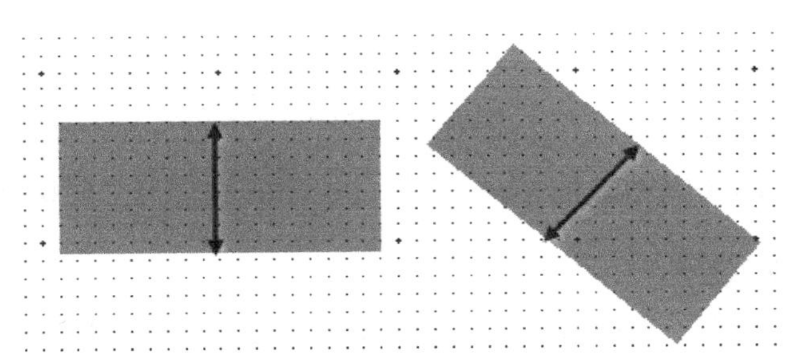

图 1-104　最小条宽规则的定义

**2. Exact Width(精确宽度)规则**

精确宽度规则规定选中图层上所有对象的精确宽度。八角形以两条平行边之间的距离作为精确宽度。示例如图 1-105 所示，Active Contact Exact Size(有源区接触孔的精确宽度)等于 2μm。

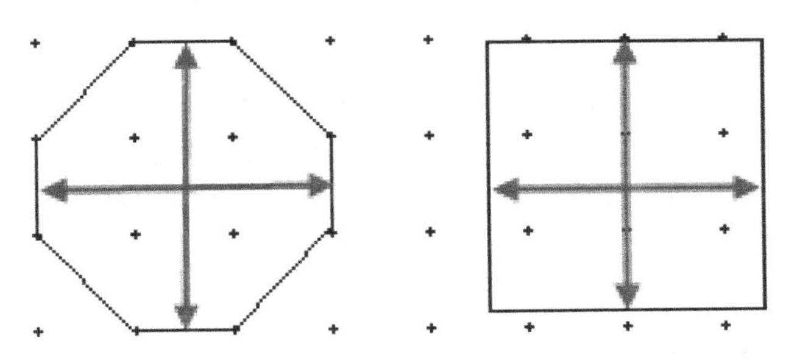

图 1-105　精确宽度规则的定义

**3. Not Exist(不存在)规则**

不存在规则规定在选中的图层上不存在任何对象。不存在规则是唯一一个没有距离设定的规则。

**4. Spacing(间距)规则**

间距规则设定两个对象之间的最小距离,无论这两个对象是否在同一图层上。可以用这条规则设定例外情况(见表 1-5)。示例如图 1-106 所示,Via1 to Poly Spacing(通孔 1 与多晶硅的间距)等于 2μm。

**5. Surround(围绕)规则**

围绕规则设定一个图层上的对象完全被另一个图层上的对象围绕时的最小间距。可以用这条规则设定例外情况(见表 1-5)。示例如图 1-107 所示,Metal2 surround of Via2(金属 2 围绕通孔 2)等于 1μm。

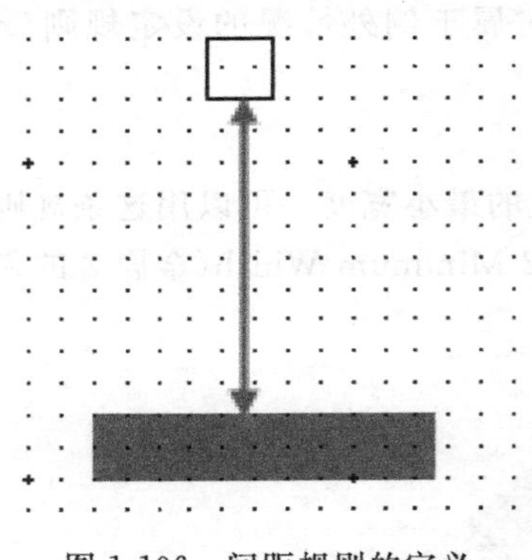

图 1-106 间距规则的定义

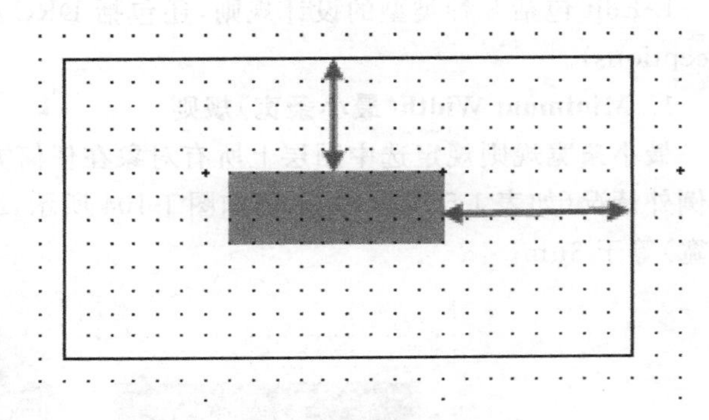

图 1-107 围绕规则的定义

**6. Overlap(重叠)规则**

重叠规则设定一个图层上的对象与另一个图层上的对象相重叠时的最小重叠数值。可以在例外选项中设定当两个对象的边缘重合时不算违规。示例如图 1-108 所示,Metal1 Overlap of PolyContact(金属 1 与多晶硅接触孔的重叠量)等于 1μm。当在例外选项中设定当两个对象的边缘重合不算违规时,图中从上向下数第 1 个、第 5 个和第 6 个对象违反了设计规则。

**7. Extension(延伸)规则**

延伸规则设定一个图层上的对象伸出另一个图层上的对象的最小值。以下情况不算违规:

- 当延伸值大于设定值时。
- 当一个图层上的对象在另一个图层上的对象的外部且两个对象的边缘重合时。
- 当一个图层上的对象完全被另一个图层上的对象围绕时。

示例如图 1-109 所示,Gate Extension out of Active(栅极延伸出有源区的最小距离)等于 2μm。图中从上向下数,第 5 个和第 6 个对象违规。

**8. Density(密度)规则**

密度规则查找并标出 Layer1 中指定的密度推导层上的对象,其中 Layer1 显示在 Setup Design Rules 对话框中。Layer1 中指定的图层必须是密度型的。任何一个多边形输出到密度层时都构成违规。

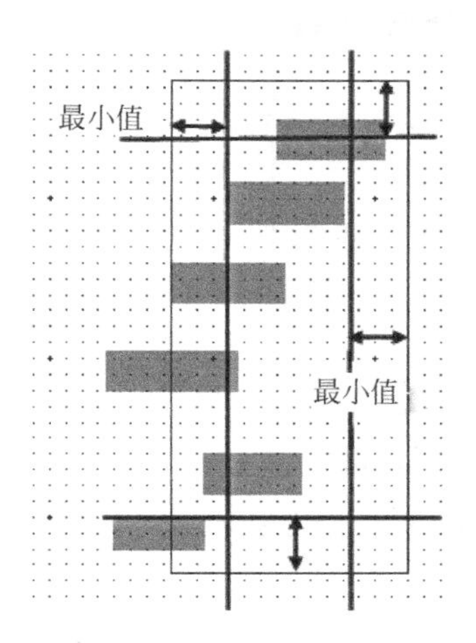


图 1-108　重叠规则的定义

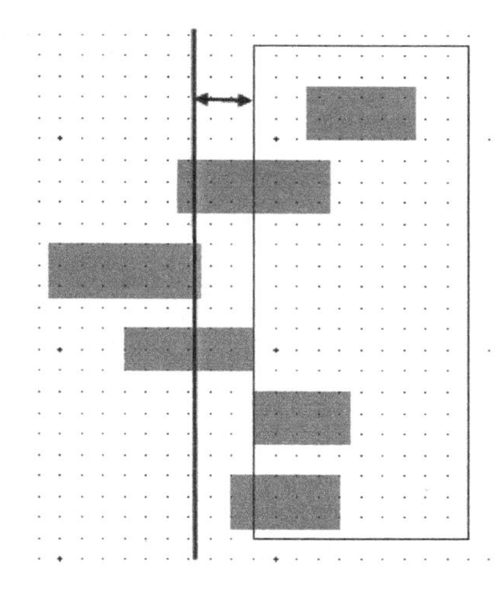

图 1-109　延伸规则的定义

**9. Rule exceptions(规则例外)**

L-Edit 可以对某些设计规则进行调整，使它们在 DRC 检查时不再违反规则。这些调整可以在 Setup Design Rules 对话框中的 Ignore 中进行设定，如表 1-5 所列。

**表 1-5　规则例外说明**

| 规则例外选项 | 描　述 | 适用的规则 |
|---|---|---|
| Coincidence(重合) | 当两个对象的边缘重合时例外 | 围绕(Surround) |
| Intersection(交叉) | 当两个对象相互交叉时例外 | 围绕(Surround) |
| If Layer1 completely outside Layer2 | 当图层 1 上的对象完全在图层 2 上的对象外部时例外 | 围绕(Surround) |
| If layer2 completely enclose layer1 | 当图层 2 上的对象完全包含图层 1 上的对象时例外 | 间距(Spacing) |
| 45 degree acute angles | 当含有小于等于 45°角的对象时例外 | 最小条宽(Minimum width)<br>间距(Spacing)<br>围绕(Surround) |

## 1.9.3　DRC 检查

**1. DRC 检查设置**

对全部布图文件进行 DRC 检查可用 Tools→DRC 命令，或者工具栏上的快捷按钮 。对布图文件的某个部分进行 DRC 检查可用 Tools→DRC Box 命令，或者工具栏上的快捷按钮 。这两个 DRC 命令都将打开 Design Rule Check 对话框。该对话框包含两个标签页：General 标签页和 Advanced 标签页。General 标签页如图 1-110 所示。

其中包含以下信息：

- Place error ports(放置错误端口)复选框：选中后，L-Edit 将错误端口放在错误图层上发生违规的位置。
- Place error objects(放置错误对象)复选框：选中后，L-Edit 将错误记号放在错误图

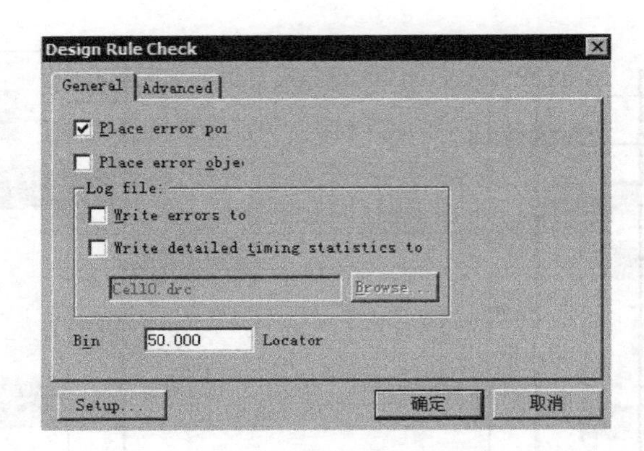


图 1-110　Design Rule Check 对话框中的 General 标签页

层上发生违规的位置。

- Write errors to file(将错误信息写入文件)复选框：选中后，L-Edit 将错误信息写入一个文本文件。文件的默认名称为 cell. drc，其中 cell 为当前单元的名称。
- Write detailed timing statistics to file(把详细的时间统计信息写入文件)复选框：选中后，L-Edit 将 DRC 检查时每个图层所消耗的时间写到文本文件中。文件的默认名称是 cell. drc，其中 cell 为当前单元的名称。
- Bin size(箱格尺寸)填充框：设定箱格的大小，单位是定标单位。

Design Rule Check 对话框中的 Advanced 标签页如图 1-111 所示。

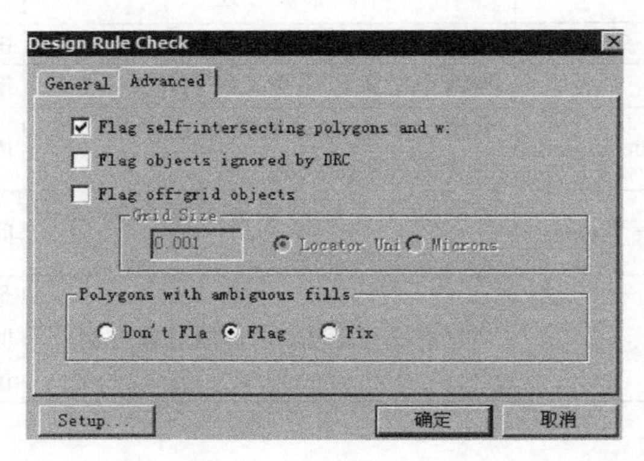


图 1-111　Design Rule Check 对话框中的 Advanced 标签页

其中包含如下信息：

- Flag self-intersection polygons and wires(标识自相交的多边形和连线)复选框：选中后，在 DRC 检查时在自相交的多边形和连线上加上错误标识。
- Flag object signored by DRC(标识被 DRC 忽略的对象)复选框：选中后，在 DRC 检查时将 DRC 忽略检查的对象加上错误标识。DRC 检查时忽略的对象包括：任意角的连线和多边形、圆、弧、环、带有曲线边缘的多边形、带有圆形端点样式或圆形连接样式的连线，以及带有斜角连接样式的连线。DRC 检查时忽略的对象将在 DRC 记录文件中单独说明。
- Flag off-grid objects(标识不在栅格位置的对象)复选框：选中后，在 DRC 检查时，将边缘不全在设定栅格上的对象加上错误标识。

- Grid Size(栅格尺寸)填充框：在 Flag off-grid objects 复选框选中后有效，用于设定栅格的尺寸，单位可以是定标单位也可以是微米。
- Polygons with ambiguous fills(带有不明确填充的多边形)选项组：在 DRC 检查时，对带有不明确填充的多边形可做以下操作。
  - Don't Flag(不标识)单选框：忽略带有不明确填充的多边形。
  - Flag(标识)单选框：将带有不明确填充的多边形标识出来。
  - Fix(标定)单选框：将带有不明确填充的多边形合并后再标识出来。

**2. DRC 检查结果**

在 DRC 检查设置完成后，单击 Design rule check 对话框中的确定按钮，即可对当前布图文件进行 DRC 检查。如果当前布局文件中没有违规现象，将出现如图 1-112 所示的对话框。如果当前布局文件中存在违规现象，将出现如图 1-113 所示的对话框。

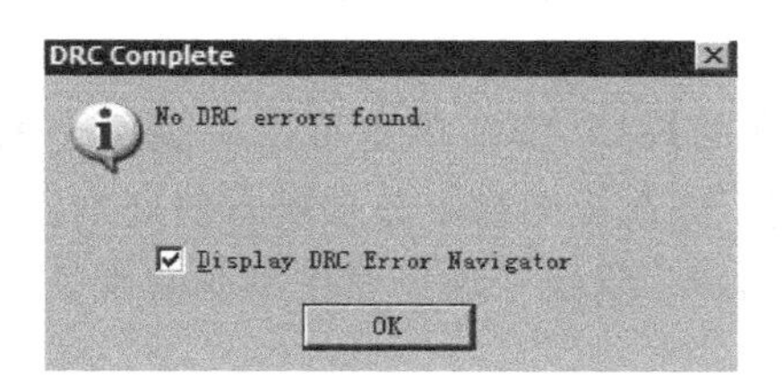


图 1-112 没有 DRC 错误时的对话框

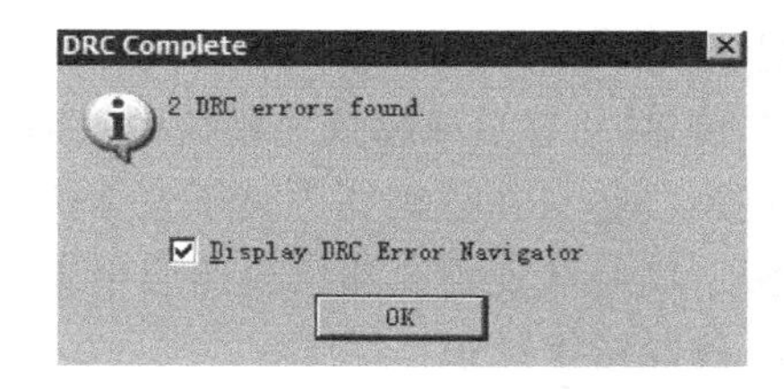


图 1-113 存在 DRC 错误时的对话框

**3. DRC 错误导航窗口**

用 Tools→DRC Error Navigator→Browse DRC Errors 命令(热键 F2)打开 DRC 错误导航窗口。该窗口中显示当前布图 DRC 检查的所有错误信息，如图 1-114 所示。

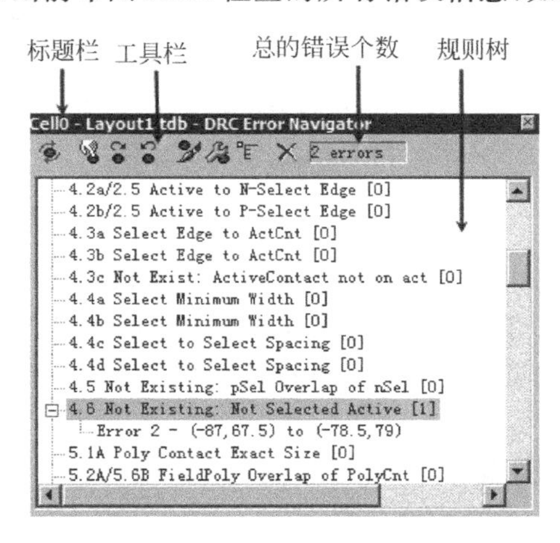


图 1-114 DRC 错误导航窗口

在窗口的规则树列表中，每一条 DRC 规则后面的方括号内都列出了当前布图文件违反该规则的错误个数。

DRC 错误导航窗口的标题栏显示当前单元的名称。当对一个新的单元进行 DRC 检查时，DRC 错误导航窗口将自动刷新显示结果，显示新单元的 DRC 检查结果。

DRC错误导航窗口的工具栏中各图标工具的功能如下：

：快捷键F4，刷新DRC的显示结果。

：在布图文件中显示选中的DRC错误的说明，也可以通过双击规则树中的错误信息行的方法在布图文件中显示该错误的说明。

：在布图文件中显示规则树中的下一个DRC错误。也可用Tools→DRC Error Navigator→Next DRC Error命令来实现。

：在布图文件中显示规则树中的前一个DRC错误。也可用Tools→DRC Error Navigator→Previous DRC Error命令来实现。

：打开带有选中的错误图层的Setup Layers对话框。用这个对话框来改变错误图层上的对象描述。

：打开DRC Error Navigator Options(DRC错误导航选项)对话框来设定DRC错误的显示方式。也可用Tools→DRC Error Navigator→DRC Error Navigator Options命令来实现。

或：显示或隐藏规则树中没有发生违规的规则，重复单击可以实现两个图标之间的转换。只在规则树中显示发生违规的规则，在规则树中显示所有的规则。

：同时从规则树和错误图层中删除选中的DRC错误。这个操作不能被恢复。

**4. 清除错误标识**

使用Tools→Clear Error Layer命令或者工具栏上的快捷按钮，打开如图1-115所示的对话框。选中相应的选项后，将在布局图中清除所有的错误标识。

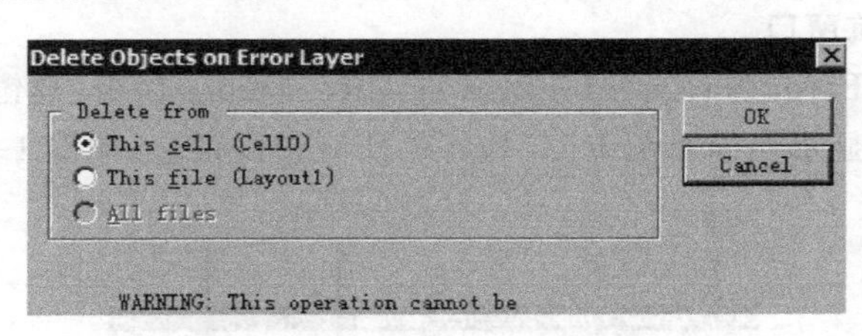


图1-115　清除错误标识对话框

其中包含以下信息：

- This cell(cell name)单选框：清除当前单元中错误图层上的所有对象。
- This file(file name)单选框：清除当前文件中错误图层上的所有对象。
- All files单选框：清除所有打开文件中错误图层上的所有对象。

## 1.10　版图的提取

版图的提取(EXT)是验证布局图是否正确的一种方法。版图提取程序提供了一个网表，该网表对构成版图电路基本单元的元件和连接进行了详细描述。

L-Edit的版图提取程序包括以下内容：

- 识别有源器件(BJTs、Diodes、GaAsFETs、JFETs和MOSFETs)、无源器件(电容、电感和电阻)，以及非标准的或复合的器件(用子电路识别)。

- 用提取定义文件(extract definition file)来描述图层之间的电学连接情况。
- 用箱格扫描法对大的布图区域进行提取。
- 可以提取常用元件的参数,包括电阻、电容以及器件的长度、宽度和面积。这些参数在验证驱动、扇出和其他电路特性时提供了有用的信息。
- 版图提取产生一个基于 Berkeley 2G6 SPICE 格式的网表文件,后缀为.spc。这个网表文件可以用 Tanner T-Spice 电路模拟器进行模拟(验证器件的尺寸、驱动电容和其他电学参数的正确性),或者用于 LVS 网表的比较(把版图提取的网表与相应电路图转换的 SPICE 网表进行比较,验证版图的正确性)。

## 1.10.1 版图提取的设置

用 Tools→Extract 命令或者工具栏上的快捷按钮 ,对当前单元进行版图提取。该命令打开的对话框中包含以下 3 个标签页:

- General 标签页:用于设定输入和输出文件的名称,以及箱格的尺寸。
- Output 标签页:用于设定提取电路写入到输出网表的方式。
- Subcircuit 标签页:用于设定子电路提取的参数。

用 Tools→Extract 命令打开的对话框中,对所有的标签页都适用的两个按钮为:

- Run 按钮:开始对当前单元进行版图提取。
- Accept 按钮:保存当前设置,不执行版图提取程序。

**1. General 标签页**

General 标签页如图 1-116 所示。

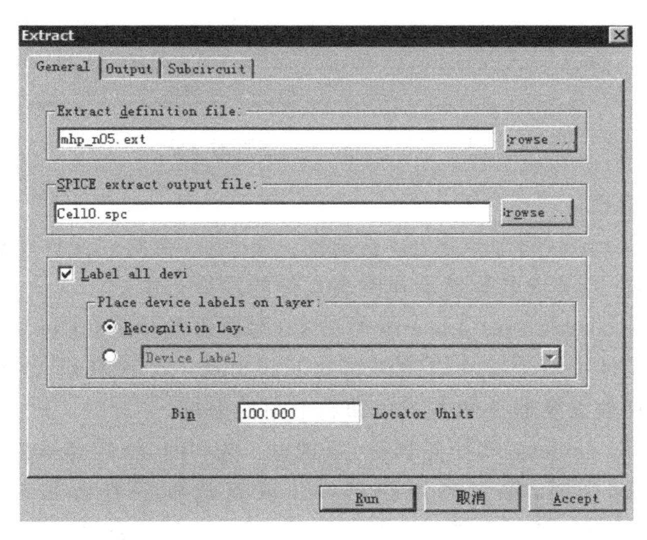


图 1-116 General 标签页对话框

其中包含以下信息:

- Extract definition file(版图提取文件)填充框:填写提取定义文件的名称。可以用右侧的 Browse 按钮选择可用的提取定义文件。
- SPICE extract output file(SPICE 提取输出文件)填充框:填写版图提取产生的

SPICE 网表文件的名称，或者使用默认的名称。还可以用右侧的 Browse 按钮选择可用的文件名称。

- Bin size(箱格尺寸)填充框：设定每个箱格的长度，单位是定标单位。
- Label all devices(标识所有的器件)复选框：对于每一个未命名的器件，提取程序都在器件的位置上创建一个二维端口，端口的名称即为器件的元件名称。
- Place device labels on layer(把器件标号放在)选项组：包含两个单选框，用于选择将器件的标号写到器件的识别层(Recognition Layer)上还是写到用户指定的图层上。

**2. Output 标签页**

Output 标签页如图 1-117 所示。

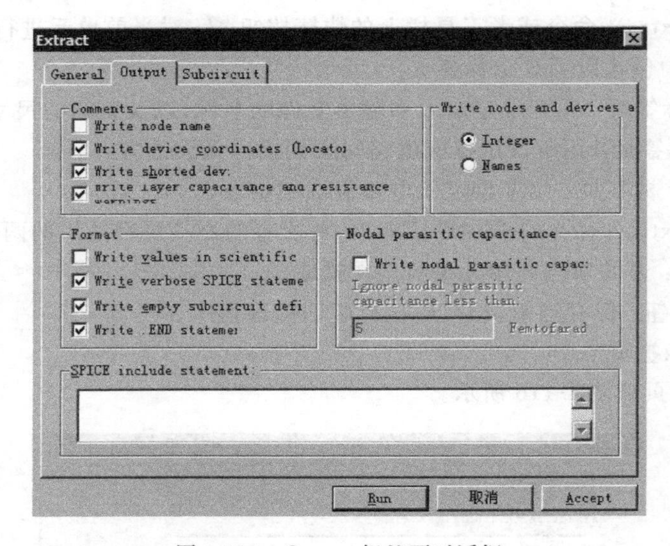


图 1-117　Output 标签页对话框

其中包含如下信息：

- Write node names(写节点名称)复选框：选中后，在网表文件中包含每个器件的节点名称。器件的节点名称显示在网表文件的注释行中。
- Write device coordinates(Locator Units)(写器件的坐标(定标单位))单选框：选中后，在网表文件中每个器件描述语句的下面出现一个注释行，注释行中包含该器件的名称、引脚数以及器件的左下角和右上角的坐标。
- Write shorted devices(写短路器件)复选框：选中时，将短路器件写到网表文件的注释行中；未选中时，将忽略短路器件。该复选框只在提取定义文件中设定了 IGNORE_SHORTS 时有效。如果提取定义文件中没有设定 IGNORE_SHORTS，那么在版图提取后将短路器件作为正常器件写到 SPICE 网表中。
- Write layer capacitance and resistance warnings(写图层电容和电阻警告)复选框：将图层电容和电阻的错误警告写到 SPICE 网表中。
- Write nodes and devices as(把节点和器件写为)单选框：选择是用内部产生的数字(Integers)来表示节点和元件的名称，还是用描述性的字符串(names)来表示节点和元件的名称。

- Write values in scientific notation(用科学表示法写值)复选框：选中后，用科学表示法写数值而不是用工程表示法写数值。
- Write verbose SPICE statements(用冗长的SPICE语句写)复选框：选中后，在网表中描述电阻、电感和电容语句时，元件值的前面不再省略R=，L=，和C=。
  举例：未选中时，网表中的电租描述语句为：R1 1 2 50。选中后，网表中的电阻描述语句变为：R1 1 2 R=50。
- Write empty subcircuit definition(写空的子电路定义)复选框：选中后，在网表文件的顶部写空的子电路定义语句。
- Write .END statement(写.END语句)复选框：在网表文件的末端写.END语句。
- Write nodal parasitic capacitance(写节点寄生电容)可选框：选中后，在网表中写入每一个节点与衬底之间的寄生电容。寄生电容的大小根据Layer Setup对话框中对面积电容和边缘电容的设定值计算得到。
- Ignore nodal parasitic capacitance less than(当寄生电容小于某一设置值时忽略)填充框：在Write nodal parasitic capacitance可选框选中后有效。在框内填写不被忽略的寄生电容的最小值。
- SPICE include statement(SPICE包含文件语句)填充栏：通常写入SPICE包含命令语句，该语句将放在网表文件的第2行。

举例：写入.include ml2_125.md。

**3. Subcircuit标签页**

Subcircuit标签页如图1-118所示。

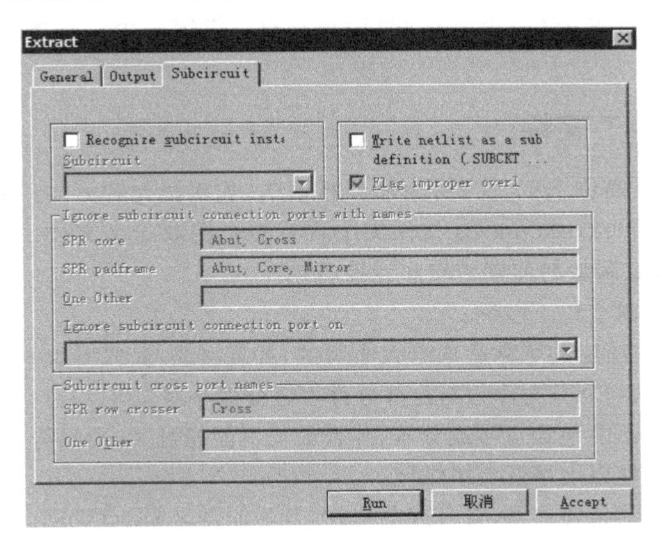


图1-118　Subcircuit标签页对话框

其中包括如下信息：

- Recognize subcircuit instances(识别子电路例化体)可选框：选中后激活子电路识别特征的其他选项组。

- Subcircuit recognition Layer(子电路识别层)下拉框：从下拉框中选择子电路的识别层(简称 SRL)。
- Write netlist as a subcircuit definition(.SUBCKT….END)(将网表写成子电路定义)复选框：选中后，将整个输出网表写成子电路定义的格式。即在第一个元件语句之前加上.SUBCKT 命令，在最后一个元件语句的后面加上.END 命令。
- Flag improper overlaps(标出不恰当的重叠)复选框：控制提取程序对违规图形的反应。
- Ignore subcircuit connection ports with names(根据名称忽略子电路的连接端口)选项组：列出在子电路提取中被忽略的端口名称。包括以下选项。
  - SPR core(自动布局与绕线(SPR)内核)填充框：为只读填充框。列出在 SPR Core Setup→General 对话框中预定义的端口名称。
  - SPR padframe(SPR 焊盘框架)填充框：为只读填充框。列出在 SPR padframe Setup→General 对话框中预定义的端口名称。
  - One Other Port(一个其他端口)填充框：填写一个附加的忽略子电路连接端口的名称。
  - Ingore subcircuit connection port on layer(忽略图层上的子电路连接端口)下拉框：在下拉框中选中一个图层，该图层上的子电路连接端口在提取时被忽略。
- Subcircuit cross port names(子电路跨接端口名称)选项组：列出在提取时正确辨认的子电路的跨接端口。包括以下两个选项。
  - SPR row crosser(SPR 排跨接端口)填充框：为只读填充框。列出在 SPR Core Setup→General 对话框中预定义的子电路跨接端口的名称。
  - One Other Port(一个其他端口)填充框：指定一个附加的子电路跨接端口的名称。

## 1.10.2 EXT 文件

提取定义文件(简称 EXT 文件)由注释行语句、连接语句和元件语句 3 部分构成。在 L-Edit 的安装目录下的 tech\mosis 文件夹中含有多个提取定义文件。必要时可以对这些文件加以修改来设定附加的连接语句和元件语句。

EXT 文件必须符合以下限制：

- EXT 文件中图层的名称是区分大小写的，并且必须与 TDB 文件中图层的定义名称完全相匹配。EXT 文件的其他部分都不区分大小写。
- 图层名称中不能包含逗号或分号，并且最长不能超过 40 个字符。
- 图层名称不能以空格开头或结尾。
- 引脚名称不能包含逗号、分号或空格，并且不能命名为 MODEL。
- 模型名称不能包含逗号、分号、空格或者括号。
- 为了实现与已有的 EXT 文件相兼容，除了在 GaAsFET 和 MESFET 中外，Width 这个关键字都被忽略。
- IGNORE_SHORTS 表示，当一个元件的所有引脚都接到同一个节点上时，认为这个元件被短路，并将其写到提取产生的网表文件的注释行中。

**1. 注释行语句**

注释行语句以“#”符号开头，且延续到该行结束。例如：

```
# File:          mORBn20.ext
# For:           Extract definition file
```

**2. 连接语句**

连接语句定义两个不同的工艺图层之间的连接情况。连接一般总是包含3个图层，其中两个图层通过“通孔”层或“接触孔”层连接在一起。连接语句的格式如下：

connect(*Layer1*, *Layer2*, *TroughLayer*)

其中，*Layer1* 和 *Layer2* 为要连接在一起的图层名称；*TroughLayer* 是连接层的名称。例如：

```
connect  (Metal1, Metal2, Via)
```

该语句表示将金属1层(Metal1)和金属2层(Metal2)通过通孔(Via)连接起来。

**3. 衬底节点语句**

节点与衬底之间存在节点寄生电容。可以通过标明衬底图层的方法指定衬底节点。在版图提取过程中L-Edit先找到与衬底相连的第一个节点，并将它作为衬底节点，以此来计算节点的寄生电容。如果没有标明衬底图层，那么提取时用0或者地(ground)来表示衬底节点。衬底节点语句的格式如下：

SUBSTRATE_NODE =*SubstrateLayer*;

其中，*SubstrateLayer* 为衬底图层的名称。例如：

```
SUBSTRATE_NODE = Subs;
```

在上述衬底节点语句设定下，假如提取得到的电容描述语句为 c1 3 5 10f，这表明衬底的节点为5。如果EXT文件中没有设定衬底节点语句，那么得到的电容描述语句为 c1 3 0 10f，其中衬底的节点为0。

**4. 元件语句的总格式**

一个元件语句定义一个元件。无源器件、有源器件和子电路器件具有相同的总格式，详述如下。

(1) 识别层语句

对于所有的元件语句都必须有一个识别层(recognition Layer)，用于在提取中识别元件。可以定义多个元件具有相同的识别层，但要求它们具有不同的引脚配置。这个规则在提取多源或多漏晶体管时非常有用。识别层的定义如下：

RLAYER =*rLayer*;

其中，RLAYER = 是关键词，*rLayer* 是识别层的名称。

(2) 引脚语句

识别层的下方是元件的引脚排列。列表的顺序决定了提取后 spice 文件中引脚的排序。尽管版图提取程序对引脚的排序没有特别的要求，但是LVS要求两个网表文件中相同的元件具有相同的引脚排序。同时,SPICE 模拟器也对元件的引脚排序具有严格的要求。

各元件的标准 SPICE 排序如下:

- BJT 元件:集电极(collector)-基极(base)-发射极(emitter)-衬底(substrate)。
- MOSFET、JFET 和 GaAsFET 或 MESFET 元件:漏(drain)-栅(gate)-源(source)-体(bulk)。
- 二极管、电阻、电容和电感元件:正极(positive Node)-负极(negative Node)。

如果 EXT 文件中引脚的名称为 Collector、Base、Emitter 和 Substrate(BJT 元件),或者 Drain、Gate、Source 和 Bulk(所有其他的有源元件)时,那么它们将会按照默认的 SPICE 顺序进行自动排序。

引脚的语句格式为:

pinName = *pinLayer*;

其中,pinName 是引脚的名称; *pinLayer* 是引脚图层的名称。

(3) 模型语句

模型定义语句在引脚列表的下方。对于无源器件不需要进行模拟定义,只写上"MODEL=;"即可。模型的名称将写到提取的网表文件中。在 SPICE 网表中,对于电阻、电容或者电感等元件语句不需要模型名称,但是其他所有的元件语句都要求有模型名称。

对于无源元件,模型语句的格式为:

MODEL = [ *model* ];

对于有源元件,模型语句格式为:

MODEL =*model*;

其中,MODEL = 是关键词; *model* 是模型名称; 方括号([ ])表示该项为可选项。

**5. 元件语句的具体格式**

有关元件语句格式的说明如下:

- 非斜体词和字母(除方括号字母外,如[or])原样写入 EXT 文件。
- 方括号内的词和字母为任选项。
- 包含在大括号内被垂直分割线分开的词和字母(如{*option1* | *option2*})为可选项。可以使用分割线左侧字母代表的语法,或者使用分割线右侧字母代表的语法。
- 斜体字符串 *Layer* 代表图层的名称。
- *model* 代表元件的 SPICE 模型名称。

(1) 电容

电容元件语句的格式为:

```
DEVICE = CAP(
        RLAYER = rLayer [, AREA];
        Plus = Layer1 ;
        Minus = Layer2 ;
        MODEL = [model];
        ) [IGNORE_SHORTS]
```

电容在 SPICE 输出网表文件中的语句格式为：

```
Cxxx  n1  n2  [model]  [C=]  cvalue
```

其中，xxx 为电容名称；n1 为正极引脚的节点名称；n2 为负极引脚的节点名称；model 为模型名称，cvalue 为电容值。

电容适用的相关规则如下：

- 关键字 AREA 指定计算电容量的图层。缺省时，L-Edit 将计算电容量的图层默认为识别层。
- 电容量的计算公式为：

$$C_{\text{total}} = C_{\text{area}} + C_{\text{fringe}}$$

  $C_{\text{area}} =$ 图层面积×图层的面积电容；

  $C_{\text{fringe}} =$ 图层周长×图层的边缘电容；

  其中的图层为计算电容量的图层。
- 面积电容和边缘电容的值在 Setup Layers 对话框中设置。

(2) 电阻

电阻元件语句的格式为：

```
DEVICE = RES(
          RLAYER = rLayer ;
            Plus = Layer1 ;
            Minus = Layer2 ;
            MODEL = [model];
            ) [IGNORE_SHORTS]
```

电阻在 SPICE 输出文件中的语句格式为：

```
Rxxx  n1  n2  [model]  [R=]  rvalue
```

其中，xxx 为电阻名称；n1 为电流输入的引脚名称；n2 为电流输出的引脚名称；model 为模型名称；rvalue 为电阻值。

电阻适用的相关规则如下：

- 计算电阻的图层默认是识别层。
- 电阻的计算公式为 $R=\rho\times\frac{l}{w}$，其中 $\rho$ 为单位面积电阻，单位是 Ω/□。$l$ 是电阻长度，$w$ 是电阻的有效宽度。
- $\rho$ 的值在 Setup Layers 对话框中进行设置。
- $l$ 和 $w$ 的值由版图决定。版图提取程序先计算识别层的面积，然后再除以有效宽度 $w$，得到电阻的长度 $l$。有效宽度是正极引脚宽度与负极引脚宽度的平均值。引脚宽度是引脚层与识别层相重合的边缘的长度。

(3) 电感

电感元件语句的格式为：

```
DEVICE = IND(
          RLAYER = rLayer ;
```

```
Plus = Layer1 ;
Minus = Layer2 ;
MODEL = [model];
) [IGNORE_SHORTS]
```

电感在 SPICE 输出文件中的语句格式为：

```
Lxxx  n1  n2  [model]  [L=]
```

其中，xxx 为电感名称；n1 为电流输入的引脚名称；n2 为电流输出的引脚名称；model 为模型名称。版图提取过程中不能计算出电感值，使用者需要在提取的 SPICE 网表文件中加入相应的电感值。

(4) BJT(双极型晶体管)

BJT 元件语句的格式为：

```
DEVICE = BJT(
        RLAYER=rLayer  [, AREA];
        Collector=cLayer ;
        Base=bLayer ;
        Emitter=eLayer;
        [Substrate= [sLayer] ; ]
        MODEL=model;
        [NominalArea = areaval; ]
        ) [IGNORE_SHORTS]
```

BJT 元件在 SPICE 输出文件中的语句格式为：

```
Qname col  bas  emt  [sub]  model [area = { rLayerarea | pinarea } / areaval ]
```

其中，name 为 BJT 的名称；col 为集电极引脚名称；bad 为基极引脚名称；emt 为发射极引脚名称；sub 为衬底引脚名称；{rLayerarea | pinarea}/areaval 为面积定标因子；rLayerarea 为识别层面积；pinarea 为引脚面积；areaval 为标称面积。

BJT 适用的相关规则如下：

- 任选项 AREA 一经设置，该层的面积将被计算。
- 标称面积可以用十进制表示也可以用科学表达式表示，单位是平方米，一般在数值后面不写出单位。
- 当 AREA 关键字存在时，NominalArea 关键字也要求存在。
- 如果不存在 AREA 关键字，那么不把面积写入到 SPICE 语句中。

(5) Diode(二极管)

BJT 元件语句的格式为：

```
DEVICE = DIODE(
        RLAYER = rLayer  [, AREA];
         Plus = Layer1 ;
         Minus = Layer2 ;
         MODEL = model;
         [NominalArea = areaval; ]
         ) [IGNORE_SHORTS]
```

二极管元件在 SPICE 输出文件中的语句格式为：

```
Dname  n1  n2  model  [ AREA = { rLayerarea | pinarea } / areaval ]
```

其中，name 为二极管的名称；n1 为二极管正极引脚的名称；n2 为二极管负极引脚的名称；model 为二极管的模型名称；{rLayerarea | pinarea}/areaval 为面积定标因子；rLayerarea 为识别层面积；pinarea 为引脚面积；areaval 为标称面积。

二极管适用的相关规则如下：

- 任选项 AREA 一经设置，该层的面积将被计算。
- 标称面积可以用十进制表示也可以用科学表达式表示，单位是平方米，一般在数值后面不写出单位。
- 当 AREA 关键字存在时，NominalArea 关键字也要求存在。
- 如果不存在 AREA 关键字，那么不把面积写入到 SPICE 语句中。

(6) GaAsFET/MESFET 1（砷化镓场效应晶体管/金属半导体场效应晶体管 1）

GaAsFET/MESFET1 的元件语句的格式如下，其语法格式中包含标称面积参数。

```
DEVICE = GAASFET(
        RLAYER = rLayer [, AREA];
        Drain =dLayer;
        Gate =gLayer;
        Source = sLayer;
        [ Bulk = [bLayer]; ]
        MODEL =model;
        [NominalArea = areaval; ]
        ) [IGNORE_SHORTS]
```

GaAsFET/MESFET 元件在 SPICE 输出文件中的语句格式为：

```
Zname  drn  gat  src  [blk]  model  [AREA = { rLayerarea | pinarea } / areaval ]
```

其中，name 为元件的名称；drn 为漏极引脚的名称；gat 为栅极引脚的名称；src 为源极引脚的名称；blk 为体极引脚的名称；model 为模型名称；{rLayerarea|pinarea}/areaval 为面积定标因子；rLayerarea 为识别层面积；pinarea 为引脚面积；areaval 为标称面积。

GaAsFET/MESFET1 适用的相关规则如下：

- 任选项 AREA 一经设置，该层的面积将被计算。
- 标称面积可以用十进制表示也可以用科学表达式表示，单位是平方米，一般在数值后面不写出单位。
- 当 AREA 关键字存在时，NominalArea 关键字也要求存在。
- 如果不存在 AREA 关键字，那么不把面积写入到 SPICE 语句中。
- GaAsFET/MESFET 1 的定义用关键字 AREA 和（或）NominalArea 的存在来区分。L-Edit 根据关键字的存在情况决定合适的输出。

(7) GaAsFET/MESFET 2（砷化镓场效应晶体管/金属半导体场效应晶体管 2）

GaAsFET/MESFET 2 的元件语句的格式如下，其语法格式中包含宽度参数。

```
DEVICE = GAASFET(
        RLAYER = rLayer ;
```

```
        Drain =dLayer [, WIDTH];
        Gate =gLayer;
        Source = sLayer [, WIDTH];
        [ Bulk = [bLayer]; ]
        MODEL =model;
        ) [IGNORE_SHORTS]
```

GaAsFET/MESFET 元件在 SPICE 输出文件中的语句格式为：

```
Zname  drn  gat  src  [blk]  model  L=length  W=width
```

其中，name 为元件的名称；drn 为漏极引脚的名称；gat 为栅极引脚的名称；src 为源极引脚的名称；blk 为体极引脚的名称；model 为模型名称；length 为沟道长度；width 为沟道宽度。

GaAsFET/MESFET 2 适用的相关规则如下：

- 长度 L 是栅的长度，宽度 W 是指定层与识别层相重合的边缘的长度。长度和宽度的单位是米。
- 在 GaAsFET/MESFET 2 的语句中，任选项 WIDTH 关键字只能出现在 drain 语句中或 source 语句中（但不能在两条语句中同时出现），用于表明计算沟道宽度的图层。
- 如果不存在关键字 WIDTH，那么宽度和长度将不写入 SPICE 语句中。
- GaAsFET/MESFET 2 的定义用关键字 WIDTH 的存在来区分。L-Edit 根据关键字的存在情况决定合适的输出。

(8) JFET（结型场效应晶体管）

JFET 的元件语句的格式如下：

```
DEVICE = JFET (
        RLAYER = rLayer [, AREA];
        Drain =dLayer;
        Gate =gLayer;
        Source = sLayer;
        [ Bulk = [bLayer]; ]
        MODEL =model;
        [NominalArea = areaval; ]
        ) [IGNORE_SHORTS]
```

JFET 元件在 SPICE 输出文件中的语句格式为：

```
Jname  drn  gat  src  [blk]  model  [AREA = { rLayerarea | pinarea } / areaval ]
```

其中，name 为元件的名称；drn 为漏极引脚的名称；gat 为栅极引脚的名称；src 为源极引脚的名称；blk 为体极引脚的名称；model 为模型名称；{rLayerarea | pinarea}/areaval 为面积定标因子；rLayerarea 为识别层面积；pinarea 为引脚面积；areaval 为标称面积。

JFET 适用的相关规则如下：

- 任选项 AREA 一经设置，该层的面积将被计算。
- 标称面积可以用十进制表示也可以用科学表达式表示，单位是平方米，一般在数值后面不写出单位。

- 当 AREA 关键字存在时，NominalArea 关键字也要求存在。
- 如果不存在 AREA 关键字，那么不把面积写入到 SPICE 语句中。

(9) MOSFET（金属氧化物半导体场效应晶体管）

MOSFET 的元件语句的格式如下：

```
DEVICE = MOSFET (
        RLAYER = rLayer;
        Drain =dLayer { [, AREA]  [,  PERIMETER  [ / GATE #] ] | [, GEO ] };
        Gate =gLayer;
        Source = sLayer  [, AREA]  [,  PERIMETER  [ / GATE #] ];
        [ Bulk = [bLayer]; ]
        MODEL =model;
        ) [IGNORE_SHORTS]
```

MOSFET 元件在 SPICE 输出文件中的语句格式为：

```
Mname drn gat src [blk] model L=lengthvalue W=widthvalue {[AD=areavalue] [PD=
perimetervalue] [AS=areavalue] [PS=perimetervalue] }
```

其中，name 为元件名称；drn 为漏极引脚的名称；gat 为栅极引脚的名称；src 为源极引脚的名称；blk 为体极引脚的名称；model 为模型名称；lengthvalue 为沟道长度；widthvalue 为沟道宽度；areavalue 为漏、源面积；perimetervalue 为漏、源周长。

MOSFET 适用的相关规则如下：

- 沟道长度是栅的长度，沟道宽度是源极图层和漏极图层与识别层相重合的边缘长度的平均值。沟道长度和沟道宽度的单位都是米。
- 任选项 AREA 关键字可以出现在漏极语句或源极语句中，或者在两条语句中同时出现。设定之后，L-Edit 开始计算 AD(漏极面积)和 AS(源极面积)，并将计算结果写到 SPICE 语句中。
- 任选项 PERIMETER 关键字可以出现在漏极语句或源极语句中，或者在两条语句中同时出现。设定之后，L-Edit 开始计算 PD(漏极周长)和 PS(源极周长)，并将计算结果写到 SPICE 语句中。
- 任选项/GATE # 关键字跟 PERIMETER 关键字一起使用。可以出现在漏极语句或源极语句中，或者在两条语句中同时出现，但是必须跟随 PERIMETER 关键字。该数为 0.0～1.0 之间的小数，表示计入周长的栅极宽度的百分比。如果没有/GATE # 关键字时，那么周长就是栅极的宽度。
- 任选项 GEO 关键字只能在漏极语句中出现。存在时，将 GEO 的数值写入到 SPICE 语句中。GEO 关键字不能跟 PERIMETER 和 AREA 关键字同时使用。写入到 SPICE 语句中的 GEO 的数值包括以下情况：
    - GEO=0：漏极和源极面积都不共享。
    - GEO=1：漏极共享。
    - GEO=2：源极共享。
    - GEO=3：漏极和源极都共享。

(10) 子电路(subcircuit)

版图提取工序可以准确地定义子电路,其元件语句的格式如下:

```
DEVICE = SUBCKT(
        RLAYER =rLayer  [, AREA ];
        Pin1Name = pin1Layer [, AREA ];
        pin2Name =pin2Layer [, AREA ];
        ...
        MODEL = model;
        [NominalArea = areaval; ]
        ) [IGNORE_SHORTS]
```

子电路在 SPICE 输出文件中的语句格式为:

```
Xzzz  n1  n2  n3… cName  [AREA = rLayerarea / areaval ]
[AREA _pin1Name = [ pin1area  / areaval ]
[AREA _pi2nName = [ pina2rea  / areaval ]
...
```

其中,zzz 为子电路元件的名称;n1,n2,n3…为连接子电路引脚的节点名称;cName 为模型名称;rLayerarea/areaval 为识别层面积定标因子;pin1area/areaval 为引脚 1 层的面积定标因子;pin2area/areaval 为引脚 2 层的面积定标因子。

子电路适用的相关规则如下:

- 任选项 AREA 一经设置,该层的面积将被计算。
- 标称面积可以用十进制表示也可以用科学表达式表示,单位是平方米,一般在数值后面不写出单位。
- 当 AREA 关键字存在时,NominalArea 关键字也要求存在。
- 如果不存在 AREA 关键字,那么不把面积写入到 SPICE 语句中。

## 1.10.3 EXT 文件由元件定义的举例

本节以 N 阱 CMOS 工艺中的 NMOS 管为例来说明提取程序识别元件的方法。N 阱 CMOS 工艺中的 NMOS 管由以下几个部分组成:

- 导电沟道;
- 一个与导电沟道相接触的 N 型掺杂扩散材料上的源极引脚;
- 一个位于沟道上方的多晶硅栅极引脚;
- 一个与导电沟道相接触的 N 型掺杂扩散材料上的漏极引脚;
- 一个与衬底相邻的体极引脚。

当提取工序在布局图中找到与上述定义一致的多边形结构时,L-Edit 将 NMOS 管的元件语句写到输出网表文件中。

**1. 元件定义**

以下语句将在输出网表中产生一个 NMOS 管。

```
# NMOS transistor with Poly1 gate
device = MOSFET(
            RLAYER=ntran;
```

```
Drain=ndiff, AREA, PERIMETER;
Gate=poly ;
Source=ndiff, AREA, PERIMETER;
Bulk=subs;
MODEL=NMOS;
)
```

其中，识别层时定义的 ntran 层；漏、栅、源以及体极的引脚层分布是 ndiff、poly、ndiff 和 subs。这样定义后，当提取工序在布局图中发现 ntran 层上的几何图形与 ndiff、poly 以及 subs 层上的几何图形相接触时，L-Edit 就断定这是一个 NMOS 管，并将其元件语句写到 SPICE 网表中。

但是，NMOS 管通常不是通过直接在 ntran、ndiff 以及 subs 层上绘制几何图形来创建的，而是通过向包含在 N Select 图形内部的 Active 图形上绘制 Poly 图形来创建的，如图 1-119 所示。

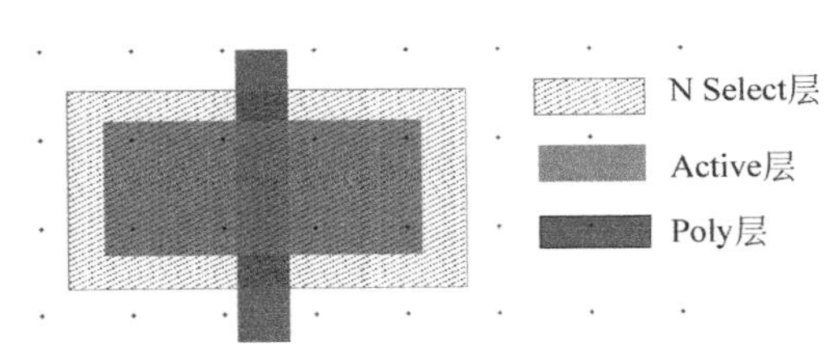


图 1-119　NMOS 管布局图示意图

**2. 识别层**

当布局图中 Poly 层上的几何图形与 Active 层上的几何图形相交时，形成 MOS 管的栅极。用生成层 gate 来定义晶体管的栅极。生成层 gate 的定义语句为：

```
gate =(Poly) AND (Active)
```

CMOS 工艺中既包含 NMOS 管又包含 PMOS 管，上述生成层 gate 的定义语句并不能区分 CMOS 中的这两种晶体管。L-Edit 使用默认的 CMOS 设置，该设置默认 P 型衬底上有一个用非产生层 N well 绘制的 N 阱。衬底用产生层 subs 来定义，产生层 subs 的定义语句为：

```
subs = NOT(N well)
```

L-Edit 用两个产生层 ntran 和 ptran 来区别 CMOS 中的 NMOS 管和 PMOS 管。这两个产生层的定义语句如下：

```
ntran =(gate)AND (subs)
ptran =(gate)AND (N well)
```

**3. 引脚**

当提取工序识别出一个晶体管并将它写入到输出网表中时，L-Edit 将寻找晶体管中与识别层相接触的图层上的引脚。MOS 管有 4 个与之相连的引脚：漏极、栅极、源极以及体极。栅极被定义为与晶体管相接触的多晶硅图形。PMOS 管的体极为 N well 层，NMOS 管的体极为 sub 层。这些引脚适用的图层已经被提前定义。

在版图中，Active(有源)图层上的单个多边形延伸并横穿整个晶体管区域，而在实际制造的芯片中，栅极下方不存在扩散的材料。生成层 Field Active 在晶体管栅极的两侧而不在栅极的下方创建几何图形，Field Active 的定义语句为：

Field Active =(Active) AND ( NOT ( Poly ) )

NMOS 晶体管的源极和漏极引脚层由 N 型掺杂材料组成，PMOS 晶体管的源极和漏极引脚层由 P 型掺杂材料组成。通过在 N Select 层上或 P Select 层上绘制几何图层的方式来控制掺杂材料的类型。L-Edit 用两个生成层来区分 NMOS 管和 PMOS 管的引脚层。这两个生成层的定义分别如下：

ndiff =(Field Active)AND ( N Select )
pdiff =(Field Active)AND ( P Select )

# 第 2 章 版图设计实例

CHAPTER 2

## 2.1 基本器件的版图

L-Edit 版图编辑器绘制版图时的操作流程为：在 L-Edit 下编辑新文件→环境设定→绘制图层→DRC 检查→修改对象→DRC 检查。

### 2.1.1 PMOS 器件

绘制 PMOS 器件版图的步骤如下。

**1. 编辑新文件**

绘制 PMOS 器件的版图时，首先在 L-Edit 下打开一个新文件，并将新文件命名为 PMOS. tdb。

**2. 环境设定**

(1) 用 File→Replace setup 命令进行取代设定。该命令打开的对话框如图 2-1 所示。这里选择 Tanner 安装目录下的\LEdit90\Samples\SPR\example1\lights. tdb 文件作为取代文件。

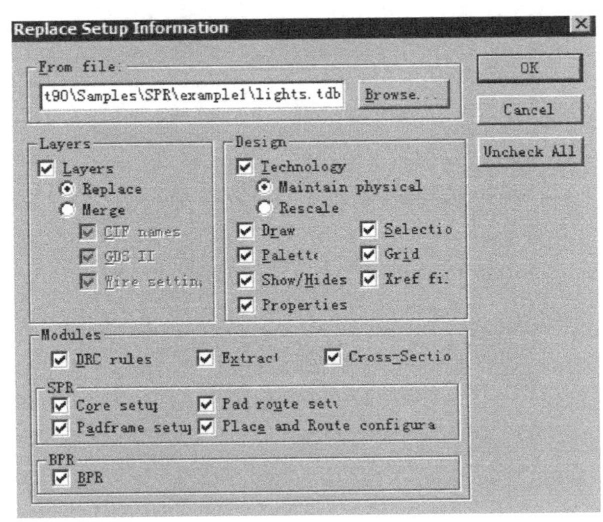


图 2-1 取代设定

单击 OK 按钮之后便将 lights.tdb 文件中的相关设定加载到当前文件中。这确定了在绘制 PMOS 的版图时采用的设计规则为 MOSIS/ORBIT 2.0U SCNA Design Rules。

(2) 用 Setup→Design 命令进行设计环境设定，打开的对话框如图 2-2 所示。

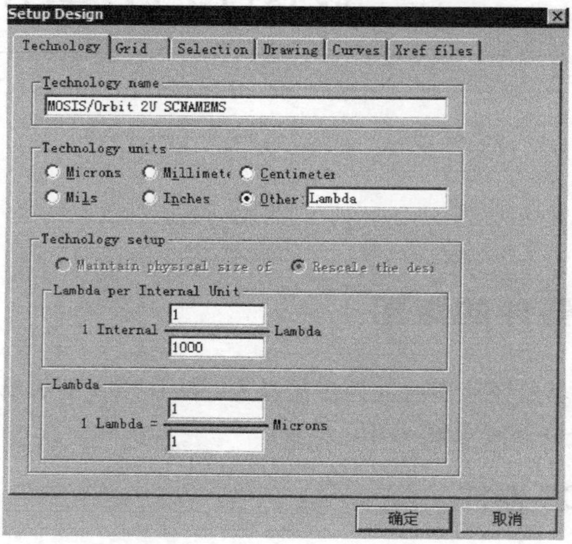

图 2-2 设计环境设定

该对话框表明，绘制 PMOS 时用到的工艺名称为 MOSIS/Orbit 2U SCNAMEMS。其中设定一个 Lambda 等于 1000 个内部单位，同时设定一个 Lambda 等于 1μm。在上述对话框的 Grid 选项卡中设定一个定标单位等于 1000 个内部单位，同时设定主栅格点的间距为 10 个定标单位，如图 2-3 所示。

设定完成后，得到一个定标单位等于一个 Lambda 即(等于 1μm)，主栅格点的间距为 10μm。

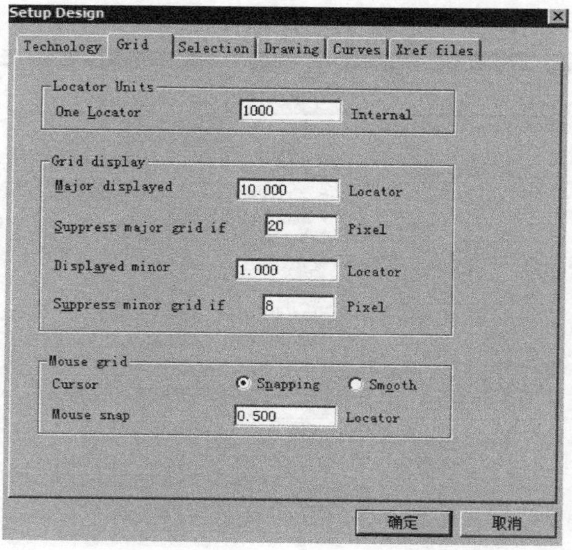

图 2-3 Grid 选项卡对话框

**3. 绘制图层**

lights. ext 定义文件中用多晶硅 1 形成的 PMOS 的定义语句为：

```
# PMOS transistor with poly1 gate
device = MOSFET(
            RLAYER=ptran;
            Drain=pdiff, WIDTH;
            Gate=poly wire;
            Source=pdiff, WIDTH;
            Bulk=n well wire;
            MODEL=PMOS;
            )
```

其中,PMOS 的识别层是 ptran 层；漏极和源极为 pdiff 层；栅极为 poly wire 层；体极为 N well wire 层；模型名称为 PMOS。

ptran 层、pdiff 层、poly wire 层和 N well wire 层都是生成层,它们各自的布尔表达式分别为：

```
poly wire = (Poly)AND(NOT(Poly resistor ID))
ptran = (gate1) AND (N well) AND (NOT (PMOS capacitor ID))
```

其中 gate1 的布尔表达式为：

```
gate1 = (Poly) AND (Active)
pdiff= (field active) AND (P Select) AND (NOT (diff resistors))
```

其中 field active 层的布尔表达式为：

```
field active = (P base) OR((Active) AND (NOT(poly or poly2)));
```

diff residtors 层的布尔表达式为

```
diff residtors = (N diff resistor ID)OR(P diff resistor ID)
```

N well wire = (N well)AND(NOT(N well resistor ID))AND (NOT(NPN ID))

L-Edit 版图编辑器的编辑环境是预设在 P 型衬底上的,将 PMOS 器件绘制到 N 阱中。绘制 PMOS 器件图层的具体步骤如下：

① 绘制 N 阱层

在图层板上选择 N well 层,在绘图工具栏上选择 Box 工具,在 L-Edit 的绘图区中绘制一个宽度为 40 个定标单位,高度为 25 个定标单位的矩形。

② 绘制有源区

选择 Active 图层和 Box 工具,在 N 阱中绘制一个宽度为 24 个定标单位,高度为 12 个定标单位的矩形。进行 DRC 检查直至无误为止。

Active 图层的意义是定义有源器件的范围。绘制过程中需要注意相关的设计规程。MOSIS/Orbit 2.0U SCNA Design Rules 决定,有源区的最小宽度为 3 个 Lambda,即 3μm。

③ 绘制 P 型扩散区

选择 P Select 图层和 Box 工具,在有源区外绘制一个宽度为 29 个定标单位,高度为 16 个定标单位的矩形。进行 DRC 检查直至无误为止。

④ 绘制多晶硅栅

选择 Ploy 图层和 Box 工具,在 N 阱中绘制一个宽度为 4 个定标单位,高度为 16 个定标单位的矩形。进行 DRC 检查直至无误为止。

⑤ 绘制有源区接触孔

选择 Active Contact 图层和 Box 工具，在 P Select 层中绘制两个长度为 2 个定标单位的正方形。进行 DRC 检查直至无误为止。

⑥ 绘制金属 1 层

选择 Metal1 图层和 Box 工具，在 Active Contact 外部绘制两个长度为 5 个定标单位的正方形。进行 DRC 检查直至无误为止。

最终得到 PMOS 器件的版图如图 2-4 所示。

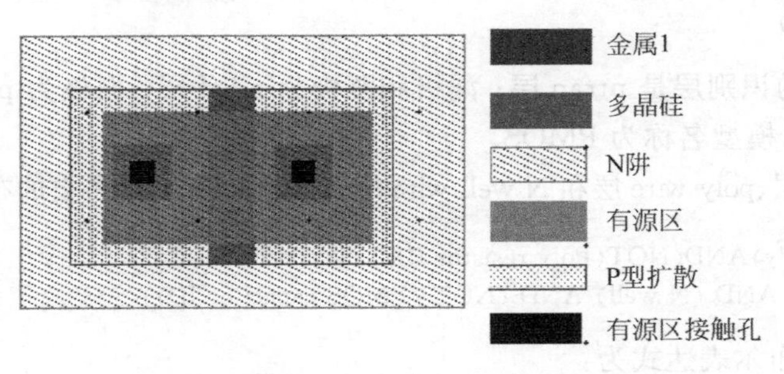


图 2-4　PMOS 器件的版图

## 2.1.2　NMOS 器件

绘制 NMOS 的版图时的操作流程与 PMOS 类似。在 L-Edit 下打开一个新文件并将其命名为 NMOS. tdb 文件。NMOS 版图的环境设定与 PMOS 的相同。

lights. ext 定义文件中用多晶硅 1 形成的 NMOS 的定义语句为：

```
# NMOS transistor with poly1 gate
device = MOSFET(
          RLAYER=ntran;
          Drain=ndiff, WIDTH;
          Gate=poly wire;
          Source=ndiff, WIDTH;
          Bulk=subs;
          MODEL=NMOS;
          )
```

其中 NMOS 的识别层是 ntran 层，漏极和源极为 ndiff 层，栅极为 poly wire 层，体极为 subs 层，模型名称为 NMOS。

ntran 层、ndiff 层、poly wire 层和 subs 层都是生成层，它们各自的布尔表达式分别为：

```
poly wire = (Poly)AND(NOT(Poly resistor ID))
subs = NOT (N well)
ntran = (gate1) AND (subs) AND (NOT (NMOS capacitor ID))
```

其中 gate1 的布尔表达式为：

```
gate1 = (Poly) AND (Active)
ndiff= (field active) AND (N Select) AND (NOT (diff resistors))
```

其中 field active 层的布尔表达式为：

```
field active=(P base) OR((Active) AND (NOT(poly or poly2)));
```

diff residtors 层的布尔表达式为

```
diff residtors=(N diff resistor ID)OR(P diff resistor ID)
```

L-Edit 版图编辑器的编辑环境是预设在 P 型衬底上的，NMOS 器件可以直接绘制在 P 型衬底上。绘制 NMOS 器件版图的具体步骤如下：

① 绘制有源区。选择 Active 图层和 Box 工具，在绘图区中绘制一个宽度为 24 个定标单位，高度为 12 个定标单位的矩形。进行 DRC 检查直至无误为止。

② 绘制 N 型扩散区。选择 N Select 图层和 Box 工具，在有源区外绘制一个宽度为 28 个定标单位，高度为 16 个定标单位的矩形。进行 DRC 检查直至无误为止。

③ 绘制多晶硅栅。选择 Ploy 图层和 Box 工具，在绘图区中绘制一个宽度为 4 个定标单位，高度为 16 个定标单位的矩形。进行 DRC 检查直至无误为止。

④ 绘制有源区接触孔。选择 Active Contact 图层和 Box 工具，在 N Select 层中绘制两个长度为 2 个定标单位的正方形。进行 DRC 检查直至无误为止。

⑤ 绘制金属 1 层。选择 Metal1 图层和 Box 工具，在 Active Contact 外部绘制两个长度为 5 个定标单位的正方形。进行 DRC 检查直至无误为止。

最终得到 NMOS 器件的版图如图 2-5 所示。

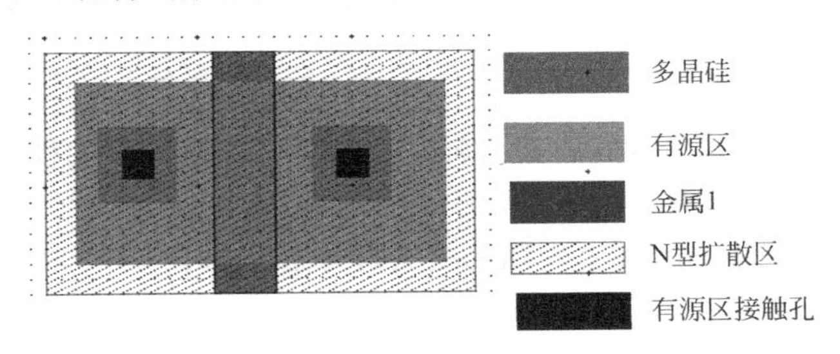


图 2-5　NMOS 器件的版图

## 2.1.3　电阻

常用的电阻有多晶硅电阻、多晶硅 2 电阻、N 型扩散区电阻、P 型扩散区电阻、P 型衬底电阻和 N 阱电阻。其中多晶硅 2 电阻、P 型扩散区电阻以及 P 型衬底电阻的绘制方法分别与多晶硅电阻、N 型扩散区电阻以及 N 阱电阻的绘制方法类似。这里仅以多晶硅电阻、N 型扩散区电阻和 N 阱电阻为例来加以说明。

**1. 多晶硅电阻**

在 L-Edit 下打开一个新文件并将其命名为 Poly resistor. tdb 文件。多晶硅电阻版图的环境设定与 PMOS 的相同。

lights. ext 定义文件中多晶硅电阻的定义语句为：

```
Poly resistor
device = RES(
            RLAYER=Poly resistor ID;
```

```
            Plus=poly wire, WIDTH;
            Minus=poly wire, WIDTH;
            MODEL=;
            )
```

多晶硅电阻的识别层是 Poly resistor ID。多晶硅电阻由 Poly 层、Poly resistor ID 层、Metal1 层和 Poly Contact 层组成，其版图如图 2-6 所示。

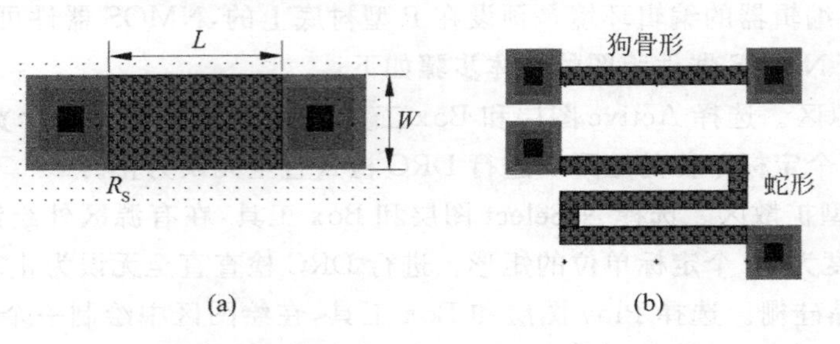


图 2-6 多晶硅电阻的版图

硅栅 MOS 电路中常用多晶硅来做电阻，多晶硅电阻的制作方法与 MOS 工艺相兼容，制作简单。多晶硅电阻的形状一般做成长条状（如图 2-6(a)所示），在多晶硅的两端开接触孔使之与金属相连。多晶硅电阻的表达式为：$R=R_S\frac{L}{W}$，其中 $R_S$ 为多晶硅的方块电阻。在有些设计中要求使用阻值很大的电阻，此时的电阻形状可以做成狗骨形或蛇形，如图 2-6(b)所示。

**2. N 型扩散电阻**

在 L-Edit 下打开一个新文件并将其命名为 N diff resistor. tdb 文件。N 型扩散区电阻版图的环境设定与 PMOS 的相同。

lights. ext 定义文件中 N 型扩散电阻的定义语句为：

```
N diff resistor
device = RES(
            RLAYER=N diff resistor ID;
            Plus=ndiff, WIDTH;
            Minus=ndiff, WIDTH;
            MODEL=;
            )
```

N 型扩散区电阻的识别层为 N diff resistor ID。N 型扩散区电阻由 N diff resistor ID 层、N Select 层、Active 层、Metal1 层和 Active Contact 层组成，其版图如图 2-7 所示。图 2-7 所示的 N 型扩散电阻是直接做在 P 型衬底上的，另外，N 型扩散电阻还可以做在 P 阱内。

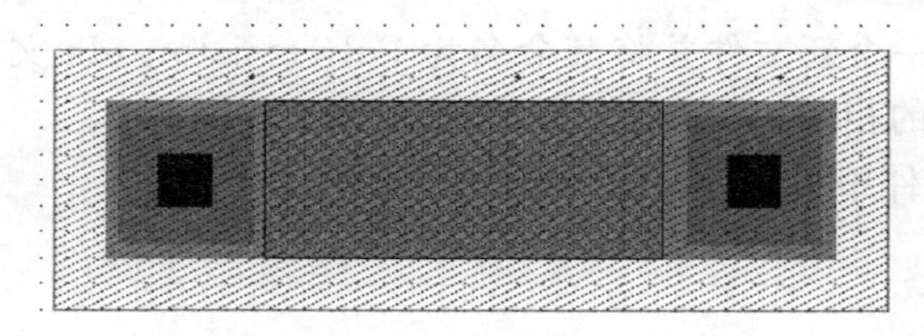

图 2-7 N 型扩散区电阻的版图

**3. N 阱电阻**

在 L-Edit 下打开一个新文件并将其命名为 N well resistor. tdb 文件。N 阱电阻版图的环境设定与 PMOS 的相同。

lights. ext 定义文件中 N 阱电阻的定义语句为：

```
# N well resistor
device = RES(
            RLAYER=N well resistor ID;
            Plus=N well wire, WIDTH;
            Minus=N well wire, WIDTH;
            MODEL=;
            )
```

N 阱电阻的识别层是 N well resistor ID。N 阱电阻由 N well 层、N well resistor ID 层、N Select 层、Active 层、Metal1 层和 Active Contact 层组成，其版图如图 2-8 所示。

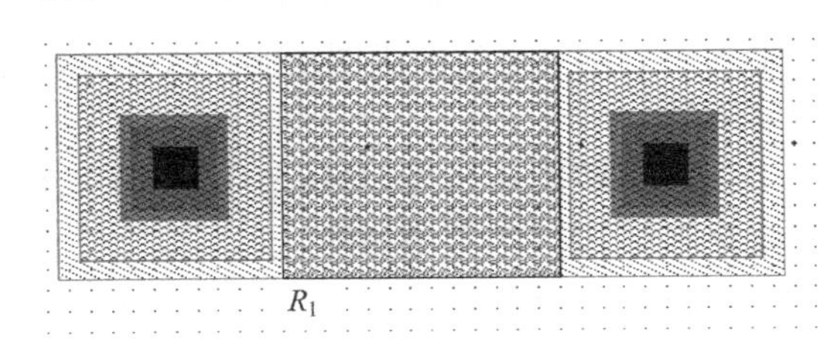


图 2-8　N 阱电阻的版图

N 阱是轻掺杂区，开引线孔时需要在阱的两端做重掺杂以形成欧姆接触。

## 2.1.4　电容

MOS 集成电路中常用的电容有双层多晶硅电容器以及多晶硅和扩散区组成的电容器。

**1. 双层多晶硅电容器**

工艺上，双层多晶硅电容器由两层多晶硅构成，多晶硅 2 作为上极板，多晶硅 1 作为下极板，栅氧化层作为绝缘介质。

在 L-Edit 下打开一个新文件并将其命名为 poly Cap. tdb 文件。双层多晶硅电容器的版图环境设定与 PMOS 的相同。

lights. ext 定义文件中双层多晶硅电容器的定义语句为：

```
# Poly1-Poly2 capacitor
device = CAP(
            RLAYER=Poly1-Poly2 capacitor ID;
            Plus=poly2 wire;
            Minus=poly wire;
            MODEL=;
            )
```

多晶硅电容的识别层是 Poly1-Poly2 capacitor ID，正极板为 poly2 wire 层，负极板为 poly wire 层。其中 poly2 wire 层和 poly wire 都是生成层，它们的布尔表达式分别如下所示：

```
poly2 wire = (poly2)AND(NOT(poly2 resistor ID))
poly wire = (poly)AND(NOT(poly resistor ID))
```

多晶硅电容的版图如图 2-9 所示。该电容器的电容计算公式为：$C=C_{OX}(WL)$，其中 $C_{OX}$ 是指栅氧化层的单位面积电容；$WL$ 为上下电极与栅氧化层公共的面积大小。

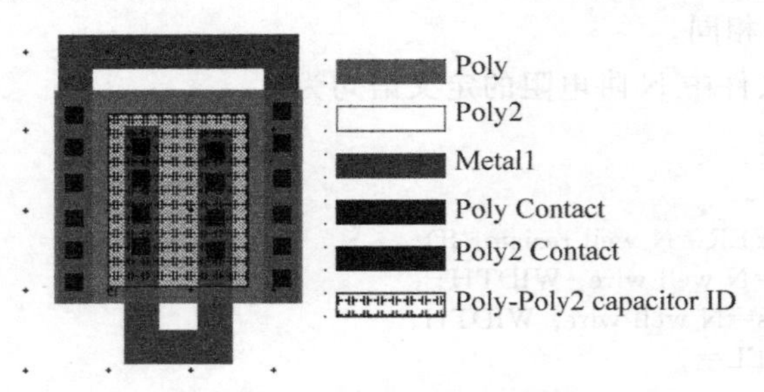


图 2-9 多晶硅电容的版图

**2. 多晶硅和扩散区组成的电容器**

多晶硅和扩散区组成的电容器又分为多晶硅和 N 型扩散区组成的电容器以及多晶硅和 P 型扩散区组成的电容器两种。两类电容的版图绘制方法类似，这里以多晶硅和 N 型扩散区组成的电容器为例加以说明。

在 L-Edit 下打开一个新文件并将其命名为 NMOS Cap. tdb 文件。多晶硅和 N 型扩散区组成的电容器的版图环境设定与 PMOS 管的相同。

lights. ext 定义文件中多晶硅和 N 型扩散区组成的电容器的定义语句为：

```
# NMOS capacitor
device = CAP(
        RLAYER=NMOS capacitor ID;
        Plus=poly wire;
        Minus=ndiff;
        MODEL=;
        )
```

多晶硅和 N 型扩散区组成的电容器的识别层是 NMOS capacitor ID，正极板为 poly wire 层，负极板为 ndiff 层。多晶硅和 N 型扩散区组成的电容器的版图如图 2-10 所示。

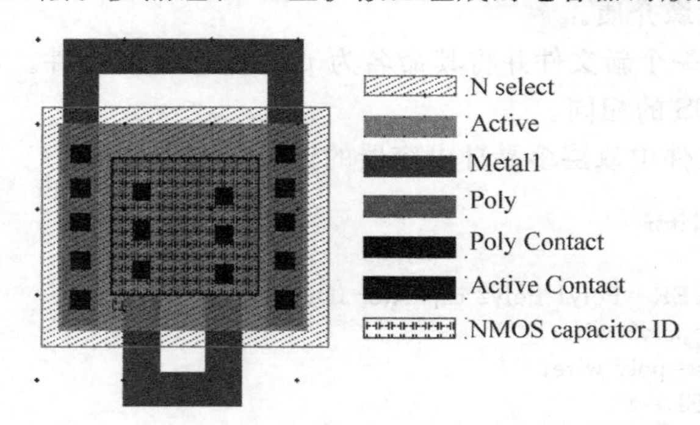


图 2-10 多晶硅和 N 型扩散区组成的电容器的版图

## 2.1.5 二极管

集成电路中常用的二极管有 3 种。一是在 N 阱内形成的二极管（这里简称 N 阱二极管），二是在衬底上形成的二极管（这里简称衬底二极管），三是由 P 型扩散和 N 型扩散形成的横向二极管。

**1. N 阱二极管**

在 L-Edit 下打开一个新文件并将其命名为 pdiff diode. tdb 文件。N 阱二极管的版图环境设定与 PMOS 的相同。

lights. ext 定义文件中 N 阱二极管的定义语句为：

```
# Diodes pdiff
  device = DIODE(
                    RLAYER=diode pdiff;
                    Plus=pdiff, WIDTH;
                    Minus=N well wire, WIDTH;
                    MODEL=Dpdiff;
                    )IGNORE_SHORTS
```

其中，N 阱二极管的识别层是 diode pdiff 层，正极为 pdiff 层，负极为 N well wire 层，模型名称为 Dpdiff。diode pdiff 层、pdiff 层和 N well wire 层都是生成层，各自的布尔表达式分别如下所示：

```
pdiff= (field active) AND (P select) AND (NOT (diff resistors))
```

其中 field active 层的布尔表达式为：

```
field active=(P base) OR((Active) AND (NOT(Poly or Poly2)));
```

diff residtors 层的布尔表达式为

```
diff residtors=(N diff resistor ID)OR(P diff resistor ID)
N well wire = (N well)AND(NOT(N well resistor ID))AND (NOT(NPN ID))
diode pdiff = (DIODE ID)AND(pdiff)AND (N well wire)
```

N 阱二极管的版图如图 2-11(a)和(b)所示，它由 DIODE ID 层、N well 层、Active 层、Metal1 层、Active Contact 层、P Select 层以及 N Select 层构成。在 N 阱内的 P 型扩散区上引出二极管的正极引线端。在 N 阱中进行一次 N 型扩散形成欧姆接触，同时引出二极管的负极引线端。为了更多地泄放流入或流出二极管的能量，可将 N 阱二极管设计成环状结构，如图 2-11(b)所示。

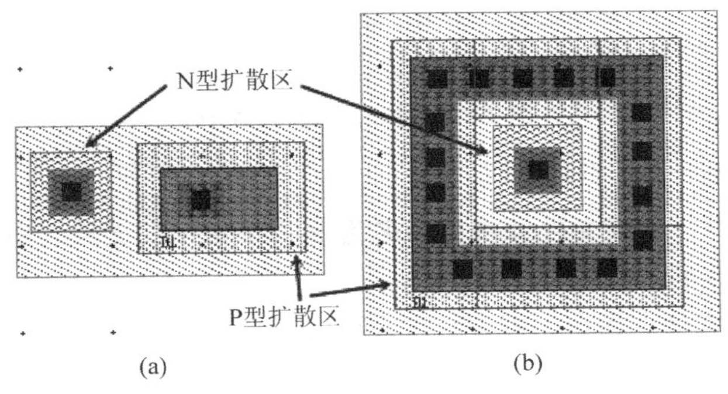


图 2-11　N 阱二极管的版图

**2. 衬底二极管**

在 L-Edit 下打开一个新文件并将其命名为 ndiff diode. tdb 文件。衬底二极管的版图环境设定与 PMOS 的相同。

lights. ext 定义文件中衬底二极管的定义语句为：

```
# Diodes ndiff
  device = DIODE(
                  RLAYER=diode ndiff;
                  Plus=subs, WIDTH;
                  Minus=ndiff, WIDTH;
                  MODEL=Dndiff;
                  )IGNORE_SHORTS
```

其中，衬底二极管的识别层是 diode ndiff 层，正极为 subs 层，负极为 ndiff 层，模型名称为 Dndiff。diode ndiff 层、ndiff 层和 subs 层都是生成层，各自的布尔表达式分别如下所示：

```
ndiff= (field active) AND (N Select) AND (NOT (diff resistors))
```

其中 field active 层的布尔表达式为：

```
field active=(P base) OR((Active) AND (NOT(Poly or Poly2)));
```

diff residtors 层的布尔表达式为

```
diff residtors=(N diff resistor ID)OR(P diff resistor ID)
subs = NOT (N well)
diode ndiff = (DIODE ID)AND(ndiff)AND (subs)
```

衬底二极管的版图如图 2-12 所示，它由 N Select 层、Active 层、subs 层、DIODE ID 层、Metal1 层、Active Contact 层以及 P Select 层构成。在 N 型扩散区上引出二极管的负极引线端。在 P 型衬底上进行一次 P 型扩散形成欧姆接触，同时引出二极管的正极引线端。同样地，为了更多地泄放流入或流出二极管的能量，也可将衬底二极管设计成环状结构，这里不再列出。

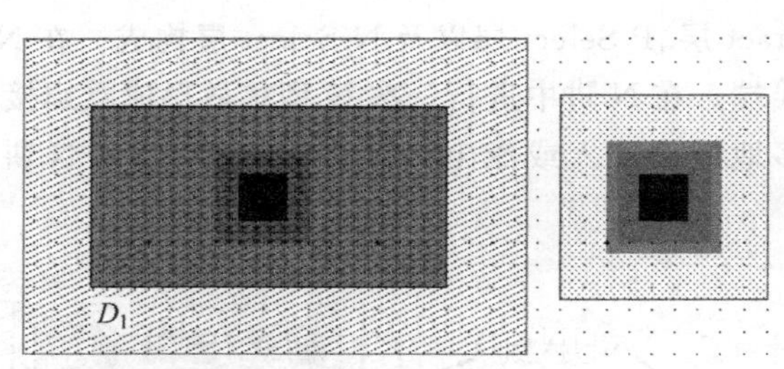


图 2-12　衬底二极管的版图

**3. 横向二极管**

在 L-Edit 下打开一个新文件并将其命名为 lat-diode. tdb 文件。横向二极管的版图环境设定与 PMOS 的相同。

lights. ext 定义文件中横向二极管的定义语句为：

```
# Lateral Diode
  device = DIODE(
                  RLAYER=diode_lat;
                  Plus=pdiff, WIDTH;
```

```
Minus=ndiff, WIDTH;
MODEL=D_lateral;
)IGNORE_SHORTS
```

其中，横向二极管的识别层是 diode_lat 层，正极为 pdiff 层，负极为 ndiff 层，模型名称为 D_lateral。diode_lat 层是生成层，它的布尔表达式为：diode_lat=(ndiff) AND(pdiff)。

横向二极管的版图如图 2-13 所示，它由 P Select 层、N Select 层、Active 层、Active Contact 层以及 Metal1 层构成。从 P 型扩散区上引出二极管的正极引线端，从 N 型扩散区上引出二极管的负极引线端。横向二极管可产生在 P 型衬底上也可产生在 N 阱内。

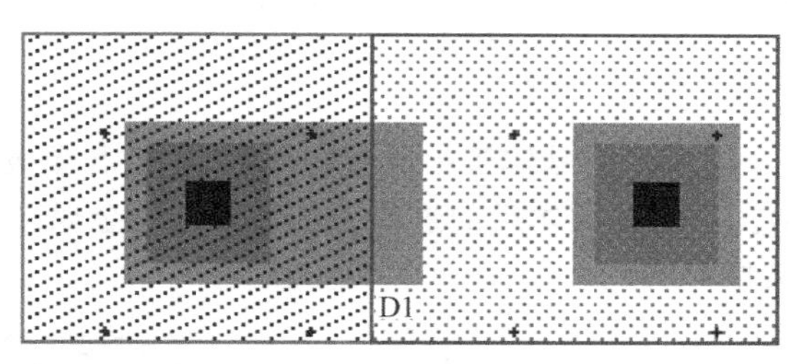


图 2-13 横向二极管的版图

## 2.2 特殊单元版图设计

### 2.2.1 大 W 晶体管

在模拟集成电路中，为了满足电路性能的要求，要求使用特殊尺寸的晶体管，包括大尺寸晶体管和小尺寸晶体管。其中大尺寸晶体管是指沟道的 $W/L$ 比很大晶体管(大 $W$ 晶体管)。小尺寸晶体管是指沟道的 $W/L<1$ 的晶体管(大 $L$ 晶体管)，它又被称为倒比管。

对于一个宽长比很大的晶体管，在版图设计上将被绘制成一个很长的矩形。从布局上看，它很难与相邻的中小尺寸的晶体管形成和谐的布局。从性能上看，栅极太长时产生的多晶硅电阻会使信号的幅度衰减。为了有效地解决上述问题，在绘制此类晶体管的版图时可以采用“叉指”结构。

这里以宽长比为 80μm/2μm 的 NMOS 晶体管为例来加以说明。该晶体管占用大面积的矩形版图如图 2-14 所示。

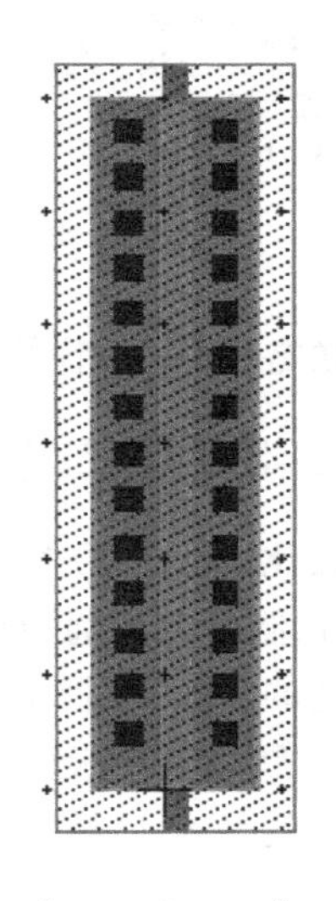

图 2-14 大宽度 NMOS 晶体管的大面积示例版图

为了减小芯片面积，可采用“叉指”结构。具体方法如下：

**1. 分段**

分段是指将大尺寸的晶体管分为若干个小尺寸的晶体管。“叉指”结构的晶体管有 $N$ 个栅极，有 $N+1$ 个扩散区。其中 $N$ 为分段数目，它可以为奇数也可以为偶数。在选择拆分数目 $N$ 的时候，要求拆分后的小晶体管的沟道宽度不能太大也不能太小，要根据设计需要来进行拆分。

“叉指”是指将分段后的 $N$ 个栅极连在一起形成大晶体管的栅极。$N+1$ 个扩散区的结构为“…源-漏-源-漏…”，将每奇数个扩散区连接在一起形成大晶体管的源极（或漏极），将每偶数个扩散区连接在一起形成大晶体管的漏极（或源极）。

实际中，一般将一个大的晶体管分为偶数个小尺寸的晶体管。这是因为偶数分段后，所有的小尺寸的晶体管的漏极都可被多晶硅包容，使之具有较低的有效电容。

这里将上述宽长比为 80μm/2μm 的晶体管分为 4 段，分段后每个晶体管的宽长比为 20μm/2μm，分段之后的结果如图 2-15 所示。图中 A、B 和 C 分别表示各 NMOS 管的源、漏和栅。

**2. 源漏区共用**

由于 MOS 管的源极和漏极是可以互换的，为了进一步减少芯片面积，可以将上述 4 个 NMOS 管的源极和漏极以 ABBA 的方式排列，并将相邻的 A 区或 B 区合并在一起来达到源漏区共用的目的。

将上述分段后的 4 个小尺寸的晶体管中所有的漏极、栅极和源极分别连接在一起后，得到的版图如图 2-16 所示。由于并联之后的连接源区和漏区的金属形状像交叉的手指，因此这种布局方法被称为“叉指”结构。

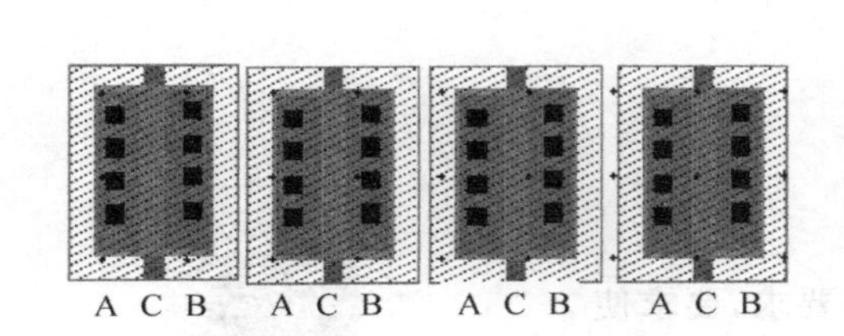


图 2-15 分段之后的结果

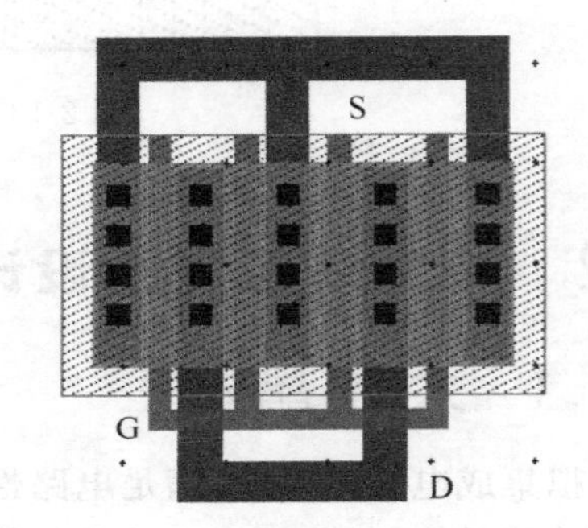


图 2-16 最终形成的大 $W$ 晶体管的版图示意图

并联之后 MOS 管的宽长比和栅极宽度都没有改变，但栅极产生的多晶硅电阻却减小了。

## 2.2.2 大 $L$ 晶体管

宽长比小于 1 的 MOS 管称为倒比管，也叫大 $L$ 晶体管。由于大 $L$ 晶体管的宽长比小于 1，因此器件的导通电阻大，在电路中可以用作上拉电阻或下拉电阻。用作上拉电阻时用栅极接地的 PMOS 管来实现；用作下拉电阻时用栅极接电源的 NMOS 管来实现。

大 $L$ 晶体管在版图绘制上将有源区设计成 U 形或反 S 形，如图 2-17 所示。其中，有源区的宽度就是大 $L$ 晶体管的沟道宽度，被多晶硅覆盖的源区与漏区之间的距离为大 $L$ 晶体管的沟道长度。图 2-17(a)中晶体管的沟道长度为：$L=2L_1+L_2$。

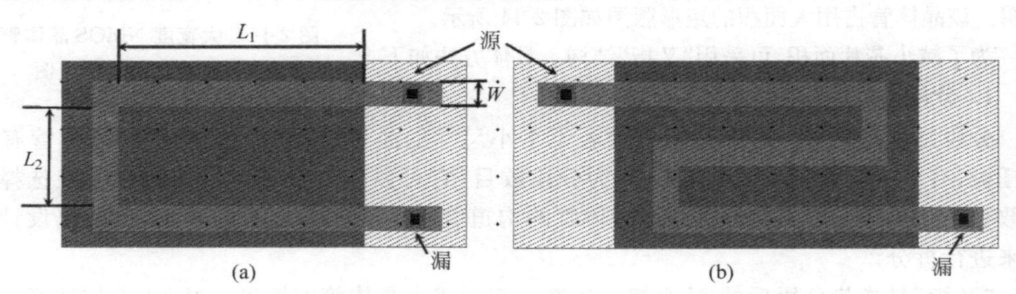


图 2-17 大 $L$ 晶体管的版图示意图

## 2.2.3 晶体管的合并与连接

为了节省芯片面积或者使晶体管的寄生结电容减小，通常把共源区或共漏区的晶体管合并。图 2-18 为两个共漏区的 NMOS 晶体管的版图示意图。共源区的晶体管的版图绘制方法与共漏区的晶体管的版图类似，这里不再列出。

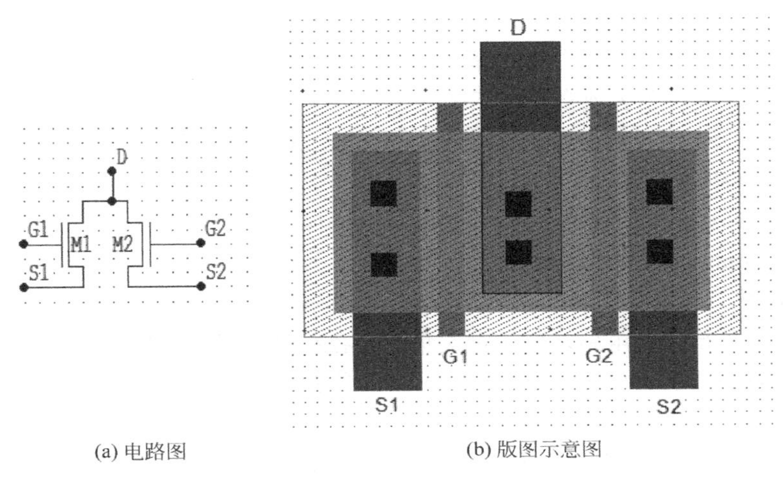


(a) 电路图　　(b) 版图示意图

图 2-18 两个共漏区的晶体管的版图示意图

同样，为了节省芯片面积还可以把源区和漏区为共用区域的两个晶体管合并。图 2-19 为两个串联的 NMOS 晶体管的版图示意图，其中 M1 管的源区和 M2 管的漏区为共用区域。当两个相邻的晶体管的源极与漏极直接相连且没有与电路中的其他器件相连时，为了更进一步地节省芯片面积，可以将共享区域内的接触孔省略，如图 2-20 所示。

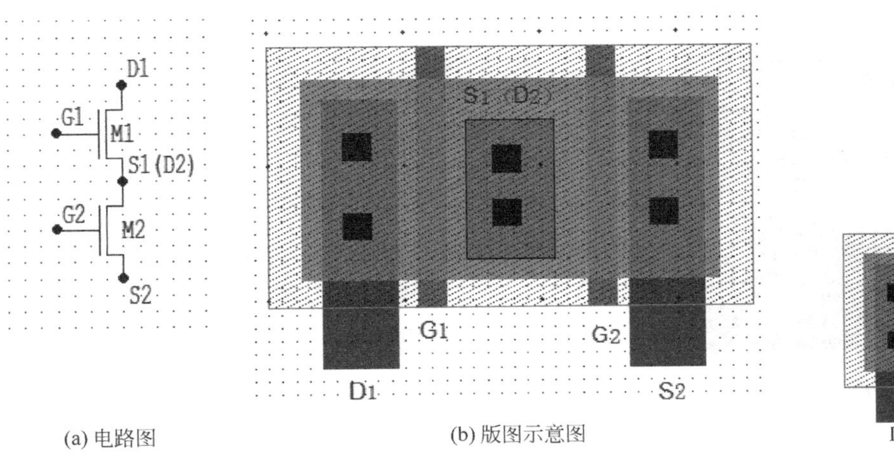


(a) 电路图　　(b) 版图示意图

图 2-19 源区和漏区为共用区域的两个晶体管的版图示意图

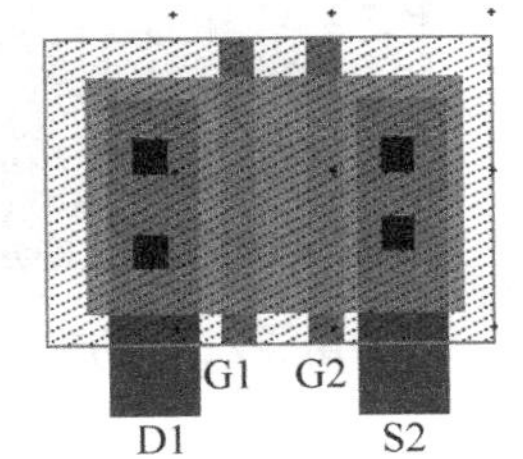


图 2-20 省略接触孔后的版图示意图

## 2.2.4 焊盘与静电保护

**1. 焊盘**

为了使集成电路与外部环境相连，需要在芯片的四周设置大的压焊块(PAD，也称为焊盘)，并将它与电路中的节点连接。焊盘的尺寸与结构由电路的可靠性和为内引线键合过程中的偏差留出的余量决定。MOSIS(MOS Implementation Support Project)定义的压焊点的基本尺寸是 $100\mu m\times100\mu m$。

简单的压焊块的结构可分为以下两种：

① 只由最上层金属形成的正方形构成。这种结构在键合时容易被扯动而剥离。

② 由最上面的两层金属构成，两层金属之间由通孔相连接。

形成压焊块的金属淀积在场区的氧化层上。为了防止压焊过程中的穿通，在淀积金属层之前，还要增加 N 阱工艺或多晶硅工艺。

在 MOSIS/ORBIT 2.0U SCNA Design Rules 设计规则下，得到焊盘的示例版图如图 2-21 所示。其中各图层的尺寸如下：

Metal1：100×100；Metal2：100×100；N well：100×100；Overglass：90×90；Via：94×94；Pad Comment：100×100。

**2. 静电保护**

集成电路与外部接口电路之间不可避免地会存在静电问题。当一个高电势的物体接触或者非常接近电路的引脚时，静电放电(ESD)现象就会发生。静电放电现象可能使 MOS 器件的栅氧化层击穿从而使 MOS 器件损坏。

MOS 器件受到静电放电现象而发生的不可逆的破坏有两种：①当栅上积累的电荷形成的电场强度超过 $10^7$ V/cm 时，引起栅氧化层的击穿；②当漏-衬底结或源-衬底结二极管上流过的电流超过某一值时，二极管被烧毁，导致 MOS 器件的源或漏与衬底之间形成短路。

为了防止静电放电现象的发生，在 CMOS 集成电路中需要设置静电保护电路，以为产生的感应电荷提供泄放通路。早期的静电保护电路如图 2-22 所示。

图 2-21 压焊块示例版图

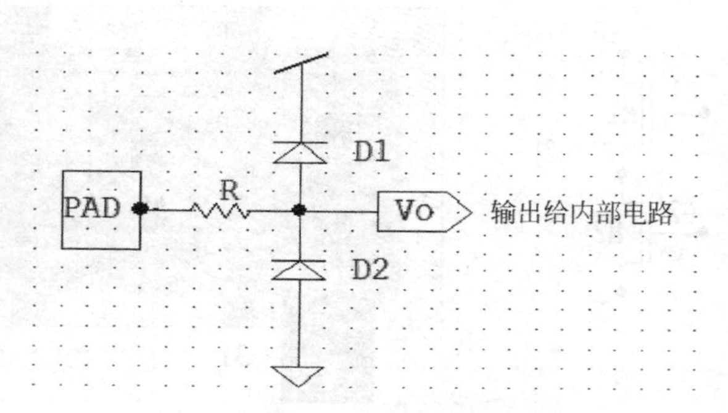


图 2-22 早期的静电保护电路

该电路中，当从 PAD 输出的电压高于 Vdd 时，D1 导通，输出电压 Vo 被钳位在 Vdd+Vth 上，其中 Vth 为二极管的导通压降，约为 0.7V。同样地，当从 PAD 输出的电压低于 Gnd 时，D2 导通，输出电压被钳位在 −Vth 上。由此得到该电路的输出电压 Vo 的范围为 −0.7V～Vdd+0.7V，这个电压范围对于内部 CMOS 电路来说是安全的。另外，该电路中的电阻 R 为限流电阻，它的作用是为了防止 D1 和 D2 因电流过大而被烧坏。

上述静电保护电路的版图如图 2-23 所示，图中的两个二极管用横向二极管来实现。

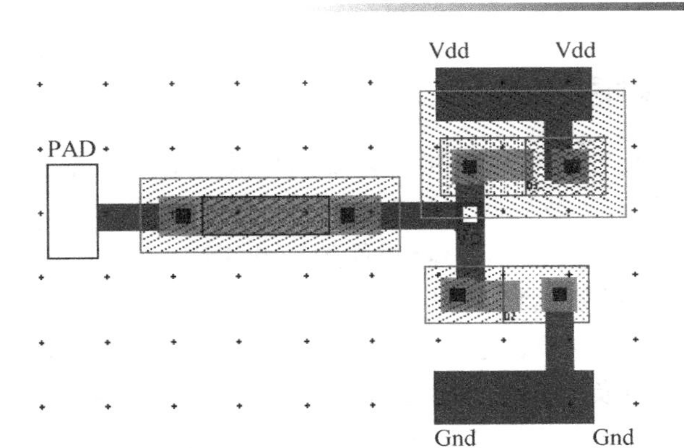


图 2-23 二极管静电保护电路的版图

另外一种应用比较广泛的静电保护电路如图 2-24(a)所示。其中 NMOS 管和 PMOS 管的栅源都短接在一起，这样漏极与衬底之间就形成一个二极管，其等效电路如图 2-24(b)所示。该电路中的 NMOS 管和 PMOS 管都采用大 $W$ 晶体管，在版图绘制过程中使 MOS 管的漏极占用较大的芯片面积，从而使形成的二极管的面积也较大，二极管能够承受的瞬态电流也较大，进而起到静电保护的作用。其版图如图 2-25 所示。

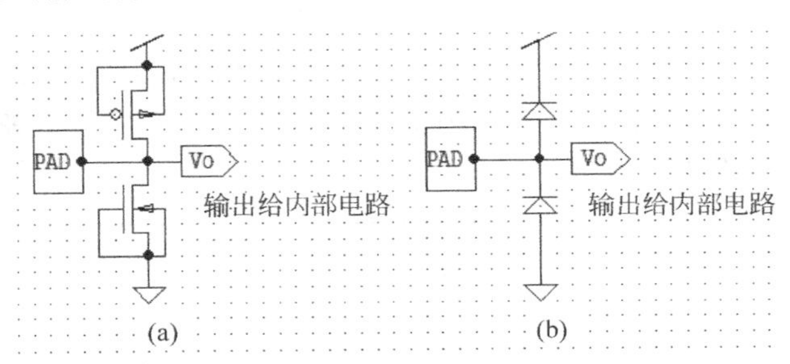


图 2-24 另一种类型的静电保护电路

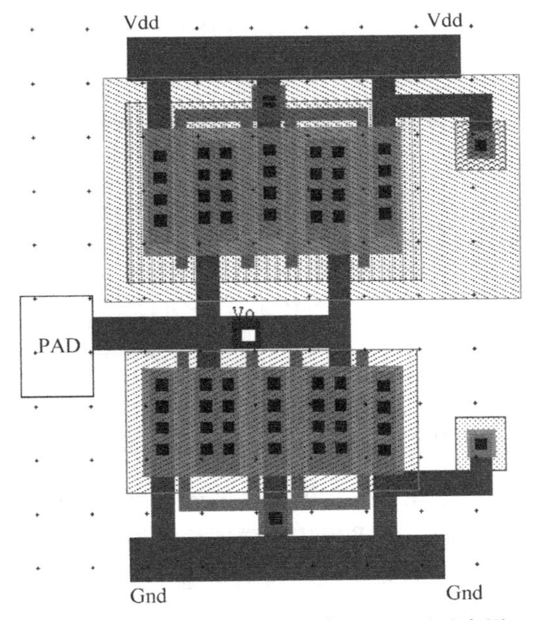


图 2-25 MOS 管静电保护电路的版图示意图

## 2.2.5 阱和衬底的连接

对于 CMOS N 阱工艺，P 型衬底和 N 阱之间形成一个 PN 结，这是一个寄生的二极管。如果 N 阱上的电位下降，P 型衬底上的电位上升，就可能使这个寄生的二极管导通。为了不影响器件的正常工作，必须保证这个寄生的二极管始终反偏。最简单且有效的方法是将 N 阱连接到电路的最正电位(电源 $V^+$)，将 P 型衬底接电路的最低电位(负电源 $V^-$ 或地)，这种连接方式被称为阱连接和衬底连接，如图 2-26 所示。图中 N 阱接触区位于器件的两侧，由 N+扩散形成，连接到 $V^+$；衬底接触区由 P+扩散形成，连接到 $V^-$ 或地。

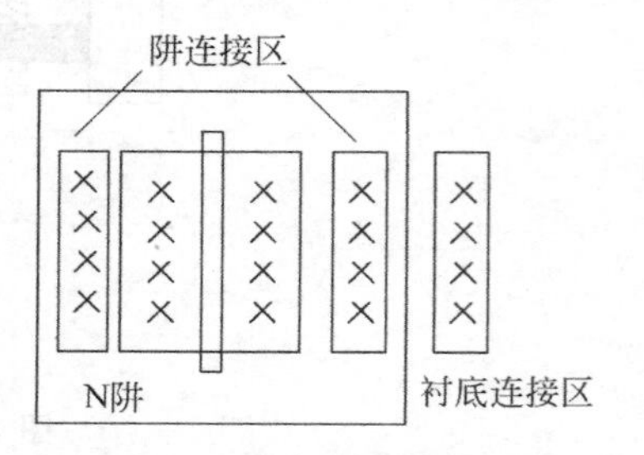


图 2-26 阱和衬底的连接示意图

在版图绘制过程中应尽可能多地设置阱接触区和衬底接触区。在 N 阱中只要有空位就设置阱接触区；同样地，在衬底上只要有空位就设置衬底接触区。

CMOS N 阱工艺中，为了节省芯片面积可将所有的 PMOS 管制作在同一个 N 阱中，如图 2-27 所示。由于 N 阱接触区位于阱的两侧，这可能使 N 阱内中心部位的晶体管与阱连接区之间的距离太远。此时，N+扩散区上的寄生电阻产生的压降可能会使寄生的二极管导通，对器件的正常工作产生影响。为了避免这种情况的出现，需要分割器件并在阱的中心部位插入阱连接区，如图 2-28 所示。

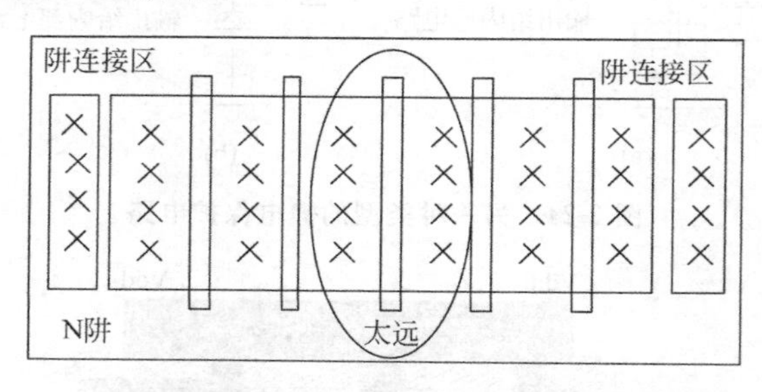


图 2-27 N 阱中晶体管个数太多时的示意图

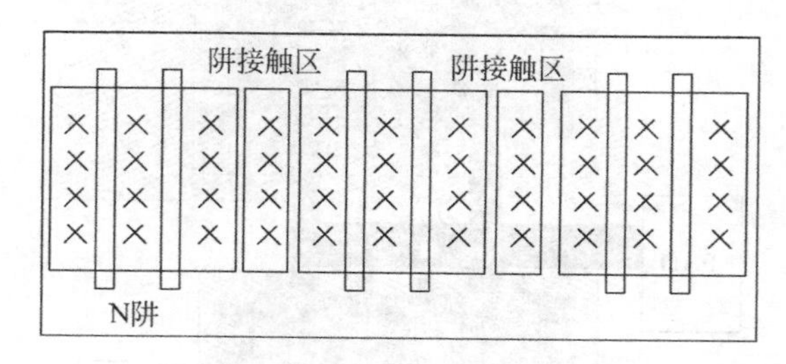


图 2-28 在 N 阱中间设置阱连接区

在一个大的 N 阱中，为了保证寄生二极管反偏还可以采用以下两种方法：①在器件顶部设置阱接触区，如图 2-29 所示。②采用环状阱连接结构，如图 2-30 所示。

以上所有的措施都是为了防止寄生的二极管导通。如果这个二极管导通，它可能成为潜在的芯片损害因素，使 MOS 电路中出现闩锁效应。

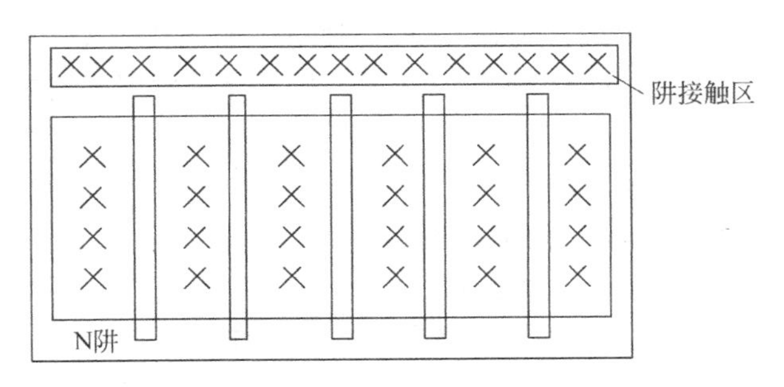


图 2-29 N 阱顶部设置连接区

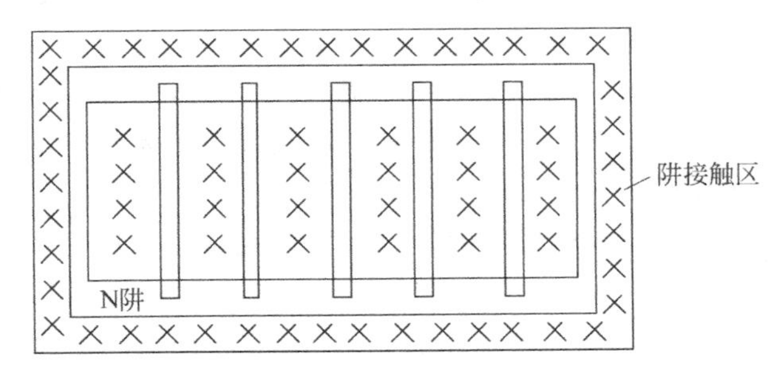


图 2-30 环状阱连接区结构示意图

## 2.2.6 版图保护环

版图保护环的作用有两个：①为了防止 CMOS 集成电路中闩锁效应的发生；②提高场开启电压，防止寄生 MOS 管的导通。

(1)首先简要介绍一下闩锁效应的概念以及产生闩锁效应的基本条件。

闩锁效应是指 CMOS 集成电路中由于寄生效应引起的 Vdd 与 Vss 之间的短路。闩锁效应是 CMOS 集成电路中特有的寄生效应，它通常会破坏芯片的功能，严重时将导致电路的功能失效，甚至烧毁芯片。

这里以简单的 CMOS 反相器为例来说明产生闩锁效应的基本条件以及防止闩锁效应产生的措施。含有寄生元件的 CMOS 反相器的剖面图和寄生元件形成的电路图如图 2-31(a)和(b)所示。

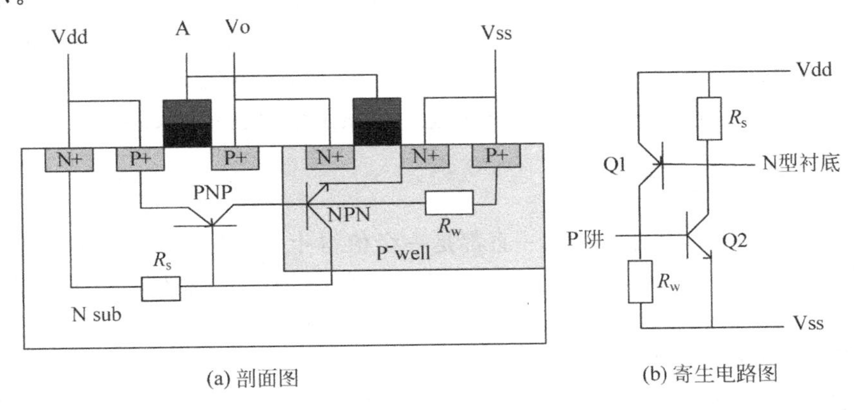


图 2-31 CMOS 反相器寄生元件结构图

CMOS反相器在一定外界因素的触发下，可使寄生的晶体管Q2和Q1相继导通，并在电路中形成一个正反馈环，形成闩锁效应。之后即使外界触发因素消失，正反馈环仍可维持Q2和Q1的导通。

闩锁效应产生的基本条件有以下3个：

① 外界触发因素使两个晶体管的发射极正偏；

② 正反馈的反馈系数$\beta_{PNP}\beta_{NPN}$大于1；

③ 电源提供的最大电流大于寄生电路导通需要的维持电流。

消除闩锁效应的措施有以下几种：

① 改变寄生晶体管基区上金属的掺杂浓度，降低晶体管的电流放大倍数。

② 防止寄生晶体管的发射结正偏。

③ 使用保护环(Guard ring)：$P^+$保护环环绕NMOS管，并与GND相连；$N^+$保护环环绕PMOS管，并与Vdd相连。这样，一方面可以降低寄生晶体管的电流放大倍数，另一方面可以降低$R_w$和$R_s$的阻值。

④ 衬底接触孔尽量靠近NMOS管的源极，阱接触孔尽量靠近PMOS管的源极，以降低$R_w$和$R_s$的阻值。

⑤ 除在I/O处需采取防闩锁效应的措施外，凡与I/O相连的内部MOS管也应加上保护环。

⑥ I/O处尽量不使用PMOS管。

(2) 其次，简单介绍一下场区寄生MOS管。

当一条金属线跨接两个场氧化层时，金属线、场氧化层以及两个氧化层之间的硅衬底就形成了一个寄生的MOS晶体管。当金属线上的电压足够高时，可使下面的硅衬底反型，形成导电沟道，使寄生的MOS管导通，这称为场反型或场开启。提高场开启电压是防止场区寄生MOS管导通的最有效的方法，版图设计上可采用添加沟道隔离环的方法来提高场开启电压。

由上述分析可见，版图保护环可以有效地防止CMOS集成电路中闩锁效应的发生和场区寄生MOS管的导通。集成电路中的版图中保护环被分成两种基本的类型：硬环和软环。硬环是一个完全接触的有源环，在这个环上的金属1层是连续的。软环有一个连续的有源环，但是金属1层可能被信号通路打断。硬环和软环之间的区别由图2-32给出。

为了实现NMOS管或PMOS管与电路中其他器件之间的连接，保护环通常是开放的。图2-33(a)和(b)分别为环绕PMOS管和NMOS管的保护环的版图示意图。PMOS管的保护环位于N阱内，由N Select层、Active层、Metal1层和Active Contact层组成。NMOS管的保护环位于衬底上，由P Select层、Active层、Metal1层和Active Contact层组成。

### 2.2.7 器件匹配

在集成电路设计中，器件的匹配一直都是一个值得十分关注的问题。电路设计上要求器件满足的匹配关系要在版图设计上得到体现。在版图设计上，器件的匹配需要考虑两个方面的问题：①器件放置的位置和方向；②器件本身的设计。

使需要匹配的器件所处的光刻环境一样，称之为匹配。匹配可以分为横向匹配、纵向匹配和中心匹配。实现匹配有3条基本的原则：将匹配的器件放在一起、注意周围器件以

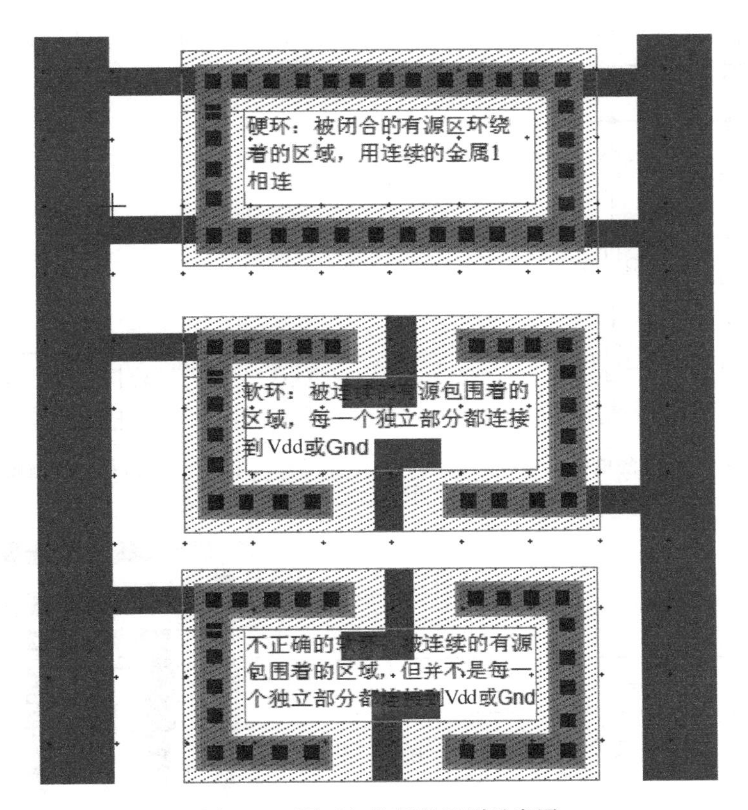


图 2-32　硬环与软环的区别示意图

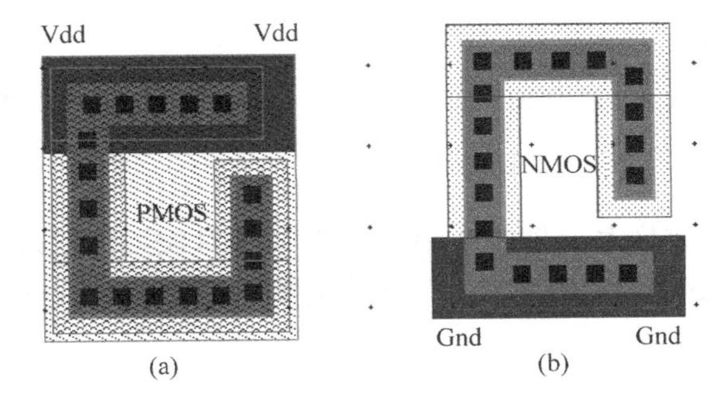


图 2-33　PMOS 管和 NMOS 管的保护环示意图

及匹配的器件必须保持方向一致。

实现器件匹配的方法有以下几种：

**1. 指状交叉法**

指状交叉法是一项非常好且又简单的技术，它不仅适用于电阻，而且还适用于其他任何器件。无论是何种器件，只要是两个或两个以上就可以交叉排列，布线时用上下行走的蛇形线来实现。

举例说明：一个简单的电阻电路如图 2-34 所示，要求实现两串电阻的匹配。这里采用指状交叉的方法来实现电阻的匹配。交叉之后电阻的排列框图如图 2-35 所示，最后的布线结果如图 2-36 所示。布线过程中会出现交叉布线的情况，交叉布线可以用不同的金属层来实现，也可以用多晶硅层和金属层来实现。这里用 Metal1 层和 Metal2 层进行交叉布线，其版图示意图如图 2-37 所示。

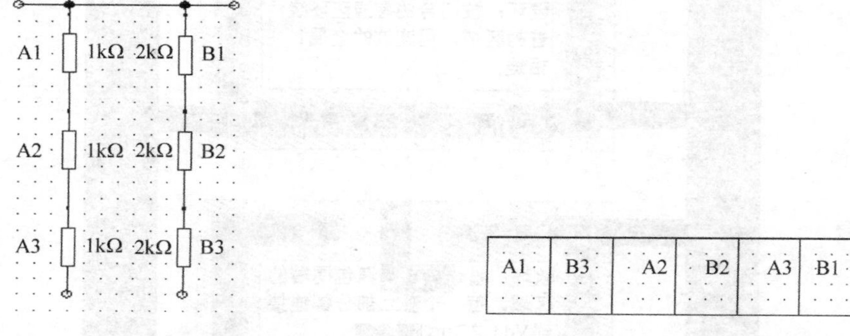

图 2-34　一个简单的电阻电路

图 2-35　指状交叉框图

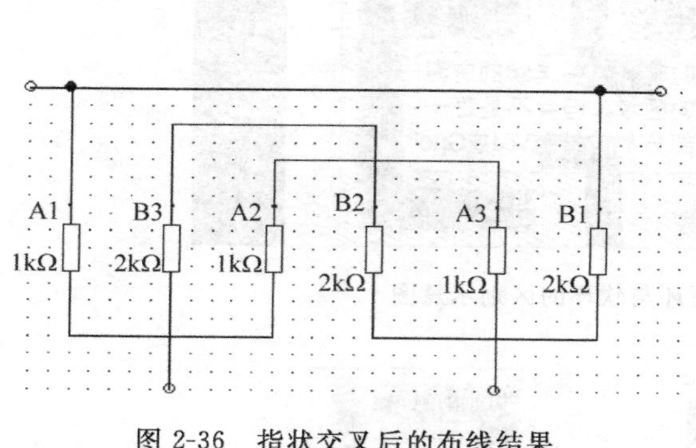

图 2-36　指状交叉后的布线结果

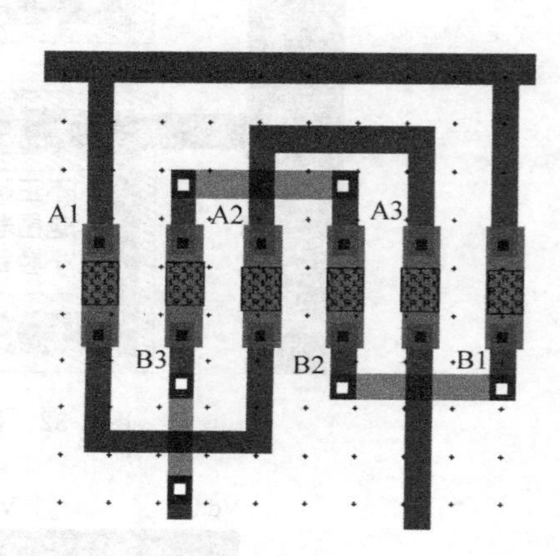

图 2-37　版图示意图

**2. 共心法**

当需要匹配的器件数目大于两个时，在进行布局的时候可以把这些器件围绕一个公共的中心点放置，这种方法称为共心布局法。现有的集成工艺中，共心布局可以有效地降低集成电路中的温度影响和工艺偏差的影响。

共心布局的一些示例如图 2-38 所示。

(a) 2个器件相匹配　(b) 3个器件相匹配　(c) 4个器件相匹配

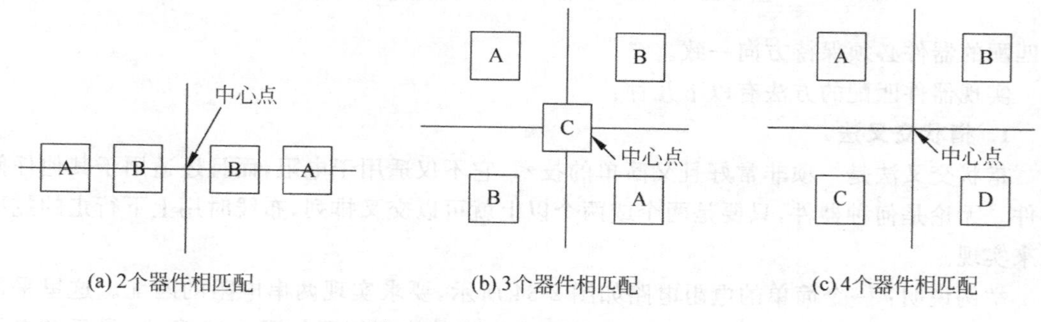

图 2-38　共心布局的一些例子

当需要匹配的器件数目只有 2 个时，可以采用四方交叉的方法来实现共心布局。四方交叉法是指把每一个器件分为两半，然后将它们成对角线放置，并且成对角线放置的两半必须总是形成一个通过中心点的单个器件。举例如图 2-39 所示。

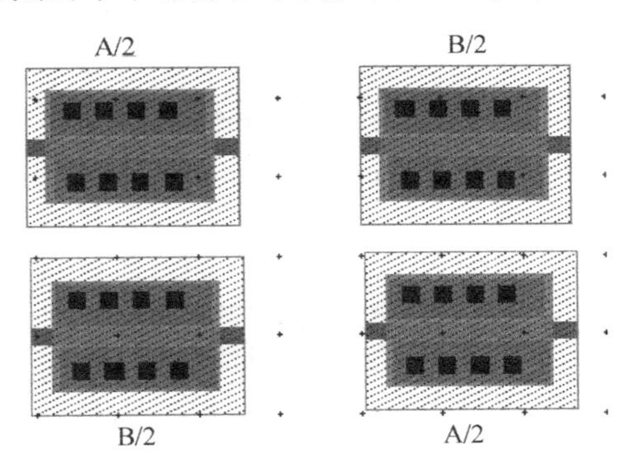


图 2-39 四方交叉法示例版图

四方交叉法还有一种更为简单的形式，它能得到良好的匹配性能。用这种简单的形式绘制的版图不仅能够节省时间，而且还能节约芯片面积，因此把它称为经济型四方交叉法，也叫简单四方交叉法。这一方法采用 A-B-B-A 的线性方式来达到共心布局的目的。举例如图 2-40(a)和(b)所示。

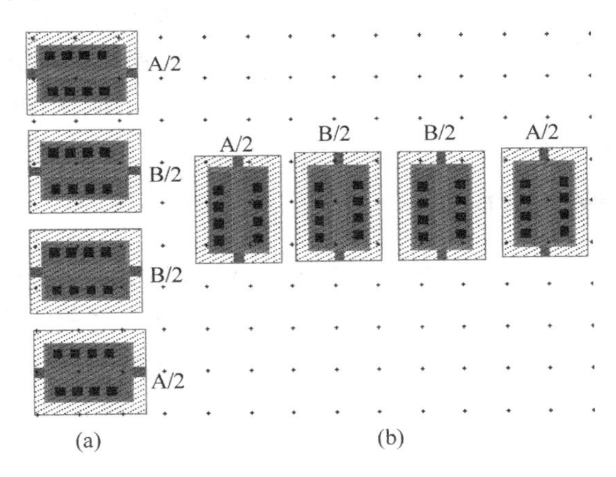


图 2-40 经济型四方交叉法示例版图

**3. 虚拟器件法**

为了进一步改善器件的匹配性能可以在版图中添加虚拟器件，这种方法被称为虚拟器件法(Dummy Device)。

由图 2-40 可以发现，在器件的工艺形成过程中，位于中间的器件所处的环境与位于两边的器件所处的环境有很大差别，这将导致不同的工艺偏差，从而影响到器件的匹配。为了使器件在工艺加工上保持一致，最简单的办法就是在器件的两端分别放置一个虚拟器件，如图 2-41 所示。这些虚拟器件实际上没有与电路中的其他任何器件相连，对电路的功能不起任何作用，但它能够大大缩小器件的工艺偏差，提高器件的匹配性能。

当对器件的匹配性能要求很高时，可以在器件的四周都布满虚拟器件，以保证每个器件的周围环境都一致，如图 2-42 所示。这种方法的缺点是占用的芯片面积大。

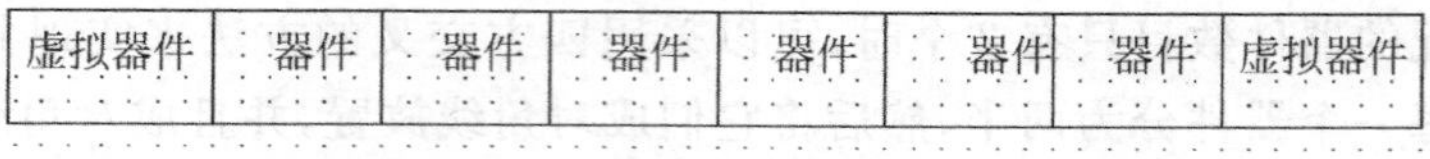

| 虚拟器件 | 器件 | 器件 | 器件 | 器件 | 器件 | 器件 | 虚拟器件 |
|---|---|---|---|---|---|---|---|

图 2-41　加入了虚拟器件的版图示意图

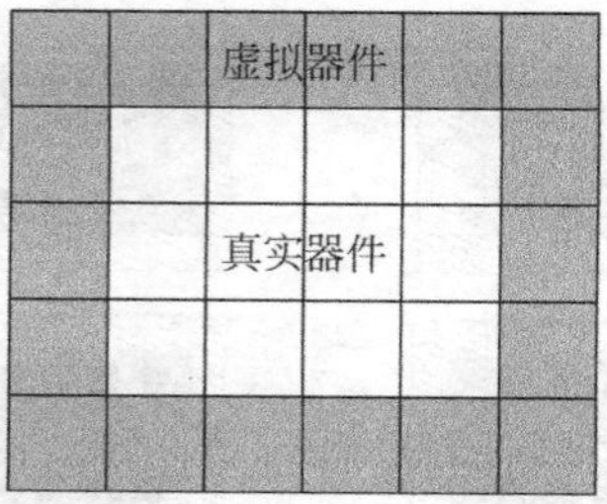

虚拟器件

真实器件

图 2-42　加入了一圈虚拟器件后的示意图

## 2.3　标准单元设计实例

在标准单元设计中，所有的单元都具有相同的高度，标准单元的宽度根据单元的复杂程度不同而不同。每个标准单元都有一个特殊的端口称之为接合端口(Abutment port)，它定义在 Icon/Outline 图层上。接合端口的范围定义了器件的尺寸和位置。

在标准单元中要求所有信号的端口高度都为 0，且信号的端口绕线要经过标准单元的顶部或底部。另外，在标准单元进行自动绕线时，各信号端口都以 Metal2 来进行绕线，也就是说标准单元的信号端口定义在 Metal2 层上。

### 2.3.1　反相器 INV1

在 L-Edit 下打开一个新文件并将其命名为 INV1. tdb 文件。INV1 的版图环境设定与 PMOS 版图的环境设定相同。绘制版图时采用的设计规程名称为 MOSIS/ORBIT 2.0U SCNA Design Rules。INV1 的版图由一个 PMOS 管和一个 NMOS 管构成。

在绘制反向器的过程中需要注意其相关的设计规程，并进行设计规则检查。绘制反相器 INV1 的步骤如下：

**1. 绘制接合端口 Abut**

在 INV1. tdb 文件下，首先选择图层板上的 Icon/Outline 层和绘图工具栏上选择端口工具(A)，然后在绘图区中绘制一个高度为 66 个定标单位，宽度为 18 个定标单位的矩形。

绘制接合端口的过程中会出现如图 2-43 所示的对话框。可在对话框中调整矩形的高度和宽度的值，使之符合设计要求，同时还可在该对话框中设置端口的名称，这里设定端口的名称为 Abut，并设置其显示的位置为左下方，显示的文字大小为 5 个定标单位。

**2. 绘制电源 Vdd 和 Gnd，以及相应的端口**

标准单元中的电源线 Vdd 和地线 Gnd 一般分布在器件的上端和下端，且电源线和地线的高度一般为 8 个定标单位。标准单元中要求所有的电源端口和地线端口的宽度为零。

绘制电源 Vdd 和 Gnd 的方法为：在图层板上选择 Metal1 层，用矩形(Box)工具，分别在 Abut 端口的上方和下方绘制一个宽度为 18 个定标单位，高度为 8 个定标单位的矩形。

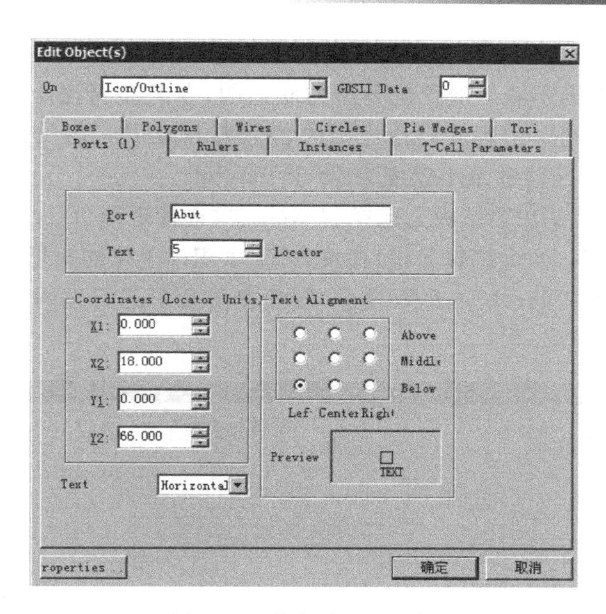


图 2-43　接合端口对话框

绘制完成后，选中绘制的矩形框，使用 Edit Object(s)工具( )对绘制的矩形进行编辑，使其高度和宽度符合设计要求。

绘制电源端口的方法为：在图层板上选择 Metal1 层，用端口(Port)工具，分别在电源线 Vdd 矩形窗口和地线 Gnd 矩形窗口的左右两侧拖曳出一个纵向为 8 个定标单位的直线，随之出现的对话框如图 2-44 所示(以电源线 Vdd 左侧端口为例)。在对话框中设定电源 Vdd 的端口名称为 Vdd，显示的位置为左下方，显示的文字大小为 5 个定标单位。

绘制完成后的布局图如图 2-45 所示。

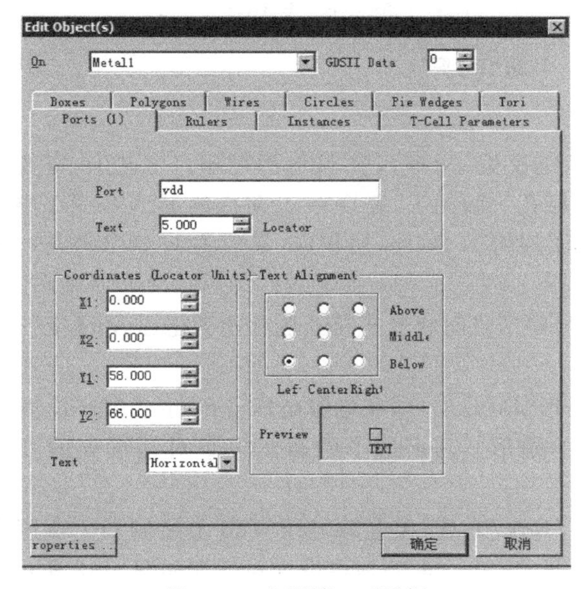


图 2-44　电源端口对话框

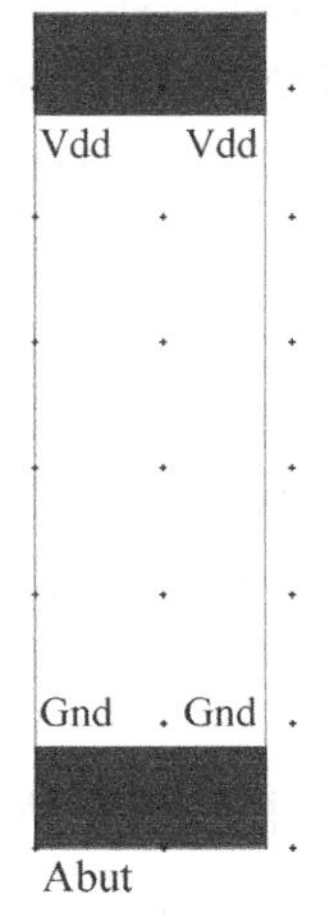


图 2-45　绘制电源线和地线以及电源端口和地线端口之后的布局图

**3. 绘制 N well 层**

由于 L-Edit 的编辑环境是预设在 P 型衬底上的，在 P 型衬底上制作 PMOS 的第一步就是绘制 N 阱区。本例中用到的设计规则的名称为 MOSIS/ORBIT 2.0U SCNA Design Rules。其中规定绘制 N 阱的最小宽度为 10 个 Lambda。

N 阱的绘制方法为：在图层板上选择 N well 层，选择矩形(Box)工具，在 Abut 端口的上半部绘制一个高度为 38 个定标单位，宽度为 24 个定标单位的矩形。绘制完成后，选中绘制的矩形框，使用 Edit Object(s)工具( )对绘制的矩形进行编辑，使其高度和宽度符合设计要求，如图 2-46 所示。

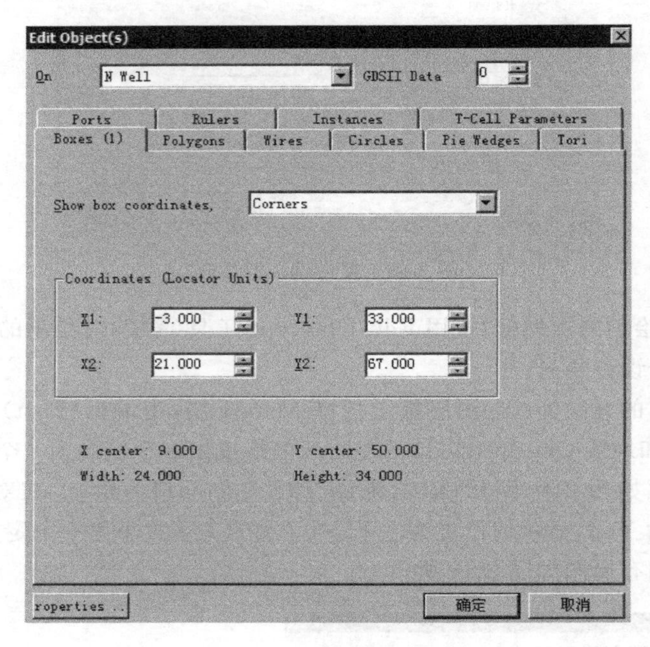


图 2-46 N 阱编辑窗口

**4. 绘制 N 阱节点**

为了保证 N 阱与 P 型衬底之间的 PN 结反偏，须将 N 阱接电源电压。工艺上，需要在 N 阱内进行一次 N 型扩散，以形成欧姆接触孔。版图上，需要在 N 阱内绘制 N Select 层及 Active 层，并用 Active Contact 层将 Metal1 层将 N Select 层相连，最后将 N 阱节点与电源电压 Vdd 相连。

为了节省芯片面积，在绘制 INV1 的 N 阱节点时将其直接绘制在电源电压 Vdd 上。具体的绘制方法为：

① 在图层板上选择 N Select 层，用矩形(Box)工具，在电源电压 Vdd 上绘制一个宽度为 7 个定标单位，高度为 10 个定标单位的矩形。其多边形的顶点设置对话框如图 2-47 所示。

② 在图层板上选择 Active 层，用矩形(Box)工具，在电源电压 Vdd 上绘制一个宽度为 14 个定标单位，高度为 6 个定标单位的矩形。其多边形的顶点设置对话框如图 2-48 所示。

③ 在图层板上选择 Active Contact 层，用矩形(Box)工具，在 N Select 层和 Active 层上绘制一个宽度为 2 个定标单位，高度为 2 个定标单位的矩形。

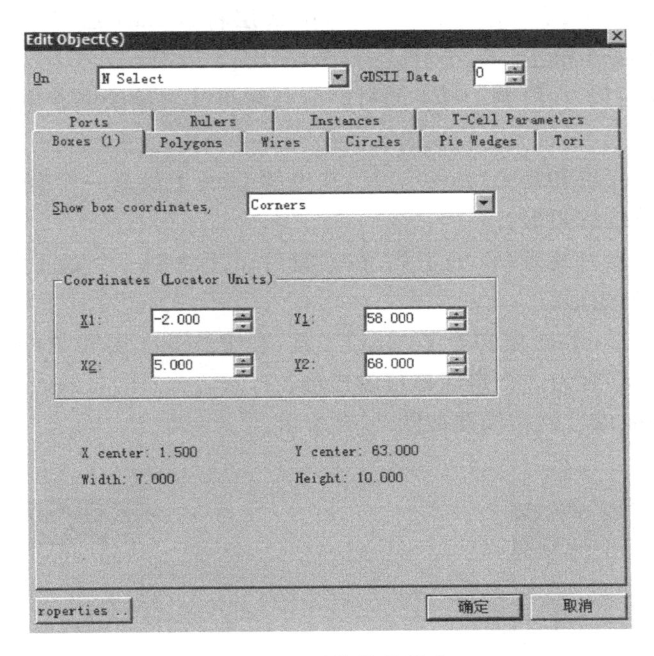


图 2-47　N 型扩散编辑窗口

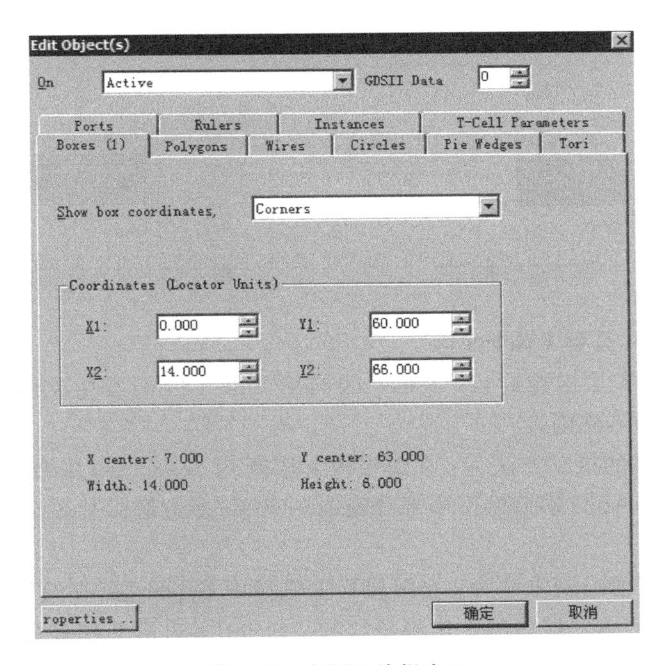


图 2-48　有源区编辑窗口

N 阱节点绘制完成后的布局图如图 2-49 所示。

**5. 绘制衬底节点**

同样地，为了保证 N 阱与 P 型衬底之间的 PN 结反偏，须将 P 型衬底接地电压。工艺上，需要在 P 型衬底上进行一次 P 型扩散，以形成欧姆接触孔。版图上，需要在 P 型衬底上绘制 P Select 层及 Active 层，并用 Active Contact 层将 Metal1 层将 P Select 层相连，最后将衬底节点与电源 Gnd 相连。

为了节省芯片面积，在绘制 INV1 的衬底节点时将其直接绘制在电源 Gnd 上。具体的绘制方法为：

① 选择 N Select 层和矩形(Box)工具，在电源 Gnd 上绘制一个宽度为 7 个定标单位，高度为 10 个定标单位的矩形。

② 选择 Active 层和矩形(Box)工具，在电源 Gnd 上绘制一个宽度为 14 个定标单位，高度为 6 个定标单位的矩形。

③ 选择 Active Contact 层和矩形(Box)工具，在 P Select 层和 Active 层上绘制一个宽度为 2 个定标单位，高度为 2 个定标单位的矩形。

衬底节点绘制完成后的布局图如图 2-50 所示。

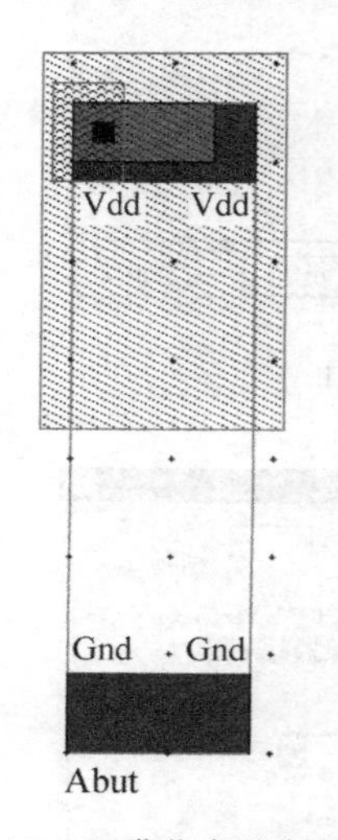


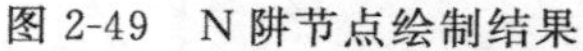

图 2-49 N 阱节点绘制结果

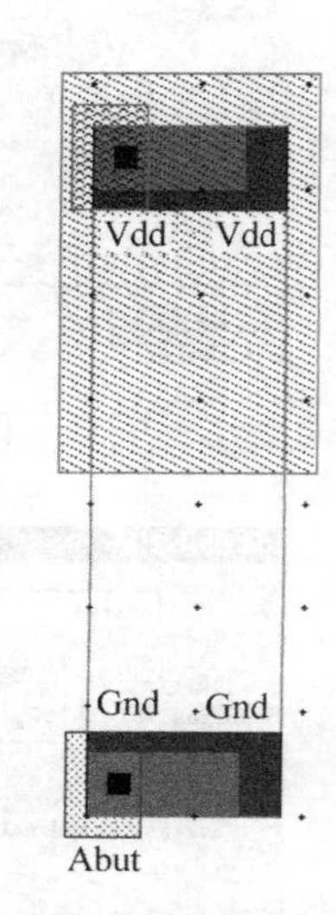


图 2-50 衬底节点绘制结果

**6. 绘制 N Select 区和 P Select 区**

为了保证标准单元相连时，N Select 区与 P Select 区不发生交叠，N Select 图形和 P Select 图形上较为不规则。

N Select 扩散区的绘制方法为：在图层板上选择 N Select 层，在绘图工具栏上选择 90°多边形绘图工具，在 Abut 端口的下半部分绘制一个 90°多边形。其多边形的顶点设置对话框如图 2-51 所示。

P Select 扩散区的绘制方法为：在图层板上选择 P Select 层，在绘图工具栏上选择 90°多边形绘图工具，在 Abut 端口的上半部分绘制一个 90°多边形。其多边形的顶点设置对话框如图 2-52 所示。

绘制完成后的布局图如图 2-53 所示。

**7. 绘制 NMOS 有源区和 PMOS 有源区**

由于 N Select 图形和 P Select 图形都较为不规则，因此 NMOS 管和 PMOS 管的有源区也不规则。

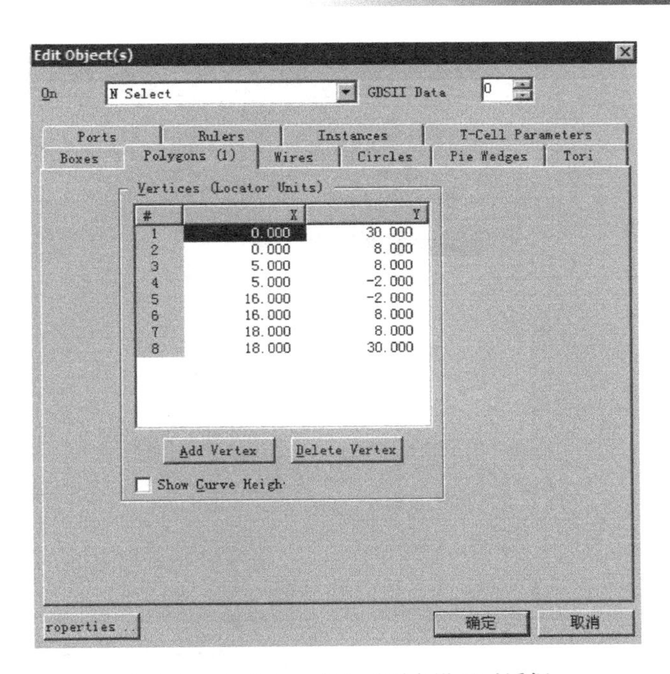


图 2-51 N Select 多边形顶点设置对话框

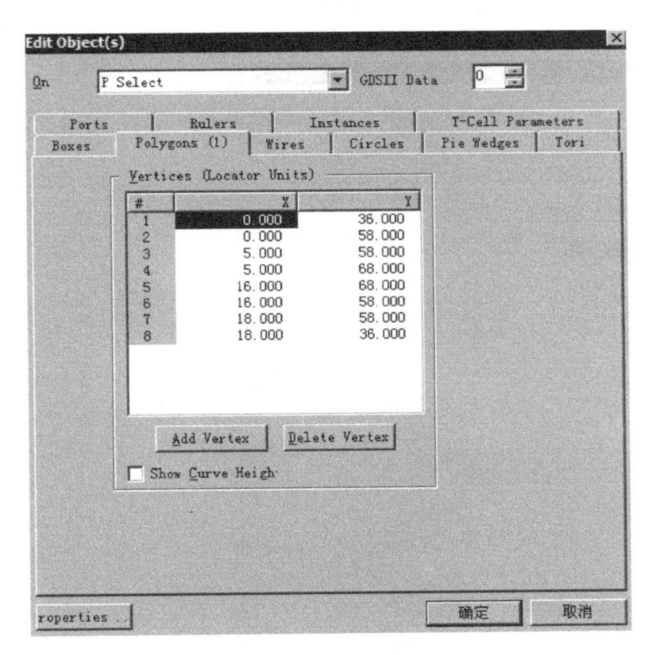

图 2-52 P Select 多边形顶点设置对话框

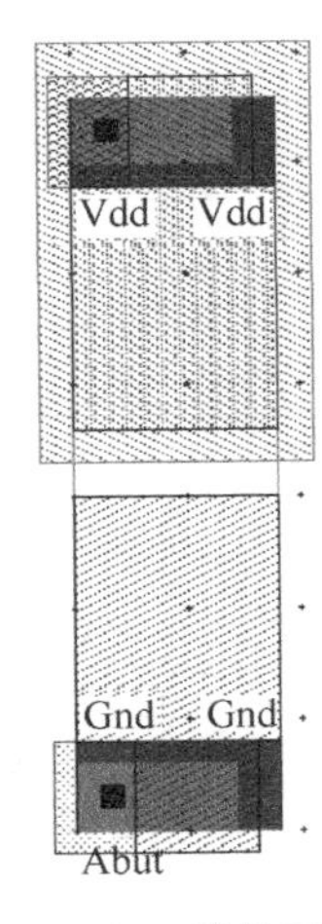


图 2-53 N Select 扩散区和 P Select 扩散区绘制后的结果

NMOS 有源区和 PMOS 有源区的绘制方法为：在图层板上选择 Active 层，在绘图工具栏上选择 90°多边形绘图工具，在 Abut 端口的下半部和上半部分别绘制一个 90°多边形。NMOS 有源区多边形顶点对话框和 PMOS 有源区多边形顶点对话框分别如图 2-54 和图 2-55 所示。

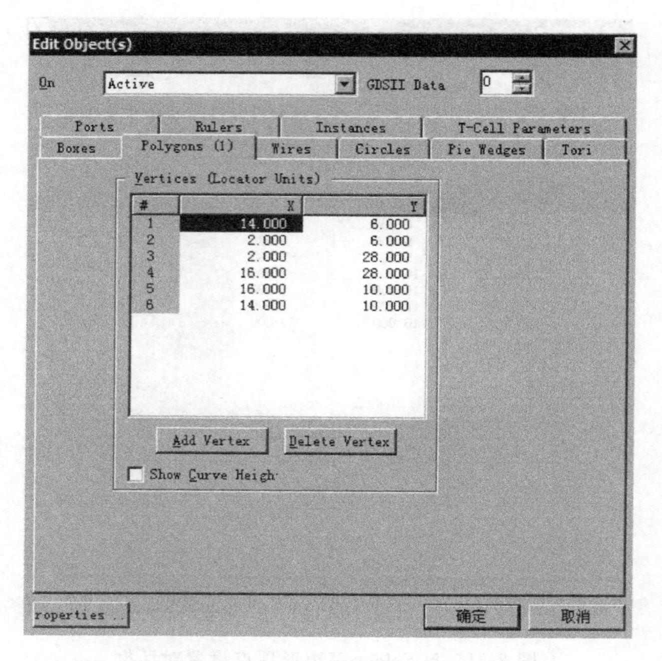


图 2-54 NMOS 有源区多边形顶点设置对话框

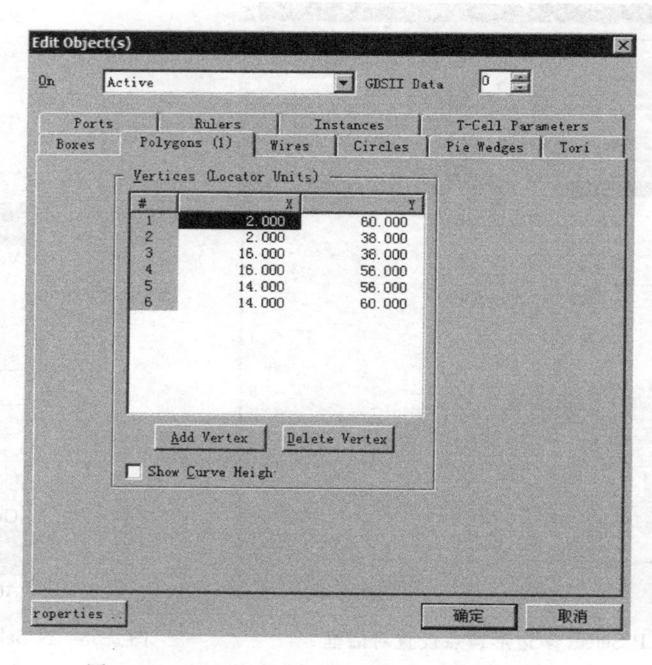


图 2-55 PMOS 有源区多边形顶点设置对话框

绘制完成后的布局图如图 2-56 所示。

**8. 绘制多晶硅图层**

Poly 层与 Active 层的交叠处形成 MOS 管的栅极。多晶硅层绘制完成后的布局图如图 2-57 所示。

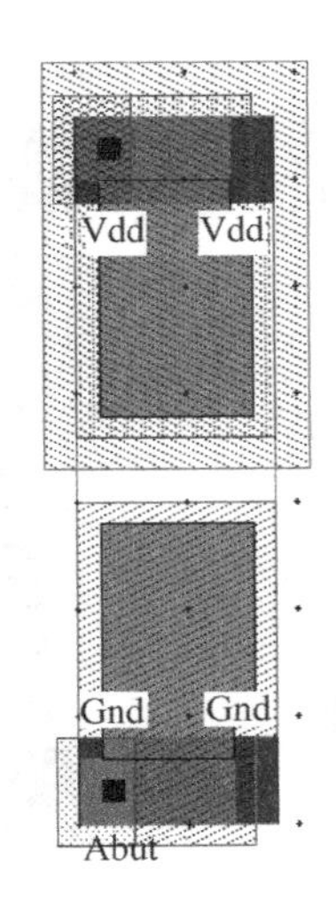


图 2-56 NMOS 管和 PMOS 管的有源区绘制后的结果

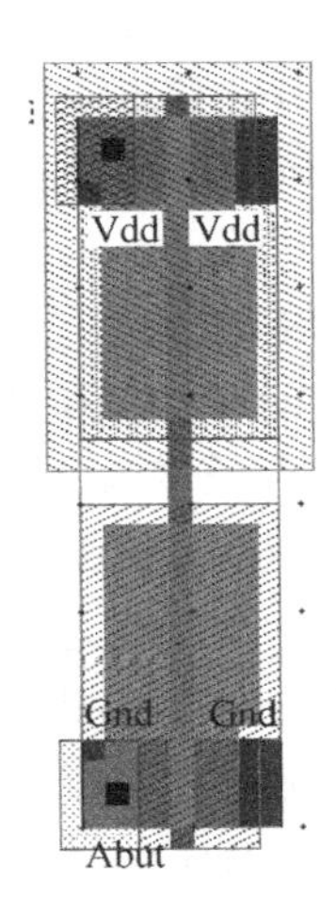


图 2-57 多晶硅绘制后的结果

**9. 绘制 INV1 的输入端口**

绘制输入端口的方法为：

① 选择 Poly 层和 Box 工具，在 Abut 内绘制一个宽度为 5 个定标单位，高度为 6 个定标单位的矩形。

② 选择 Metal1 层和 Box 工具，在 Abut 内绘制一个宽度 5 个定标单位，高度为 13 个定标单位的矩形，使之与刚才绘制的 Poly 矩形部分重合。

③ 选择 Poly Contact 层，在 Poly 和 Metal1 重合的区域绘制一个长度为 2 个定标电位的正方形。

④ 选择 Metal2 层和 Box 工具，在 Metal1 的另一端绘制一个长度为 4 个定标单位的正方形。

⑤ 选择 Via 层和 Box 工具，在 Metal1 和 Metal2 重合的区域绘制一个长度为 2 个定标单位的正方形。

⑥ 选择 Metal2 层和 Port 工具，在 Metal2 上绘制一个宽度为 4 个定标单位的直线，在弹出的对话框中设定端口名称为 A，显示的文字大小为 5 个定标单位，端口名称显示在端口的左下方。

INV1 的输入端口绘制完成后的布局图如图 2-58 所示。

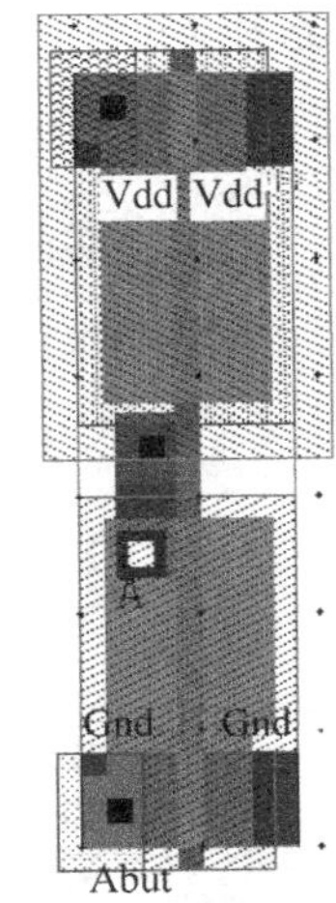


图 2-58 输入端口绘制后的结果

**10. 连接 NMOS 和 PMOS 的漏极并绘制输出端口**

为了方便连线，将 NMOS 管的右侧扩散区和 PMOS 管的右侧扩散区视为它们各自的漏极。用 Metal1 层将 NMOS 管和 PMOS 管的漏极连接在一起，用 Active Contact 层实现 Metal1 层与 Active 层之间的相连。

(1) 连接 NMOS 和 PMOS 漏极

首先，选择 Metal1 层和 Box 工具，在两个 MOS 管的漏极区域绘制一个宽度为 4 个定标单位，高度为 44 个定标单位的矩形。

其次，选择 Active Contact 层分布在 NMOS 和 PMOS 中 Active 层与 Metal1 层重叠的区域分别绘制 4 个长度为 2 个定标单位的正方形。

(2) 绘制输出端口

首先，选择 Metal2 层和 Box 工具，在刚才绘制的 Metal1 层上绘制一个长度为 4 个定标单位的正方形。

其次，选择 Via 层和 Box 工具，在 Metal2 层与 Metal1 层重叠的区域绘制一个长度为 2 个定标单位的正方形。

再次，选择 Metal2 层和 Port 工具，在 Metal2 层上绘制一条宽度为 4 个定标单位的直线，并在弹出的对话框中设置端口的名称为 OUT，显示的文字大小为 5 个定标单位，端口名称显示在端口的左下方。

绘制完成之后的布局图如图 2-59 所示。

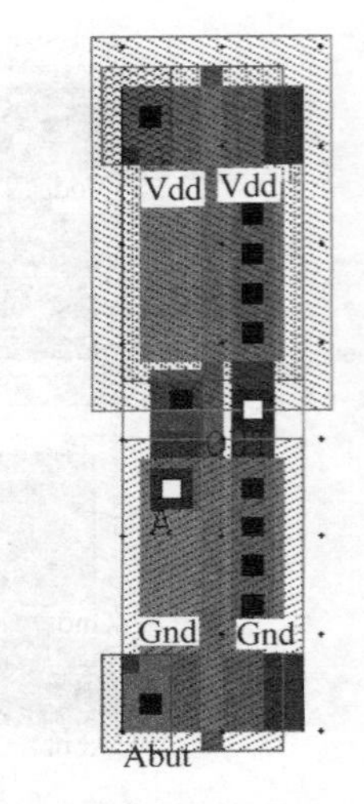


图 2-59 漏接连接和输出端口绘制后的结果

**11. 连接 NMOS 管和 PMOS 管的源极**

反相器 INV 电路中，NMOS 管的源极接 Gnd，PMOS 管的源极接 Vdd。由于 PMOS 管和 NMOS 管的左侧分布存在一个 PN 结（N Select 区与 P Select 区的相连处）。把两个 MOS 管的源极都设置在左侧区域可使这两个 PN 结都处于零偏状态，不影响反相器的正常工作。

(1) 绘制 NMOS 管的源极

首先，选择 Metal1 层和 Box 工具，在 NMOS 管的左侧绘制一个宽度为 4 个定标单位，高度为 12 个定标单位的矩形。

其次，选择 Active Contact 层和 Box 工具，在 Metal1 层和 Active 层重叠的区域绘制 3 个长度为 2 个定标单位的正方形。

(2) 绘制 PMOS 管的源极

首先，选择 Metal1 层和 Box 工具，在 PMOS 管的左侧绘制一个宽度为 4 个定标单位，高度为 19 个定标单位的矩形。

其次，选择 Active Contact 层和 Box 工具，在 Metal1 层和 Active 层重叠的区域绘制 4 个长度为 2 个定标单位的正方形。

至此反相器 INV1 的版图绘制完成，结果如图 2-60 所示。

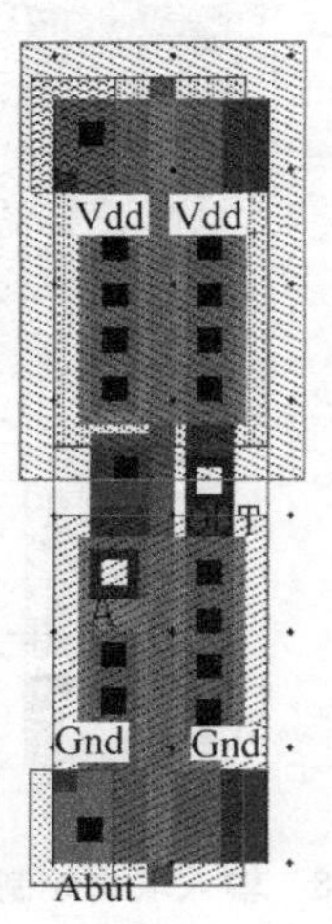


图 2-60 反相器 INV1 的完整版图

## 2.3.2 2 输入与非门 NAND2

绘制 2 输入与非门时需要绘制两个 NMOS 管和两个 PMOS 管，其版图的绘制步骤与反相器 INV1 的类似，这里只简单描述。

在 L-Edit 下打开一个新文件并将其命名为 NAND2. tdb 文件。NAND2 的版图环境设定与 PMOS 版图的环境设定相同。绘制版图时采用的设计规程名称为 MOSIS/ORBIT 2.0U SCNA Design Rules。

在绘制二输入与非门的过程中需要注意其相关的设计规程，并进行设计规则检查。绘制 NAND2 的步骤如下：

(1) 绘制接合端口 Abut

在 NAND2.tdb 文件下，选择 Icon/Outline 层和端口工具( A )，在绘图区中绘制一个高度为 66 个定标单位，宽度为 26 个定标单位的矩形。这里设定端口的名称为 Abut，并设置其显示的位置为左下方，显示的文字大小为 5 个定标单位。

(2) 绘制电源 Vdd 和 Gnd，以及相应的端口

绘制电源 Vdd 和 Gnd 的方法为：选择 Metal1 层和矩形(Box)工具，分别在 Abut 端口的上方和下方绘制一个宽度为 26 个定标单位，高度为 8 个定标单位的矩形。

绘制电源端口的方法为：在图层板上选择 Metal1 层，用端口(Port)工具，分别在电源线 Vdd 矩形窗口和地线 Gnd 矩形窗口的左右两侧拖拽出一个纵向为 8 个定标单位的直线，在弹出的对话框中分别设定电源 Vdd 的端口名称为 Vdd，电源 Gnd 的端口名称为 Gnd，并设定端口名称显示的位置和文字大小。

(3) 绘制 N well 层

N 阱的绘制方法为：选择 N well 层和矩形(Box)工具，在 Abut 端口的上半部绘制一个高度为 38 个定标单位，宽度为 32 个定标单位的矩形。

(4) 绘制 N 阱节点

为了保证 N 阱-P 型衬底之间的 PN 结反偏，须将 N 阱接电源电压。为了节省芯片面积，在绘制 NAND2 的 N 阱节点时将其直接绘制在电源电压 Vdd 上。具体的绘制方法为：

① 选择 N Select 层和矩形(Box)工具，在电源电压 Vdd 两侧分别绘制一个宽度为 7 个定标单位，高度为 10 个定标单位的矩形。

② 选择 Active 层和矩形(Box)工具，在电源电压 Vdd 两端分别绘制一个宽度和高度为 6 个定标单位的矩形。

③ 选择 Active Contact 层和矩形(Box)工具，在 N Select 层和 Active 层上分别绘制一个长度为 2 个定标单位的正方形。

(5) 绘制衬底节点

为了节省芯片面积，在绘制 NAND2 的衬底节点时将其直接绘制在电源 Gnd 上。具体的绘制方法为：

① 选择 N Select 层和矩形(Box)工具，在电源 Gnd 上绘制一个宽度为 7 个定标单位，高度为 10 个定标单位的矩形。

② 选择 Active 层和矩形(Box)工具，在电源 Gnd 上绘制一个宽度和高度为 6 个定标单位的矩形。

③ 选择 Active Contact 层和矩形(Box)工具，在 P Select 层和 Active 层上绘制一个长度为 2 个定标单位的正方形。

绘制完成的布局图如图 2-61 所示。

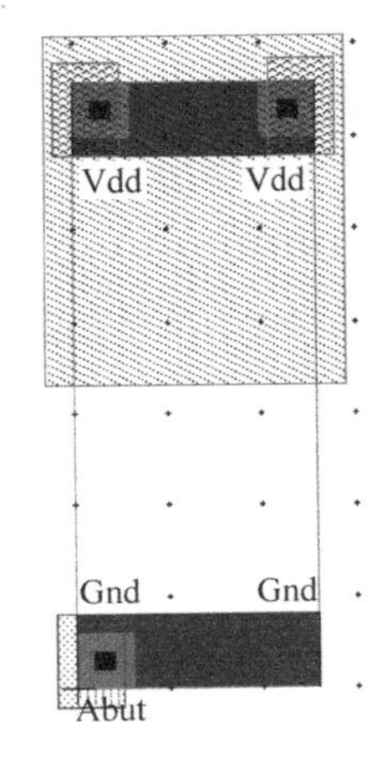


图 2-61　绘制衬底节点之后的结果

(6) 绘制 N Select 区和 P Select 区

为了保证标准单元相连时，N Select 区与 P Select 区不发生交叠，N Select 图形和 P Select 图形上较为不规则。

N Select 扩散区的绘制方法为：选择 N Select 层和 90°多边形工具，在 Abut 端口的下半部分绘制一个 90°多边形。其多边形的顶点设置对话框如图 2-62 所示。

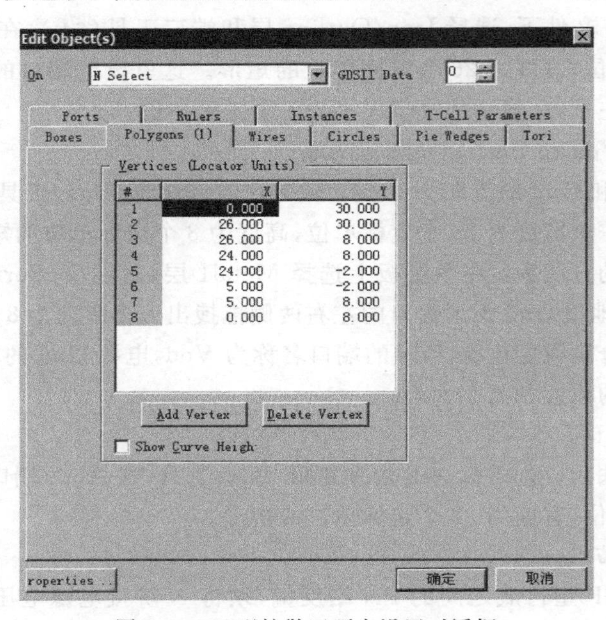


图 2-62　N 型扩散区顶点设置对话框

P Select 扩散区的绘制方法为：选择 P Select 层和 90°多边形绘图工具，在 Abut 端口的上半部分绘制一个 90°多边形。其多边形的顶点设置对话框如图 2-63 所示。

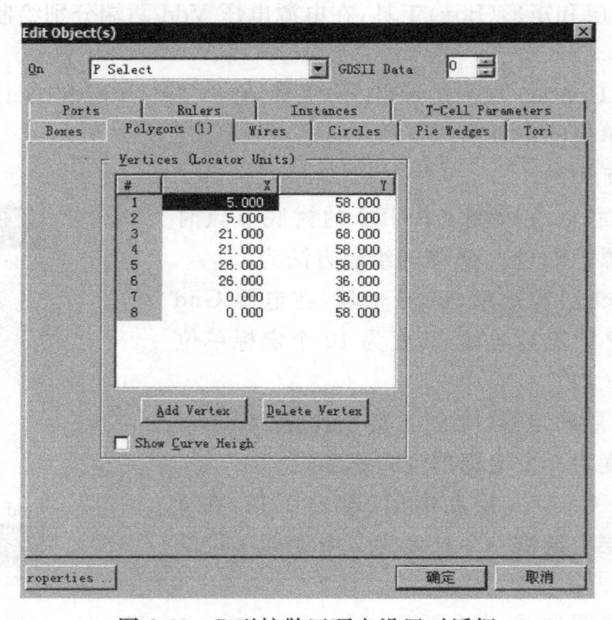


图 2-63　P 型扩散区顶点设置对话框

绘制完成之后的版图如图 2-64 所示。

(7) 绘制 NMOS 有源区和 PMOS 有源区

PMOS 有源区的绘制方法为：选择 Active 层和 Box 工具，在 Abut 端口的上半部绘制一个宽度为 22 个定标单位，高度为 28 个定标单位的矩形。

NMOS 有源区的绘制方法为：选择 Active 层和 90°多边形工具，在 Abut 端口的下半部绘制一个 90°多边形。NMOS 有源区多边形顶点对话框如图 2-65 所示。

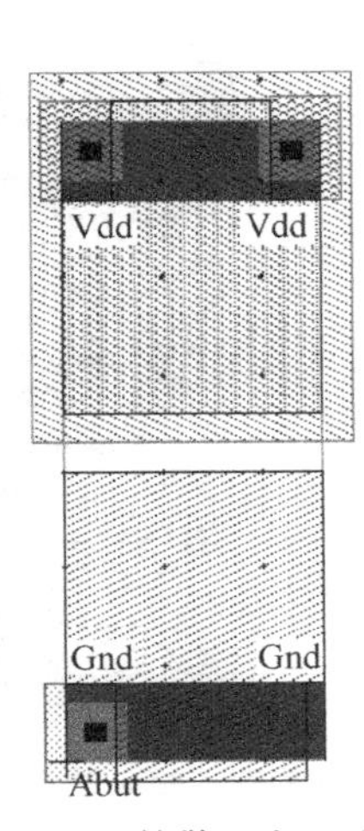


图 2-64　N 型扩散区和 P 型扩散区绘制完成之后的结果

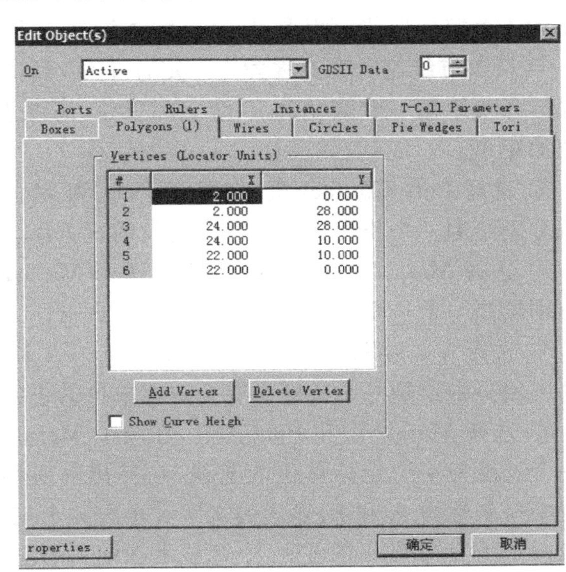


图 2-65　NMOS 有源区的顶点设置对话框

绘制完成后的布局图如图 2-66 所示。

(8) 绘制多晶硅图层

Poly 层与 Active 层的交叠处形成 MOS 管的栅极。多晶硅层绘制完成后的布局图如图 2-67 所示。

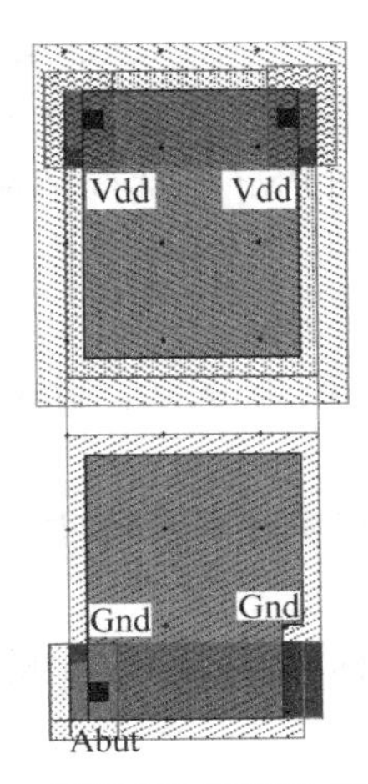


图 2-66　有源区绘制完成之后的结果

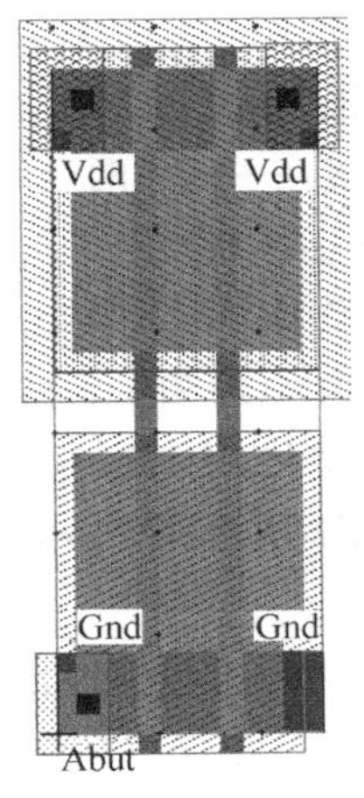


图 2-67　多晶硅绘制完成之后的结果

(9) 绘制 NAND2 的输入端口

NAND2 共有两个输入端，设定输入端口的名称分别为 A 和 B。绘制 NAND2 输入端口的方法为：

① 选择 Poly 层和 Box 工具，在两条多晶硅上分别绘制一个宽度为 6 个定标单位和高度为 6 个定标单位的矩形。

② 选择 Metal1 层和 Box 工具，首先，在左侧多晶硅条上绘制一个宽度 6 个定标单位，高度为 4 个定标单位的矩形，使之与刚才绘制的 Poly 矩形部分重合。然后，再在刚绘制的 Metal1 层上方绘制一个宽度为 4 个定标单位，高度为 8 个定标单位的矩形。最后，在右侧多晶硅条上绘制一个宽度为 10 个定标单位，高度为 4 个定标单位的矩形。

③ 选择 Poly Contact 层，在两个 Poly 和 Metal1 重合的区域分别绘制一个长度为 2 个定标电位的正方形。

④ 选择 Metal2 层和 Box 工具，在两个 Metal1 层的另一端分别绘制一个长度为 4 个定标单位的正方形。

⑤ 选择 Via 层和 Box 工具，在两个 Metal1 和 Metal2 重合的区域分别绘制一个长度为 2 个定标单位的正方形。

⑥ 选择 Metal2 层和 Port 工具，在两个 Metal2 上分别绘制一个长度为 4 个定标单位的直线，在弹出的对话框中分别设定端口名称为 A 和 B，显示的文字大小为 5 个定标单位，端口名称 A 显示在端口的左上方，B 显示在端口的左下方。

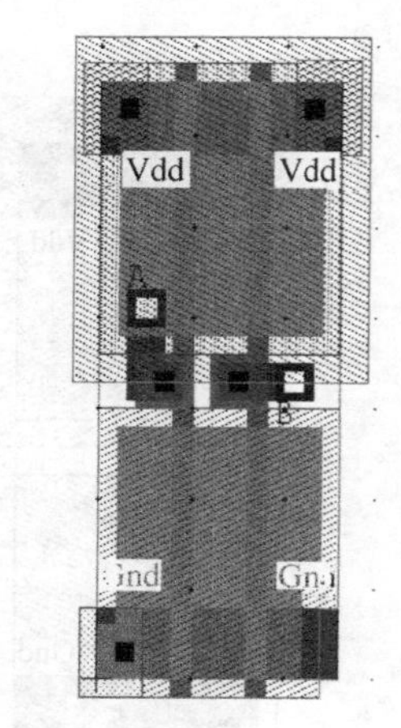

图 2-68 输入端口绘制完成之后的结果

NAND2 的输入端口绘制完成后的布局图如图 2-68 所示。

(10) 绘制 NAND2 的输出端口

NAND2 的电路结构中，两个 NMOS 管是串联的，两个 PMOS 管是并联的。

NAND2 的版图中两个串联的 NMOS 管的连接情况为：左侧 NMOS 管的栅极左侧为该 NMOS 的源极，将其与 Gnd 连接在一起；右侧 NMOS 管的栅极右侧为该 NMOS 的漏极，将其与输出端 OUT 连接在一起；两个 NMOS 管的共用区域既是左侧 NMOS 管的漏极又是右侧 NMOS 管的源极。

NAND2 的版图中两个并联的 PMOS 管的连接情况为：左侧 PMOS 管的栅极左侧为该 PMOS 的源极，将其与 Vdd 连接在一起；右侧 PMOS 管的栅极右侧为该 PMOS 的源极，将其与 Vdd 连接在一起；两个 PMOS 管的共用区域是两个 PMOS 共同的漏极，将其与输出端 OUT 连接在一起。

绘制 NAND2 的输出端口的方法为：

① 在右侧 NMOS 管的漏极和两个 PMOS 管共用的漏极处分别绘制 Metal1 层，再用 Active Contact 层将 Metal1 层与 Active 层连接在一起。

② 用 Metal2 层将两个 Metal1 层连接在一起，用 Via 层实现 Metal1 层和 Metal2 层的连接。

③ 在 Metal2 层上绘制输出端口。设定输出端口的名称为 OUT，显示的文字大小为 5 个定标单位，端口名称显示在端口的左上方。

绘制完成之后的布局图如图 2-69 所示。

(11) 连接 NMOS 管和 PMOS 管的源极

绘制 NMOS 管和 PMOS 管的源极的方法为：用 Metal1 层将左侧 NMOS 管的源极与 Gnd 连接在一起，将两个 PMOS 管的源极与 Vdd 连接在一起，再用 Active Contact 层将 Metal1 层与 Active 层连接在一起。

至此 NAND2 的版图绘制完成，结果如图 2-70 所示。

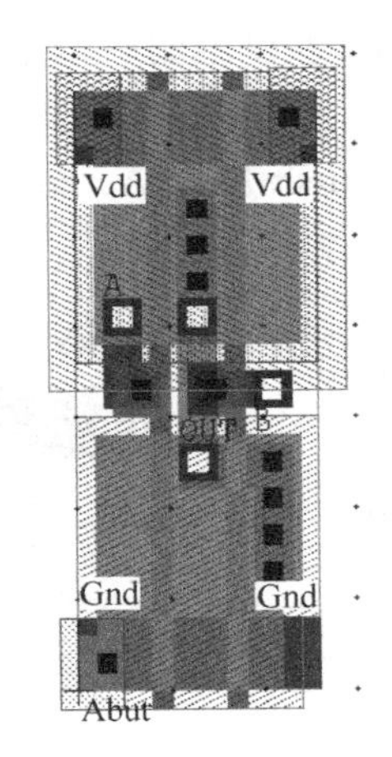


图 2-69　输出端口绘制完成之后的结果

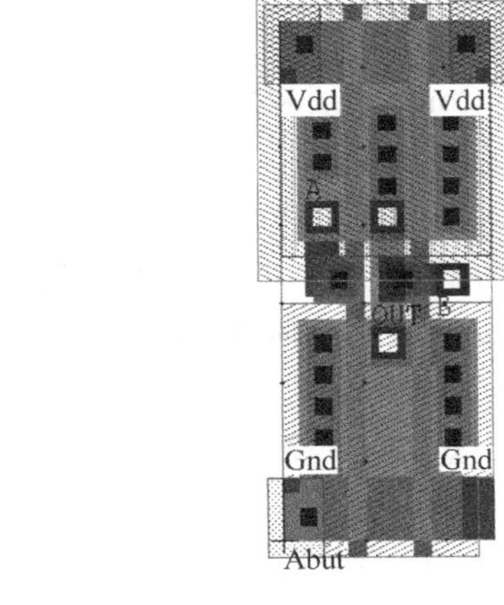


图 2-70　NAND2 绘制完成之后的结果

### 2.3.3　2 输入或非门 NOR2

在 L-Edit 下打开一个新文件并将其命名为 NOR2. tdb 文件。NOR2 的版图环境设定与 PMOS 版图的环境设定相同。

在绘制二输入或非门的过程中需要注意其相关的设计规程，并进行设计规则检查。绘制 NOR2 的步骤如下：

(1) 绘制接合端口 Abut

在 NOR2. tdb 文件下，选择 Icon/Outline 层和端口工具( A )，在绘图区中绘制一个高度为 66 个定标单位，宽度为 26 个定标单位的矩形。这里设定端口的名称为 Abut，并设置其显示的位置为左下方，显示的文字大小为 5 个定标单位。

(2) 绘制电源 Vdd 和 Gnd，以及相应的端口

绘制电源 Vdd 和 Gnd 的方法为：选择 Metal1 层和矩形(Box)工具，分别在 Abut 端口的上方和下方绘制一个宽度为 26 个定标单位，高度为 8 个定标单位的矩形。

绘制电源端口的方法为：选择 Metal1 层和端口(Port)工具，分别在电源线 Vdd 矩形窗口和地线 Gnd 矩形窗口的左右两侧拖曳出一个纵向为 8 个定标单位的直线，在弹出的对话框中分别设定电源 Vdd 的端口名称为 Vdd，电源 Gnd 的端口名称为 Gnd，并设定端口名称显示的位置和文字大小。

(3) 绘制 N well 层

N 阱的绘制方法为：选择 N well 层和矩形(Box)工具，在 Abut 端口的上半部绘制一个高度为 38 个定标单位，宽度为 32 个定标单位的矩形。

(4) 绘制N阱节点

为了保证N阱-P型衬底之间的PN结反偏，须将N阱接电源电压。为了节省芯片面积，在绘制NOR2的N阱节点时将其直接绘制在电源电压Vdd上。具体的绘制方法为：

① 选择N Select层和矩形(Box)工具，在电源电压Vdd左侧绘制一个宽度为7个定标单位，高度为10个定标单位的矩形。

② 选择Active层和矩形(Box)工具，在电源电压Vdd左侧绘制一个宽度和高度为6个定标单位的矩形。

③ 选择Active Contact层和矩形(Box)工具，在N Select层和Active层上绘制一个长度为2个定标单位的正方形。

(5) 绘制衬底节点

为了节省芯片面积，在绘制NOR2的衬底节点时将其直接绘制在电源Gnd上。具体的绘制方法为：

① 选择N Select层和矩形(Box)工具，在电源Gnd的两侧分别绘制一个宽度为7个定标单位，高度为10个定标单位的矩形。

② 选择Active层和矩形(Box)工具，在电源Gnd的两侧分别绘制一个宽度和高度为6个定标单位的矩形。

③ 选择Active Contact层和矩形(Box)工具，在P Select层和Active层上绘制一个长度为2个定标单位的正方形。

绘制完成的布局图如图2-71所示。

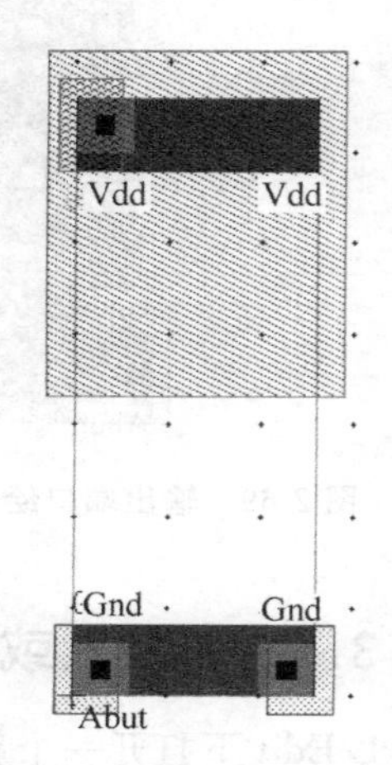


图2-71 绘制衬底节点之后的结果

(6) 绘制N Select区和P Select区

N select扩散区的绘制方法为：选择N Select层和90°多边形工具，在Abut端口的下半部分绘制一个90°多边形。N Select区多边形顶点设置对话框如图2-72所示。

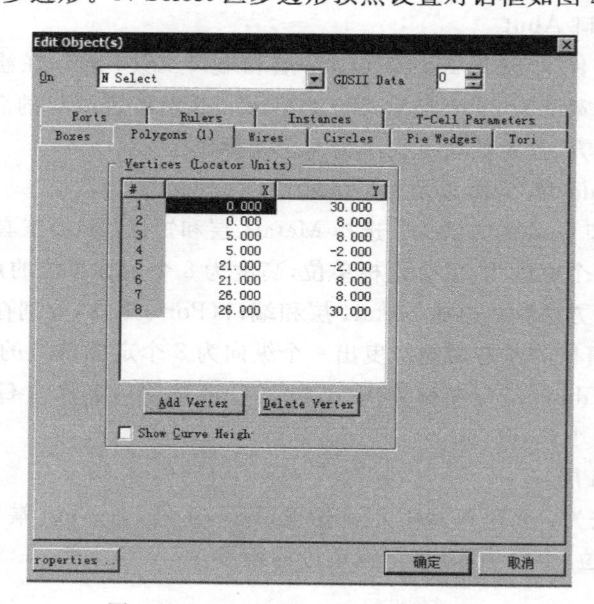


图2-72 N型扩散区顶点设置对话框

P Select 扩散区的绘制方法为：选择 P Select 层和 90°多边形工具，在 Abut 端口的上半部分绘制一个 90°多边形。P Select 区多边形顶点设置对话框如图 2-73 所示。

绘制完成之后的版图如图 2-74 所示。

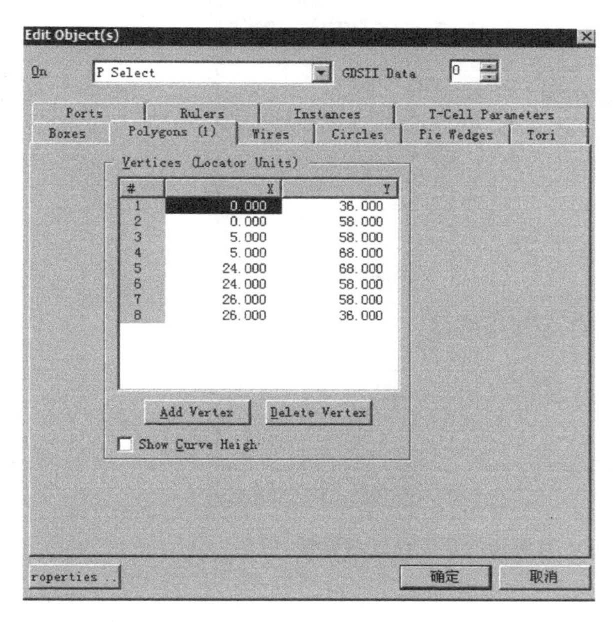


图 2-73　P 型扩散区顶点设置对话框

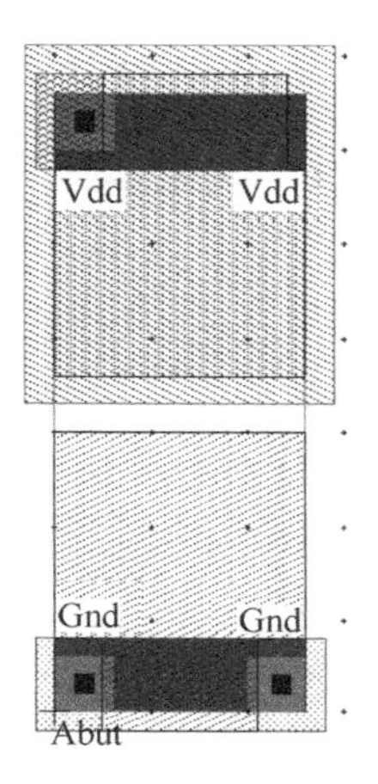


图 2-74　N 型扩散区和 P 型扩散区绘制完成之后的结果

(7) 绘制 NMOS 有源区和 PMOS 有源区

NMOS 有源区的绘制方法为：选择 Active 层和 Box 工具，在 Abut 端口的下半部绘制一个宽度为 22 个定标单位，高度为 28 个定标单位的矩形。

PMOS 有源区的绘制方法为：选择 Active 层和 90°多边形工具，在 Abut 端口的上半部绘制一个 90°多边形。NMOS 有源区多边形顶点对话框如图 2-75 所示。

绘制完成后的布局图如图 2-76 所示。

(8) 绘制多晶硅层

Poly 层与 Active 层的交叠处形成 MOS 管的栅极。多晶硅层绘制完成后的布局图如图 2-77 所示。

(9) 绘制 NOR2 的输入端口

NOR2 共有两个输入端，设定输入端口的名称分别为 A 和 B。绘制 NOR2 输入端口的方法为：

① 选择 Poly 层和 Box 工具，在两条多晶硅上分别绘制一个宽度为 6 个定标单位和高度为 6 个定标单位的矩形。

② 选择 Metal1 层和 Box 工具，首先，在左侧多晶硅条上绘制一个宽度为 6 个定标单位，高度为 4 个定标单位的矩形，使之与刚才绘制的 Poly 矩形部分重合。然后，再在刚绘制的 Metal1 层的上方绘制一个宽度为 4 个定标单位，高度为 8 个定标单位的矩形。最后，在右侧多晶硅条上绘制一个宽度为 10 个定标单位，高度为 4 个定标单位的矩形。

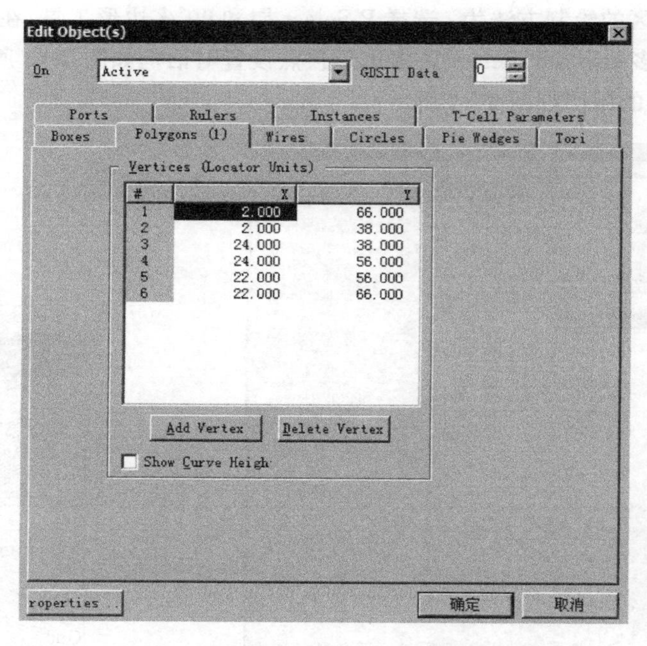


图 2-75 PMOS 有源区的顶点设置对话框

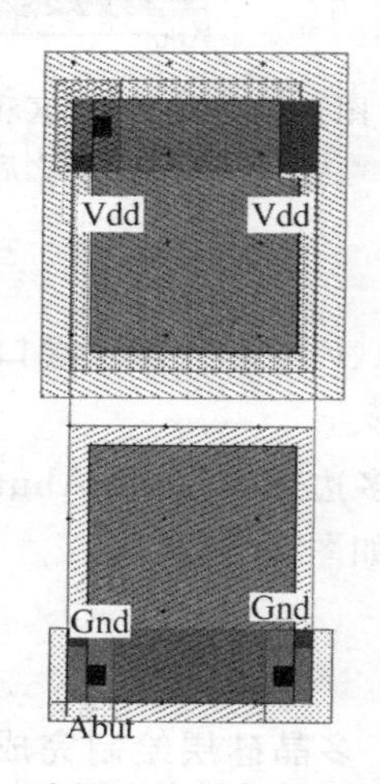


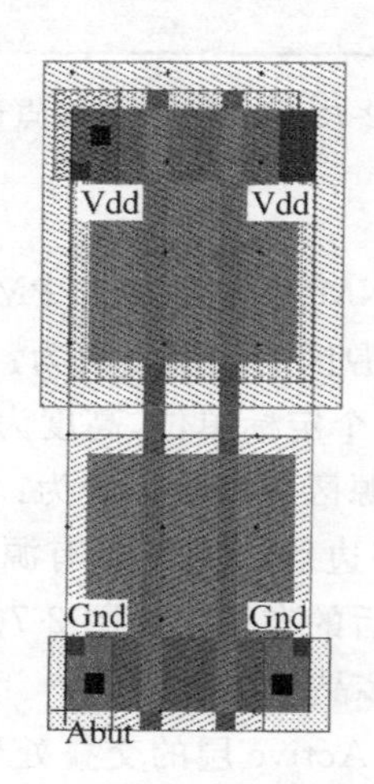


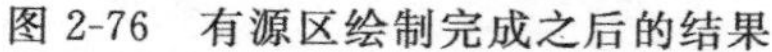

图 2-76 有源区绘制完成之后的结果　　　　图 2-77 多晶硅层绘制完成之后的结果

③ 选择 Poly Contact 层，在两个 Poly 和 Metal1 重合的区域分别绘制一个长度为 2 个定标电位的正方形。

④ 选择 Metal2 层和 Box 工具，在两个 Metal1 层的另一端分别绘制一个长度为 4 个定标单位的正方形。

⑤ 选择 Via 层和 Box 工具，在两个 Metal1 和 Metal2 重合的区域分别绘制一个长度为 2 个定标单位的正方形。

⑥ 选择 Metal2 层和 Port 工具，在两个 Metal2 上分别绘制一个长度为 4 个定标单位的直线，在弹出的对话框中分别设定端口名称为 A 和 B，显示的文字大小为 5 个定标单位，端口名称 A 显示在端口的左上方，B 显示在端口的左下方。

NOR2 的输入端口绘制完成后的布局图如图 2-78 所示。

(10) 绘制 NOR2 的输出端口

NOR2 的电路结构中，两个 PMOS 管是串联的，两个 NMOS 管是并联的。

NOR2 的版图中两个串联的 PMOS 管的连接情况为：左侧 PMOS 管的栅极左侧为该 PMOS 的源极，将其与 Vdd 连接在一起；右侧 PMOS 管的栅极右侧为该 PMOS 的漏极，将其与输出端 OUT 连接在一起；两个 PMOS 管的共用区域既是左侧 PMOS 管的漏极也是右侧 PMOS 管的源极。

NOR2 的版图中两个并联的 NMOS 管的连接情况为：左侧 NMOS 管的栅极左侧为该 NMOS 的源极，将其与 Gnd 连接在一起；右侧 NMOS 管的栅极右侧为该 NMOS 的源极，将其与 Gnd 连接在一起；两个 NMOS 管的共用区域是两个 NMOS 共同的漏极，将其与输出端 OUT 连接在一起。

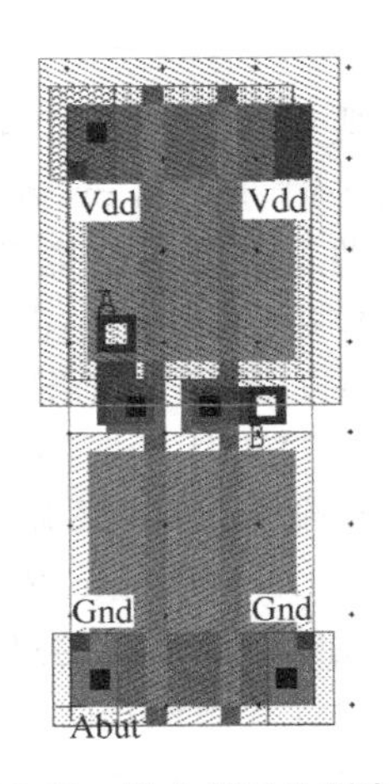

图 2-78　输入端口绘制完成之后的结果

绘制 NOR2 的输出端口的方法为：

① 在右侧 PMOS 管的漏极和两个 NMOS 管共用的漏极处分别绘制 Metal1 层，再用 Active Contact 层将 Metal1 层与 Active 层连接在一起。

② 用 Metal2 层将两个 Metal1 层连接在一起，用 Via 层实现 Metal1 层和 Metal2 层的连接。

③ 在 Metal2 层上绘制输出端口。设定输出端口的名称为 OUT，显示的文字大小为 5 个定标单位，端口名称显示在端口的左上方。

绘制完成之后的布局图如图 2-79 所示。

(11) 连接 NMOS 管和 PMOS 管的源极

绘制 NMOS 管和 PMOS 管的源极的方法为：用 Metal1 层将左侧 PMOS 管的源极与 Vdd 连接在一起，将两个 NMOS 管的源极与 Gnd 连接在一起，再用 Active Contact 层将 Metal1 层与 Active 层连接在一起。

至此 NOR2 的版图绘制完成，结果如图 2-80 所示。

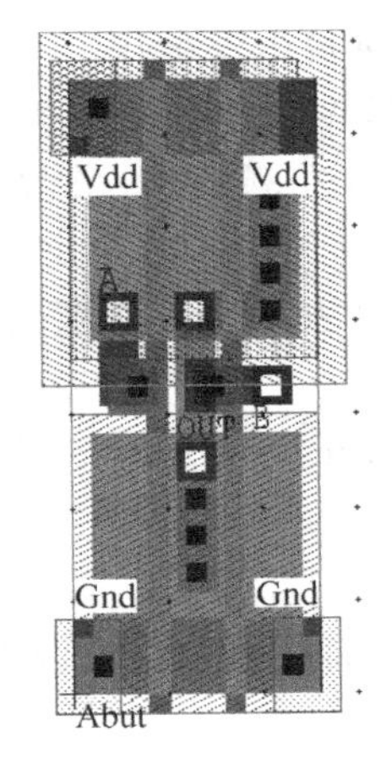

图 2-79　输出端口绘制完成之后的结果

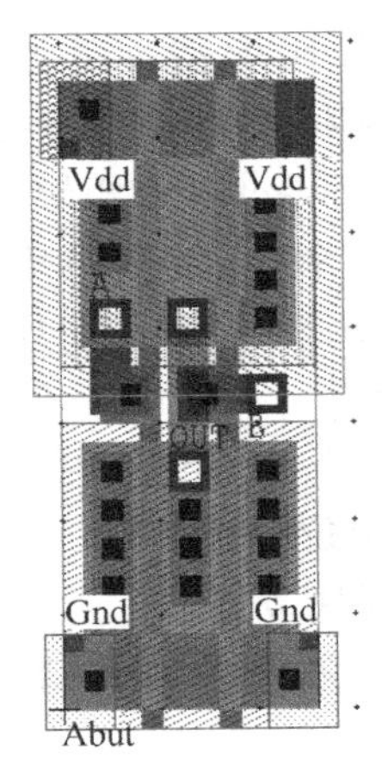

图 2-80　NOR2 绘制完成之后的结果

## 2.3.4 三态门 TINV1

典型的三态门 TINV1 的电路结构如图 2-81 所示。其中 S1 为 S 的方向信号。当 S 为高电平时，m3 和 m4 都导通，此时的电路相当于普通的反相器电路。当 S 为低电平时，m3 和 m4 都截止，此时输入信号不起作用，输出为高阻态。

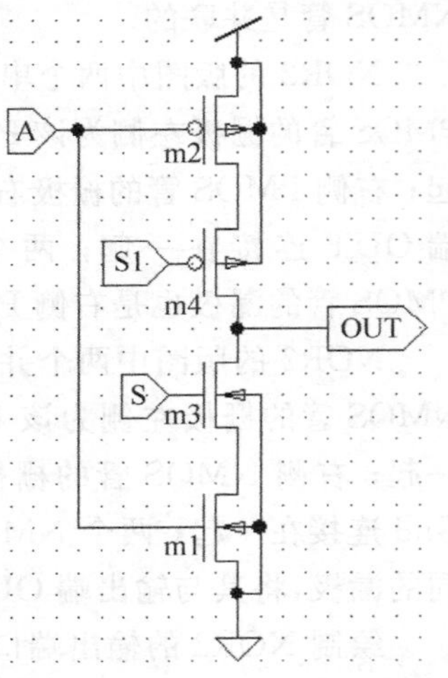

图 2-81 TINV1 的电路结构

在 L-Edit 下打开一个新文件并将其命名为 TINV1. tdb 文件。TINV1 的版图环境设定与 PMOS 版图的环境设定相同。绘制版图时采用的设计规程名称为 MOSIS/ORBIT 2.0U SCNA Design Rules。

在绘制三态门的过程中需要注意其相关的设计规程，并进行设计规则检查。绘制 TINV1 版图的步骤如下：

(1) 绘制接合端口 Abut

在 TINV1. tdb 文件下，选择 Icon/Outline 层和端口工具(A)，在绘图区中绘制一个高度为 66 个定标单位，宽度为 26 个定标单位的矩形。这里设定端口的名称为 Abut，并设置其显示的位置为左下方，显示的文字大小为 5 个定标单位。

(2) 绘制电源 Vdd 和 Gnd，以及相应的端口

标准单元中的电源线 Vdd 和地线 Gnd 一般分布在器件的上端和下端，且电源线和地线的高度一般为 8 个定标单位。

绘制电源端口的方法为：选择 Metal1 层和端口(Port)工具，分别在电源线 Vdd 矩形窗口和地线 Gnd 矩形窗口的左右两侧拖拽出一个纵向为 8 个定标单位的直线，在弹出的对话框中分别设定电源 Vdd 的端口名称为 Vdd，电源 Gnd 的端口名称为 Gnd，并设定端口名称显示的位置和文字大小。

(3) 绘制 N well 层

N 阱的绘制方法为：选择 N well 层和矩形(Box)工具，在 Abut 端口的上半部绘制一个高度为 38 个定标单位，宽度为 32 个定标单位的矩形。

(4) 绘制 N 阱节点

为了保证 N 阱-P 型衬底之间的 PN 结反偏，须将 N 阱接电源电压。为了节省芯片面积，在绘制 TINV1 的 N 阱节点时将其直接绘制在电源电压 Vdd 上。具体的绘制方法为：

① 选择 N Select 层和矩形(Box)工具，在电源电压 Vdd 左侧绘制一个宽度为 7 个定标单位，高度为 10 个定标单位的矩形。

② 选择 Active 层和矩形(Box)工具，在电源电压 Vdd 左侧绘制一个宽度和高度为 6 个定标单位的矩形。

③ 选择 Active Contact 层和矩形(Box)工具，在 N Select 层和 Active 层上绘制一个长度为 2 个定标单位的正方形。

(5) 绘制衬底节点

为了节省芯片面积，在绘制 TINV1 的衬底节点时将其直接绘制在电源 Gnd 上。具体的绘制方法为：

① 选择 N Select 层和矩形(Box)工具，在电源 Gnd 左侧绘制一个宽度为 7 个定标单

位，高度为 10 个定标单位的矩形。

② 选择 Active 层和矩形(Box)工具，在电源 Gnd 左侧绘制一个宽度和高度为 6 个定标单位的矩形。

③ 选择 Active Contact 层和矩形(Box)工具，在 P Select 层和 Active 层上绘制一个长度为 2 个定标单位的正方形。

(6) 绘制 N Select 区和 P Select 区

N Select 扩散区的绘制方法为：选择 N Select 层和 90°多边形工具，在 Abut 端口的下半部分绘制一个 90°多边形。N Select 多边形顶点设置对话框如图 2-82 所示。

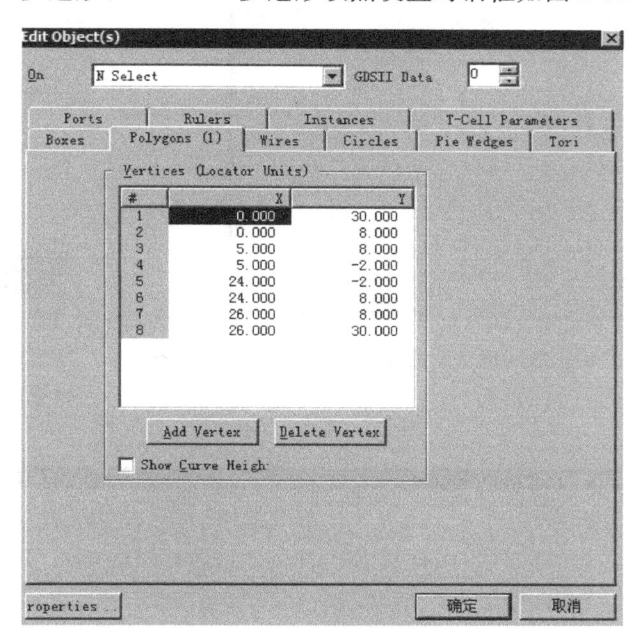


图 2-82 N 型扩散区顶点设置对话框

P Select 扩散区的绘制方法为：在图层板上选择 P Select 层，在绘图工具栏上选择 90°多边形绘图工具，在 Abut 端口的上半部分绘制一个 90°多边形。P Select 多边形顶点设置对话框如图 2-83 所示。

绘制完成之后的版图如图 2-84 所示。

(7) 绘制 NMOS 有源区和 PMOS 有源区

NMOS 有源区和 PMOS 有源区的绘制方法为：选择 Active 层和 90°多边形工具，分别在 Abut 端口的上半部和下半部绘制一个 90°多边形。NMOS 有源区和 PMOS 有源区的多边形顶点对话框分别如图 2-85 和图 2-86 所示。

(8) 绘制多晶硅层

Poly 层与 Active 层的交叠处形成 MOS 管的栅极。多晶硅层绘制完成后的布局图如图 2-87 所示。

(9) 绘制 TINV1 的输入端口

TINV1 共有 3 个输入端，设定输入端口的名称分别为 A、S 和 S1。TINV1 的输入端口的绘制方法与 INV1 的绘制方法类似，这里不再详述。TINV1 的输入端口绘制完成后的布局图如图 2-88 所示。

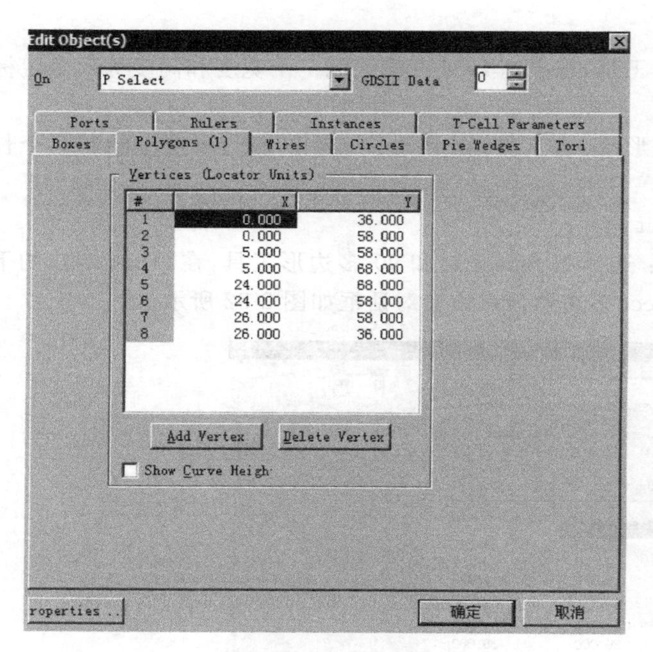


| # | X | Y |
|---|---|---|
| 1 | 0.000 | 36.000 |
| 2 | 0.000 | 58.000 |
| 3 | 5.000 | 58.000 |
| 4 | 5.000 | 68.000 |
| 5 | 24.000 | 68.000 |
| 6 | 24.000 | 58.000 |
| 7 | 26.000 | 58.000 |
| 8 | 26.000 | 36.000 |

图 2-83　P 型扩散区顶点设置对话框

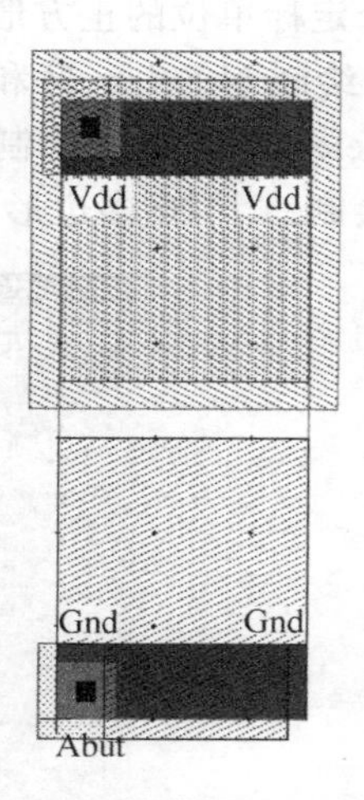


图 2-84　N 型扩散区和 P 型扩散区绘制完成后的结果

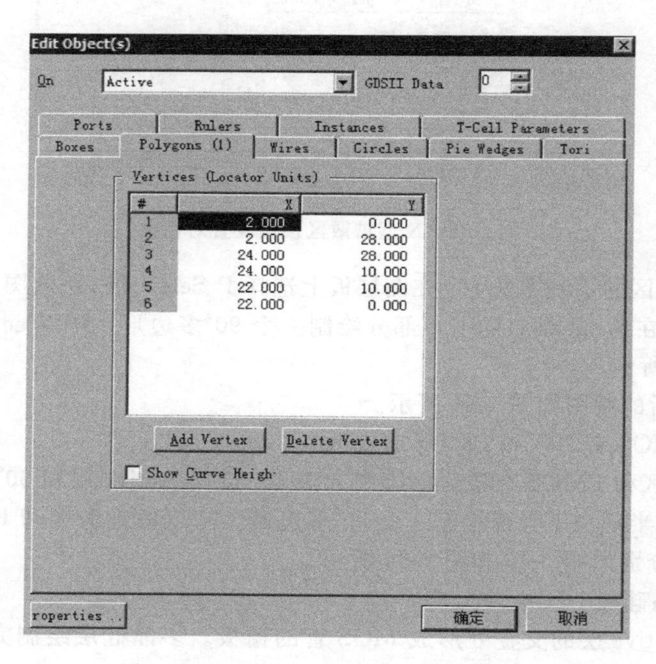


| # | X | Y |
|---|---|---|
| 1 | 2.000 | 0.000 |
| 2 | 2.000 | 28.000 |
| 3 | 24.000 | 28.000 |
| 4 | 24.000 | 10.000 |
| 5 | 22.000 | 10.000 |
| 6 | 22.000 | 0.000 |

图 2-85　NMOS 有源区顶点设置对话框

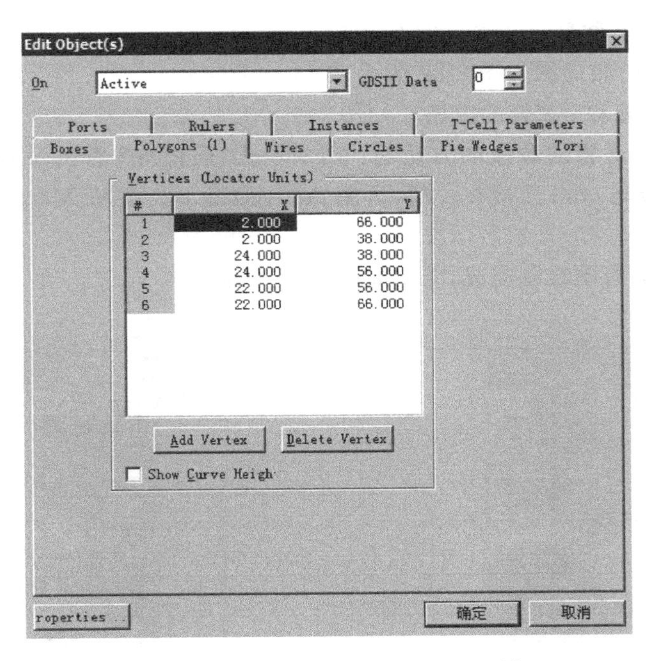


图 2-86　PMOS 有源区顶点设置对话框

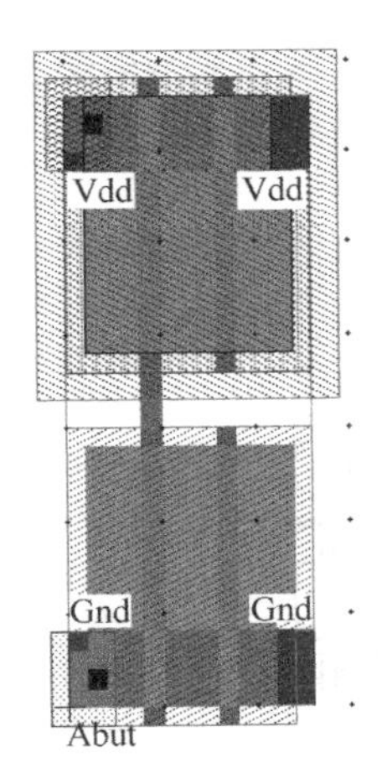


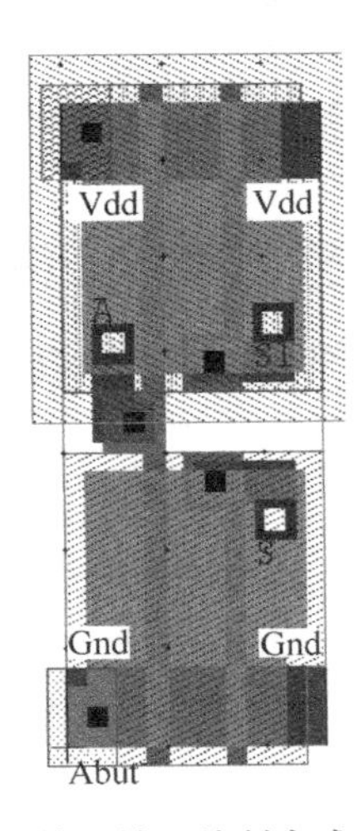


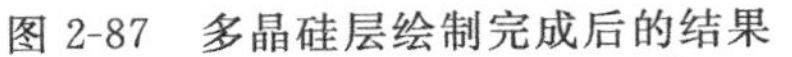

图 2-87　多晶硅层绘制完成后的结果　　　　图 2-88　输入端口绘制完成后的结果

(10) 绘制 TINV1 的输出端口

TINV1 的电路结构中，m3 管和 m4 管的漏极连在一起接输出端 OUT。版图中右侧 PMOS 管为 m3 管，右侧 NMOS 管 m4 管。m3 和 m4 的漏极都处于栅极的右侧区域。

绘制 TINV1 的输出端口的方法为：

① 用 Metal1 层连接右侧 PMOS 管的漏极和右侧 NMOS 管漏极，再用 Active Contact 层将 Metal1 层与 Active 层连接在一起。

② 在 Metal1 层绘制 Metal2 层，用 Via 层实现 Metal1 层和 Metal2 层的连接。

③ 在 Metal2 层上绘制输出端口。设定输出端口的名称为 OUT，显示的文字大小为

5 个定标单位，端口名称显示在端口的左上方。

绘制完成之后的布局图如图 2-89 所示。

(11) 连接 m1 管和 m2 管的源极

绘制 m1 管和 m2 管的源极的方法为：用 Metal1 层将 m2 管的源极与 Vdd 连接在一起，将 m1 管的源极与 Gnd 连接在一起，再用 Active Contact 层将 Metal1 层与 Active 层连接在一起。

至此 TINV1 的版图绘制完成，结果如图 2-90 所示。

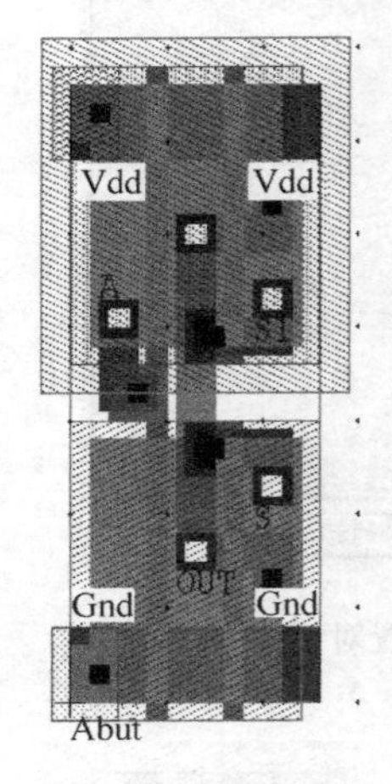


图 2-89　输出端口绘制完成后的结果

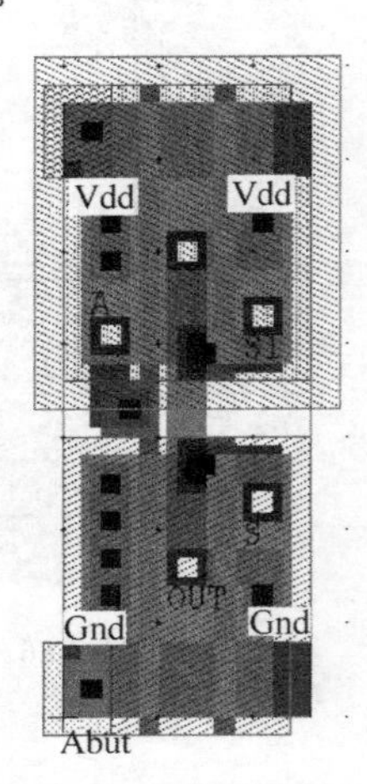


图 2-90　TINV1 绘制完成之后的结果

## 2.3.5　4 输入或非门 NOR4

4 输入或非门的电路结构如图 2-91 所示。

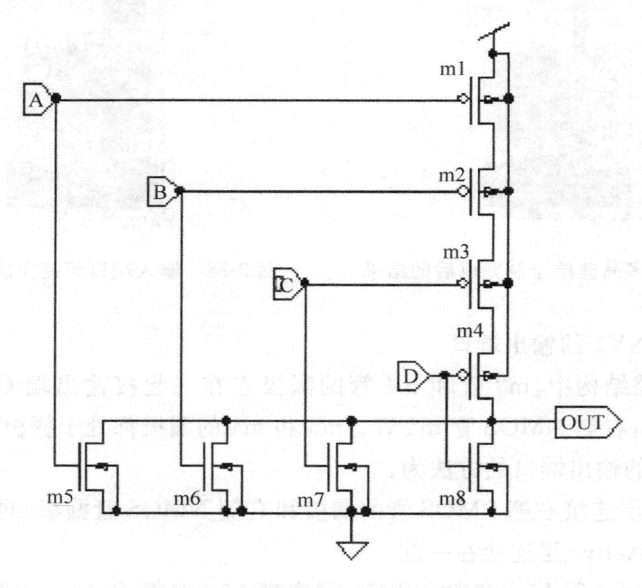


图 2-91　4 输入或非门的电路结构

在 L-Edit 下打开一个新文件并将其命名为 NOR4.tdb 文件。NOR4 的版图环境设定与 PMOS 版图的环境设定相同。绘制版图时采用的设计规程名称为 MOSIS/ORBIT 2.0U SCNA Design Rules。

在绘制 4 输入或非门的过程中需要注意其相关的设计规程，并进行设计规则检查。绘制 NOR4 的版图的步骤如下：

(1) 绘制接合端口 Abut

在 NOR4.tdb 文件下，选择 Icon/Outline 层和端口工具( )，在绘图区中绘制一个高度为 66 个定标单位，宽度为 44 个定标单位的矩形。这里设定端口的名称为 Abut，并设置其显示的位置为左下方，显示的文字大小为 5 个定标单位。

(2) 绘制电源 Vdd 和 Gnd，以及相应的端口

标准单元中的电源线 Vdd 和地线 Gnd 一般分布在器件的上端和下端，且电源线和地线的高度一般为 8 个定标单位。

绘制电源端口的方法为：选择 Metal1 层和端口(Port)工具，分别在电源线 Vdd 矩形窗口和地线 Gnd 矩形窗口的左右两侧拖曳出一个纵向为 8 个定标单位的直线，在弹出的对话框中分别设定电源 Vdd 的端口名称为 Vdd，电源 Gnd 的端口名称为 Gnd，并设定端口名称显示的位置和文字大小。

(3) 绘制 N well 层

N 阱的绘制方法为：选择 N well 层和矩形(Box)工具，在 Abut 端口的上半部绘制一个高度为 38 个定标单位，宽度为 48 个定标单位的矩形。

(4) 绘制 N 阱节点

为了保证 N 阱-P 型衬底之间的 PN 结反偏，须将 N 阱接电源电压。为了节省芯片面积，在绘制 NOR4 的 N 阱节点时将其直接绘制在电源电压 Vdd 上。绘制方法与 INV 的类似，这里不再详述。

(5) 绘制衬底节点

为了节省芯片面积，在绘制 TINV1 的衬底节点时将其直接绘制在电源 Gnd 上。

(6) 绘制 N Select 区和 P Select 区

N Select 扩散区的绘制方法为：选择 N Select 层和 90°多边形工具，在 Abut 端口的下半部分绘制一个 90°多边形。N Select 多边形顶点设置对话框如图 2-92 所示。

P Select 扩散区的绘制方法为：选择 P Select 层和 90°多边形工具，在 Abut 端口的上半部分绘制一个 90°多边形。P Select 多边形顶点设置对话框如图 2-93 所示。

绘制完成之后的版图如图 2-94 所示。

(7) 绘制 NMOS 有源区和 PMOS 有源区

由于 N Select 图形和 P Select 图形较为不规则，因此 NMOS 管和 PMOS 管的有源区也不规则。有源区绘制完成之后的布局图如图 2-95 所示。PMOS 管有源区用多边形工具绘制，其顶点设置如图 2-96 所示，NMOS 管的有源区用矩形工具绘制，其顶点设置如图 2-97 所示。

(8) 绘制多晶硅图层

Poly 层与 Active 层的交叠处形成 MOS 管的栅极。多晶硅层绘制完成后的布局图如图 2-98 所示。

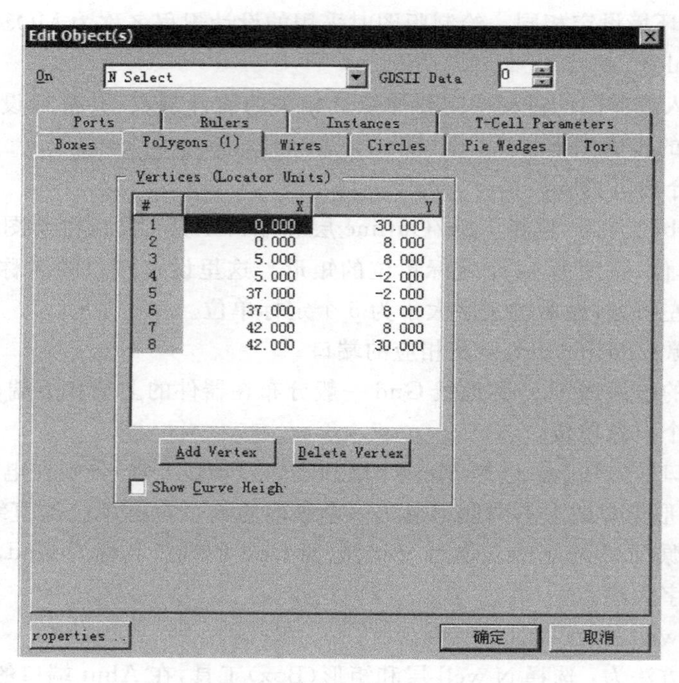


图 2-92 N 型扩散区顶点设置对话框

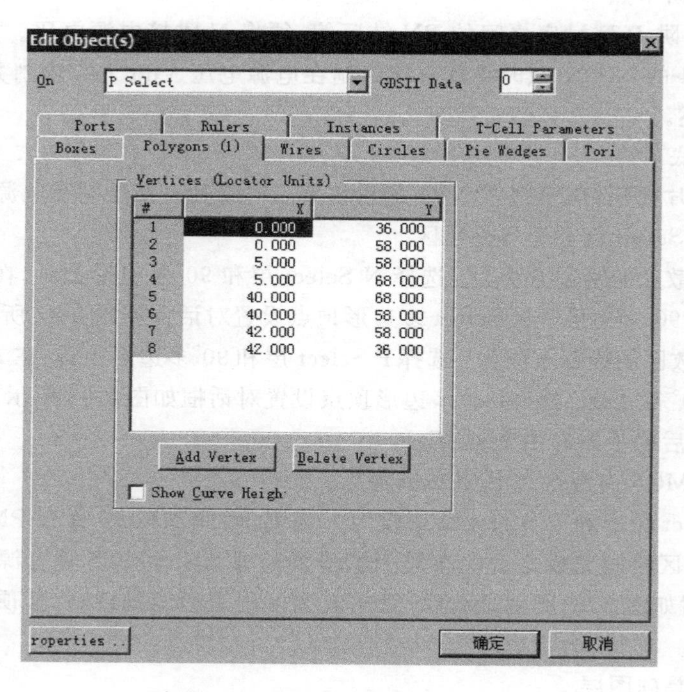


图 2-93 P 型扩散区顶点设置对话框

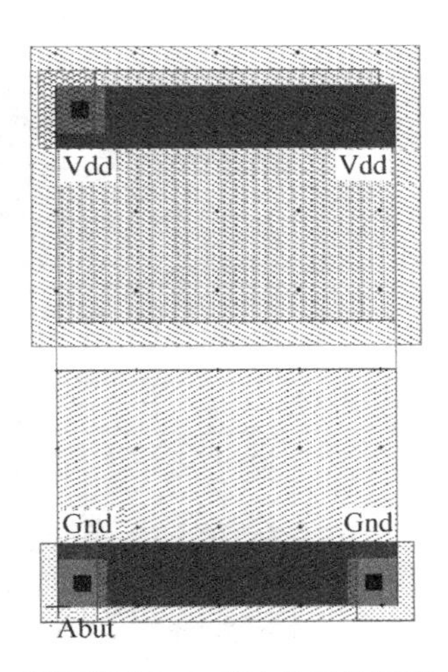


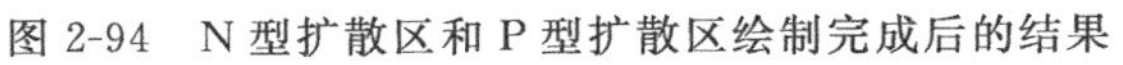
图 2-94 N 型扩散区和 P 型扩散区绘制完成后的结果

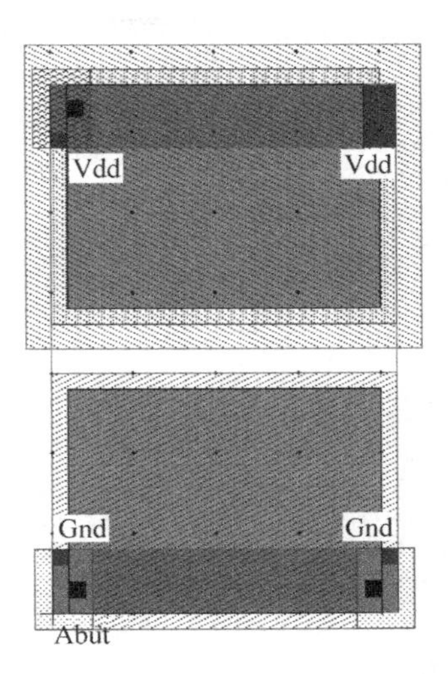


图 2-95 有源区绘制完成后的结果

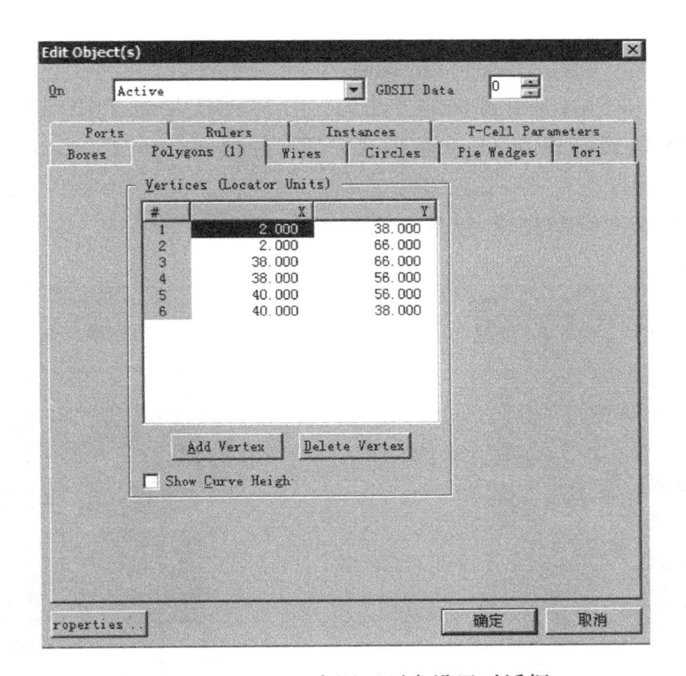


图 2-96 PMOS 有源区顶点设置对话框

(9) 绘制 NOR4 的输入端口

NOR4 共有 4 个输入端，设定输入端口的名称分别为 A、B、C 和 D。详细的绘制方法这里不再叙述。

(10) 绘制 NOR4 的输出端口

NOR4 的电路结构中，m5、m6、m7、m8 和 m4 管的漏极连在一起接输出端 OUT。版图中最右侧 PMOS 管为 m4 管，下方的 NMOS 管从左向右依次为 m5、m6、m7 和 m8。

绘制完成之后的布局图如图 2-99 所示。

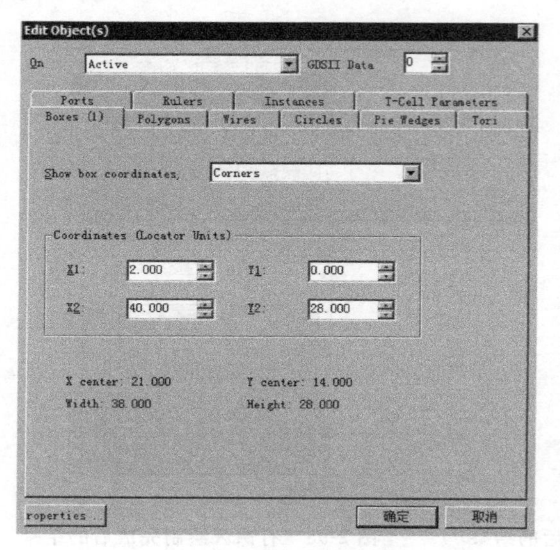


图 2-97　NMOS 有源区顶点设置对话框

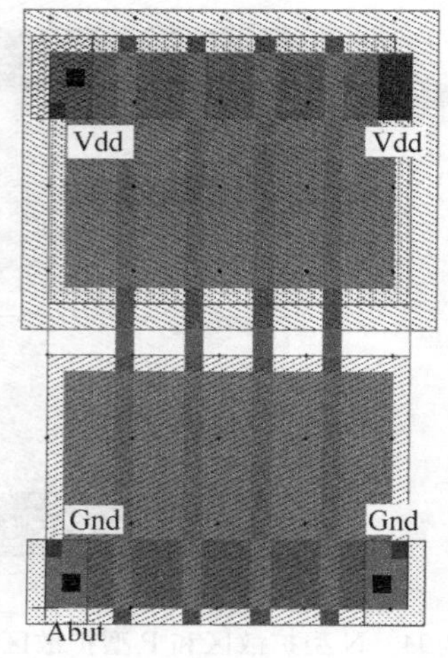


图 2-98　多晶硅绘制完成后的结果

(11) 连接 m1、m5、m6、m7 和 m8 的源极

绘制 NMOS 管和 PMOS 管源极的方法为：用 Metal1 层将 PMOS 管源极与 Vdd 连接在一起，将 NMOS 管的源极与 Gnd 连接在一起，再用 Active Contact 层将 Metal1 层与 Active 层连接在一起。

至此 NOR4 的版图绘制完成，结果如图 2-100 所示。

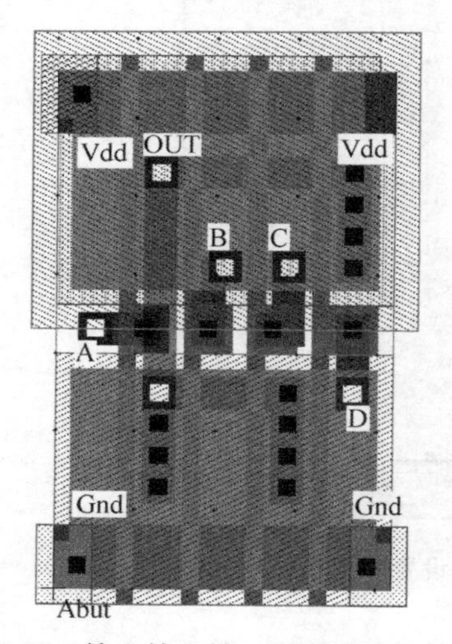


图 2-99　输入输出端口制完成后的结果

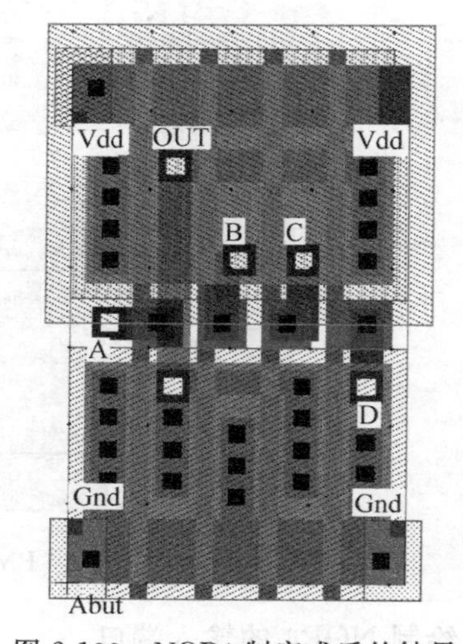


图 2-100　NOR4 制完成后的结果

## 2.4　宏单元设计实例

### 2.4.1　运算放大器

**1. CMOS 运算放大器的电路结构**

使用共源共栅差分输入级的无缓冲 CMOS 运算放大器的电路如图 2-101 所示。图中

各 MOS 管的沟道宽度和长度的单位都是微米。

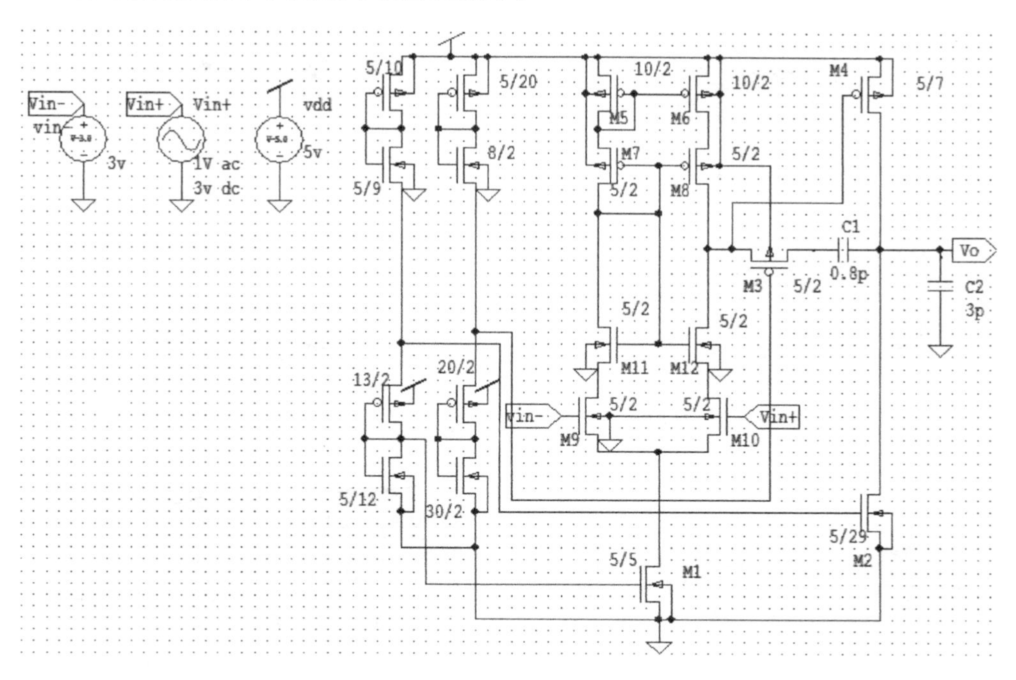


图 2-101　CMOS 运算放大器电路图

CMOS 运算放大器一般由差分输入级、增益级、缓冲输出级和偏置电路 4 部分组成。图 2-101 中，偏置电路由左侧的 4 个栅漏短接的 CMOS 反相器构成，该偏置电路为 M1、M2 和 M3 管提供固定栅极偏压。M9～M12 构成共源共栅的差分输入级，这种连接方式使 CMOS 运放的第一级的电压增益得以明显提高。因此这种运放可以不使用输出缓冲级。M2 和 M4 组成的共源放大级电路构成运放的增益输出级。M5～M8 组成的电流镜电路为差分输入级提供工作电流。电容 C1 为补偿电容，它和 M3 一起用作频率补偿。C2 为容性负载。

**2. CMOS 运算放大器的版图设计**

(1) 版图设计中需要考虑的问题

版图设计中需要考虑的问题包括防止闩锁效应和提高器件的匹配性能。关于这两个问题的分析详见 2.2.6 节和 2.2.7 节。绘制版图时采用的设计规程名称为 MOSIS/ORBIT 2.0U SCNA Design Rules，在版图绘制过程中注意及时地进行设计规则的检查。

(2) 电路中各元件的绘制

根据电路设计所确定的元件的参数来绘制各个元件。

① 沟道 $W=5\mu m$，沟道 $L=2\mu m$ 的 NMOS 管和 PMOS 管的版图，分别如图 2-102 和图 2-103 所示。

② 沟道 $W=5\mu m$，沟道 $L=12\mu m$ 的 NMOS 管的版图，如图 2-104 所示。沟道 $W=5\mu m$，沟道 $L=9\mu m$ 的 NMOS 管的版图，如图 2-105 所示。

③ 沟道 $W=5\mu m$，沟道 $L=29\mu m$ 的 NMOS 管的版图，如图 2-106 所示。沟道 $W=30\mu m$，沟道 $L=2\mu m$ 的 NMOS 管的版图绘制时采用“叉指”结构，将它分为 6 个宽长比为 5/2 的小晶体管，如图 2-107 所示。

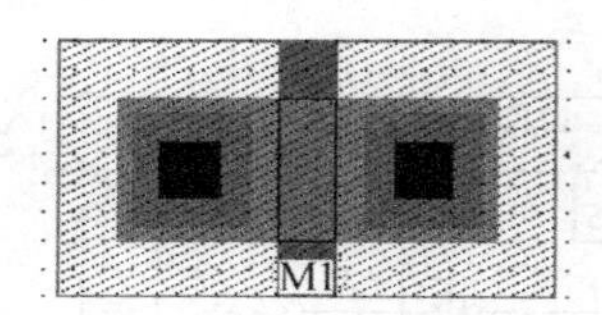


图 2-102　宽长比为 5/2 的 NMOS 管的版图

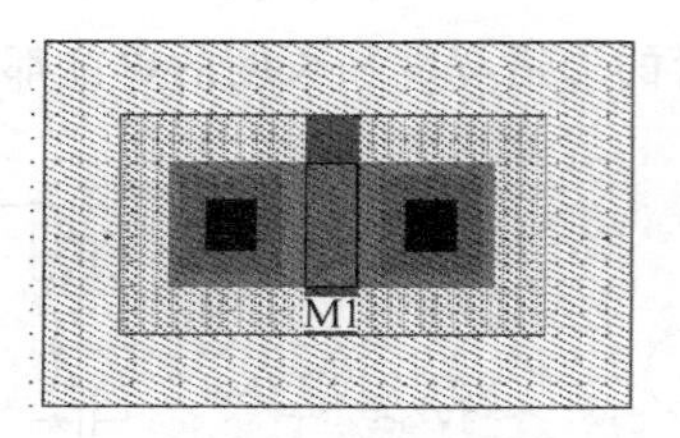


图 2-103　宽长比为 5/2 的 PMOS 管的版图

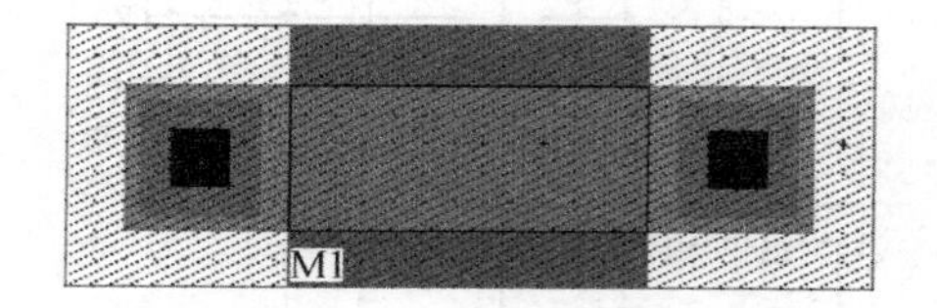


图 2-104　宽长比为 5/12 的 NMOS 管的版图

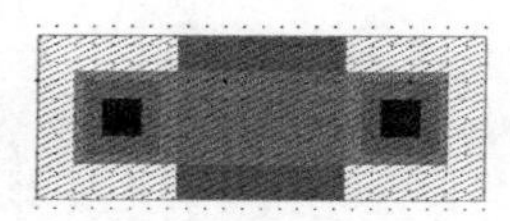

图 2-105　宽长比为 5/9 的 NMOS 管的版图

图 2-106　宽长比为 5/29 的 NMOS 管的版图

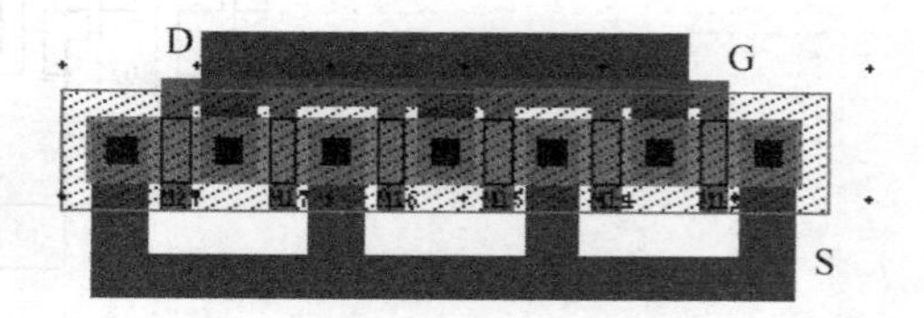


图 2-107　宽长比为 30/2 的 NMOS 管的版图

④ 沟道 $W=8\mu m$，沟道 $L=2\mu m$ 的 NMOS 管的版图，如图 2-108 所示。沟道 $W=5\mu m$，沟道 $L=5\mu m$ 的 NMOS 管的版图，如图 2-109 所示。

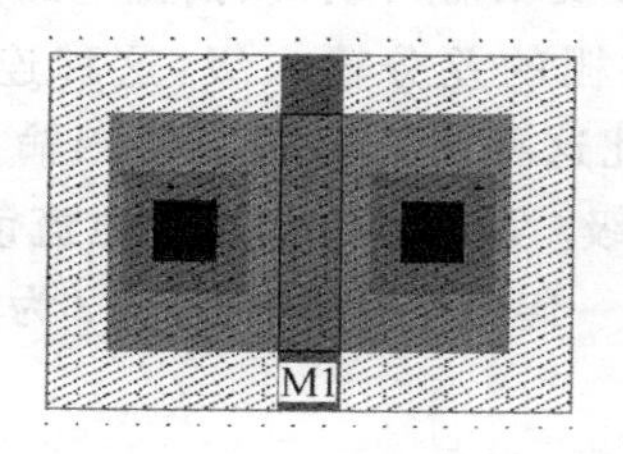


图 2-108　宽长比为 8/2 的 NMOS 管的版图

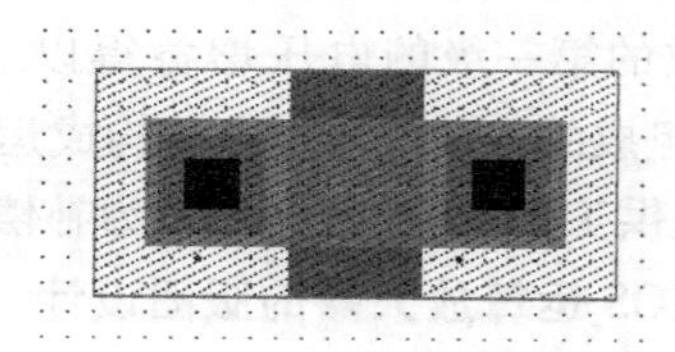

图 2-109　宽长比为 5/5 的 NMOS 管的版图

⑤ 沟道 $W=5\mu m$，沟道 $L=7\mu m$ 的 PMOS 管的版图，如图 2-110 所示。沟道 $W=10\mu m$，沟道 $L=2\mu m$ 的 PMOS 管的版图采用"叉指"结构，将它分为两个 5/2 的晶体管，如图 2-111 所示。

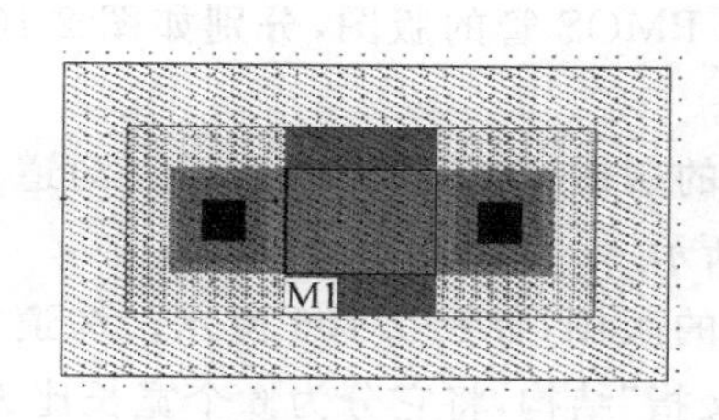


图 2-110　宽长比为 5/7 的 PMOS 管的版图

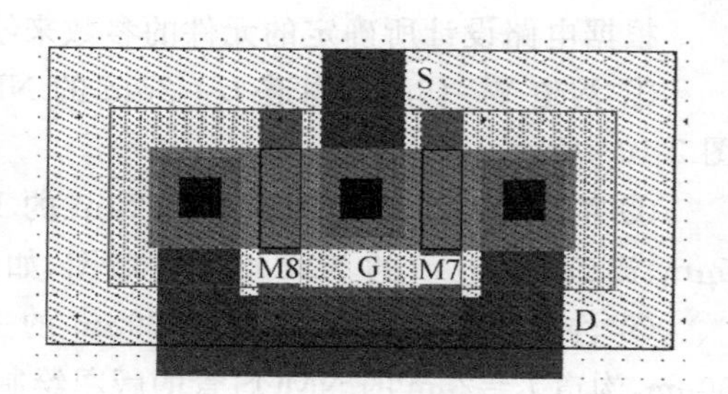


图 2-111　宽长比为 10/2 的 PMOS 管的版图

⑥ 沟道 $W=5\mu m$，沟道 $L=10\mu m$ 的 PMOS 管的版图，如图 2-112 所示。沟道 $W=20\mu m$，沟道 $L=2\mu m$ 的 PMOS 管的版图采用“叉指”结构，将它分为 4 个 5/2 的晶体管，如图 2-113 所示。

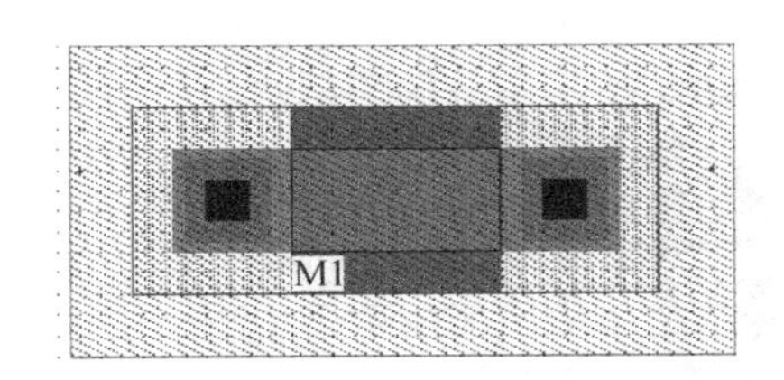


图 2-112　宽长比为 5/10 的 PMOS 管的版图

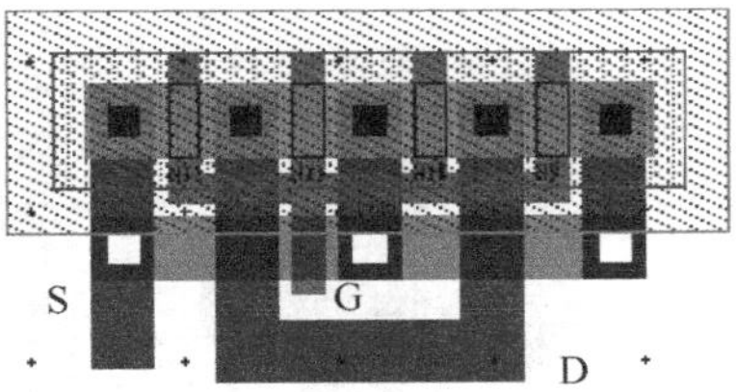

图 2-113　宽长比为 20/2 的 PMOS 管的版图

⑦ 沟道 $W=5\mu m$，沟道 $L=20\mu m$ 的 PMOS 管的版图，如图 2-114 所示。沟道 $W=13\mu m$，沟道 $L=2\mu m$ 的 PMOS 管的版图采用“叉指”结构，将它分为两个 6.5/2 的晶体管，如图 2-115 所示。

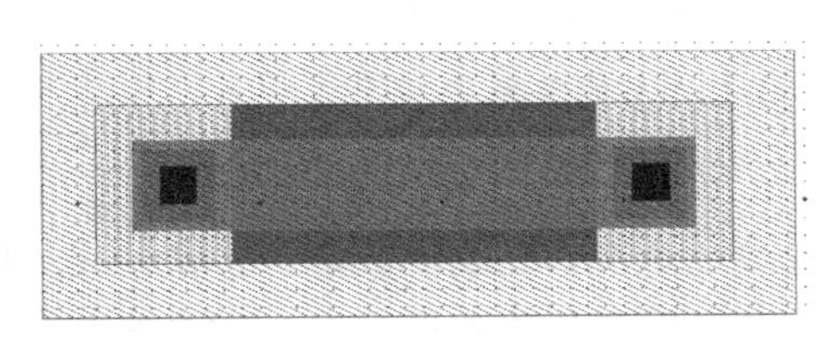

图 2-114　宽长比为 5/20 的 PMOS 管的版图

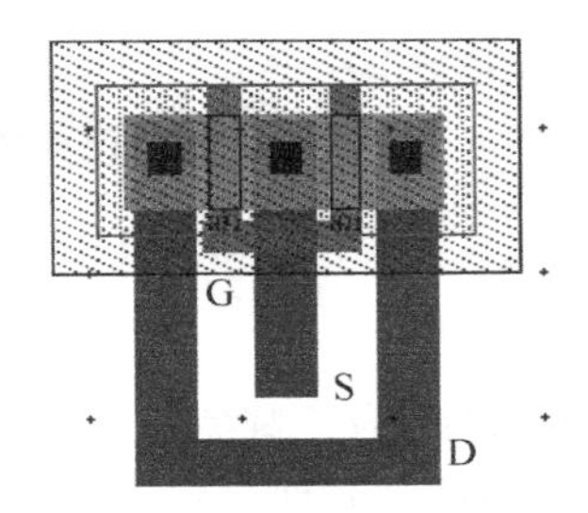


图 2-115　宽长比为 13/2 的 PMOS 管的版图

⑧ 沟道 $W=7\mu m$，沟道 $L=2\mu m$ 的 PMOS 管的版图，如图 2-116 所示。

⑨ 电容量为 0.8pF 和 3pF 的电容的版图分别如图 2-117 和图 2-118 所示。这里用双层多晶硅电容器来实现，图 2-117 中电容器的电容量为 0.803pF。图 2-118 中电容器的电容量为 3.0026pF。

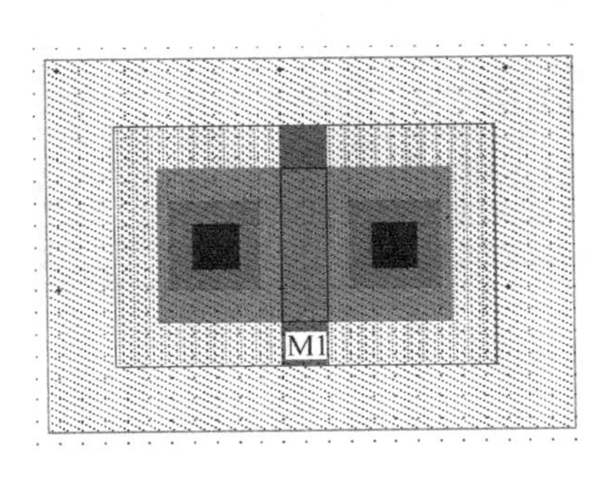


图 2-116　宽长比为 7/2 的 PMOS 管的版图

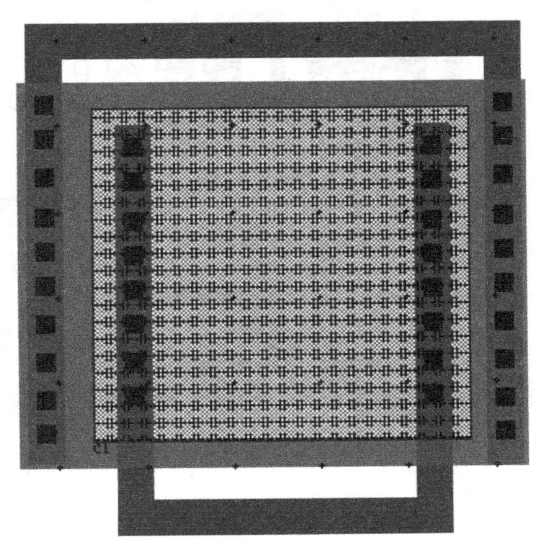

图 2-117　电容量为 0.803pF 的电容的版图

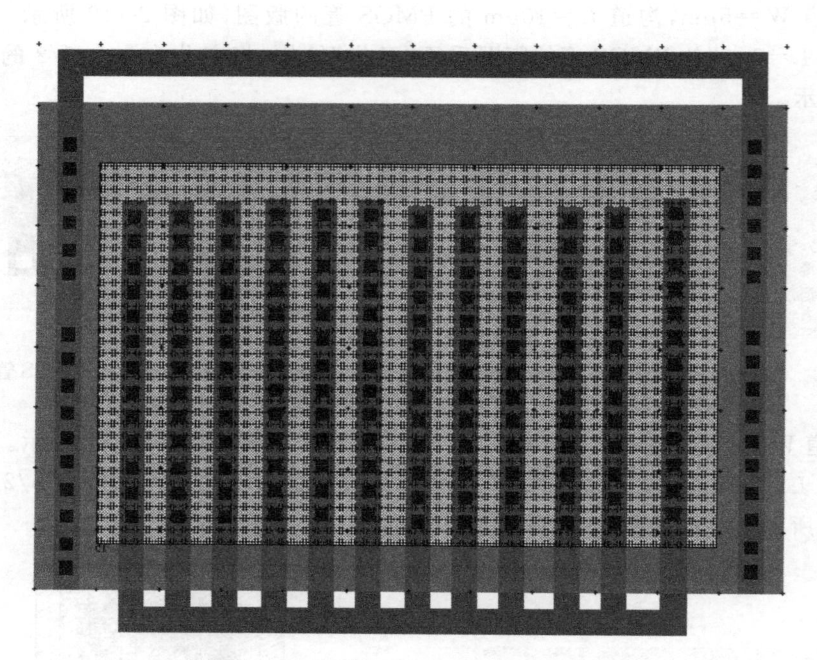

图 2-118　电容量为 3.0026pF 的电容的版图

（3）总体版图

在版图布线时，为了避免线路交叉造成无法连接的情况，可采用金属 1 走横向，金属 2 走竖向的方法来连接元件，另外在交叉布线时还可以采用多晶硅来做连线。CMOS 运算放大器的整体版图如图 2-119 所示。

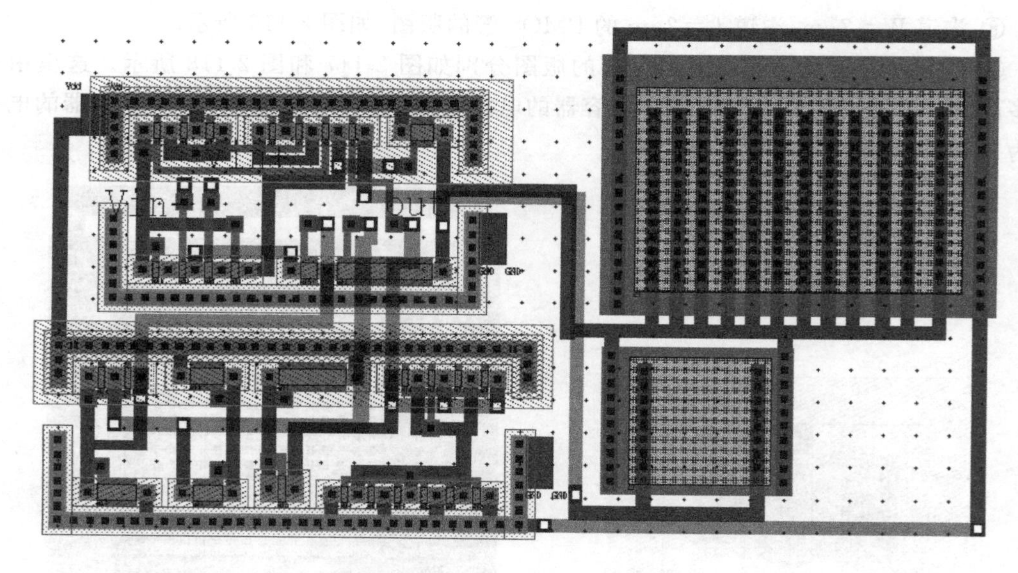


图 2-119　CMOS 运放的整体版图

## 2.4.2　电压基准源

### 1. 全 CMOS 电压基准源的电路结构

利用全 CMOS 晶体管实现的基准电压源电路如图 2-120 所示，室温下该基准电压源的输出电压约为 1.0386V。该电路利用 CMOS 晶体管阈值电压与载流子迁移率温度特性相互补偿的原理，最终得到了不受温度影响的输出基准电压。

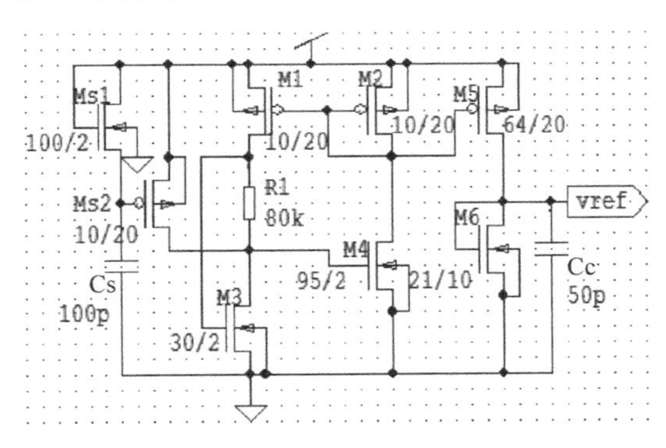


图 2-120　全 CMOS 基准电压源电路

电路中，M1～M4 以及 R1 构成了具有正温度系数的自偏置 peaking 电流源产生模块。该模块中 M1 和 M2 工作在饱和区，M3 和 M4 工作在亚阈值区。为了保证 M3 和 M4 工作在亚阈值区，将栅压取自本支路上的漏电压，当该支路电流改变时，栅压也做相应的改变。该模块中电阻 R1 上的压降为 M3、M4 管的栅源电压之差。电阻 R1 采用具有正温度系数的多晶硅电阻，其上的电流即为电流源产生模块的产生电流。该电流由 M5 放大后注入到栅漏短接的 M6 管。

M6 管工作在饱和区。工作在饱和区的 NMOS 管的栅源电压的温度系数具有以下特性：当 NMOS 管的宽长比较大时，其栅源电压具有负的温度系数；当 NMOS 管的宽长比较小时，其栅源电压具有正的温度系数；当 NMOS 管的宽长比设定恰当时，其栅源电压的温度系数为零。这里，设定 M6 管具有一个较大的宽长比使其栅源电压具有负的温度系数。

全 CMOS 基准电压源电路中，与温度无关的输出基准电压 vref 是通过调整电流产生模块产生的电流的放大倍数及 M6 管的宽长比来得到的。

上述电路中，MS1、MS2 和 Cs 构成了电流产生模块的启动电路。Cc 为补偿电容，用于改善输出电压的高频特性。

在 MOS 管的 49 级模型及 TT 工艺模型(典型的 NMOS 管和 PMOS 管的工艺模型)下，在 0.5～1.8V 的电压范围内对电源电压 Vdd 做直流分析，得到其最小工作电源电压为 1.4V，输出基准电源电压约为 1.0386V。设定电源电压为 1.5V，多晶硅电阻 R1 的一阶温度系数约为 $7.08\times10^{-4}/℃$，二阶温度系数约为 $-2.53\times10^{-7}/℃$，温度在 −20～100℃的变化范围内，模拟得到输出基准电压随温度的变化曲线如图 2-121 所示，输出基准电压的温度系数为(1.0398−1.038 58)/(1.038 58×120)≈9.79(ppm/℃)。

### 2. 全 CMOS 电压基准源的版图结构

根据电路设计所确定的元件的参数来绘制各个元件。绘制版图时采用的设计规程名称为 MOSIS/ORBIT 2.0U SCNA Design Rules，在版图绘制过程中注意及时地进行设计规则

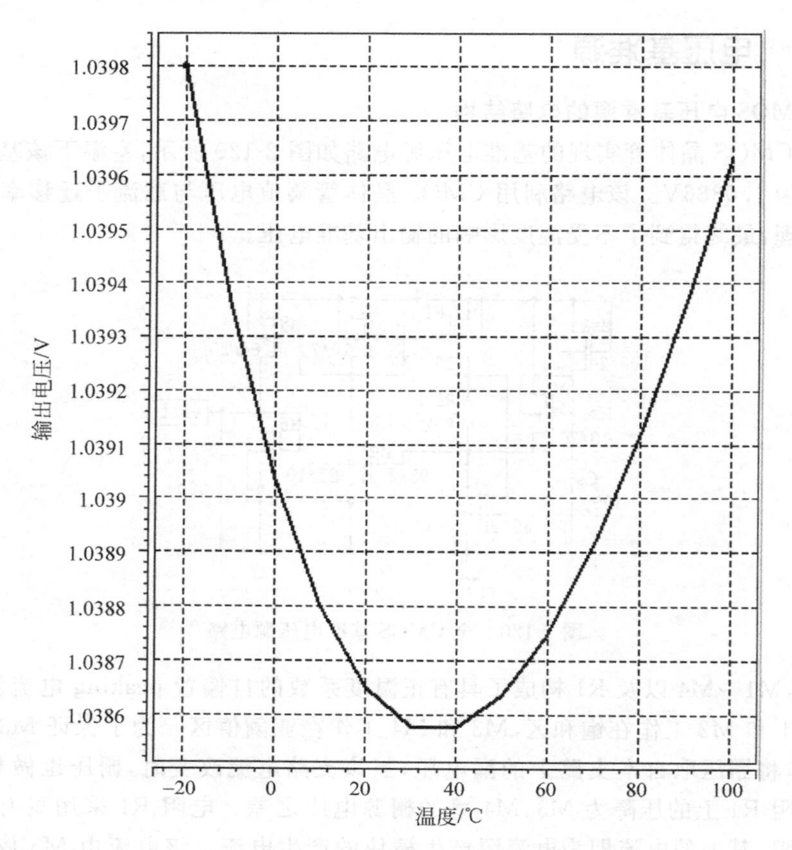


图 2-121 基准电压随温度变化的曲线

的检查。

① 沟道 $W=30\mu m$，沟道 $L=2\mu m$ 的 NMOS 管版图用“叉指”结构，将它分为 3 个 10/2 的晶体管，如图 2-122 所示。

② 沟道 $W=100\mu m$，沟道 $L=2\mu m$ 的 NMOS 管版图用“叉指”结构，将它分为 10 个 10/2 的晶体管，如图 2-123 所示。沟道 $W=95\mu m$，沟道 $L=2\mu m$ 的 NMOS 管版图也用“叉指”结构，将它分为 10 个 9.5/2 的晶体管，其版图与图 2-122 类似，这里不再列出。

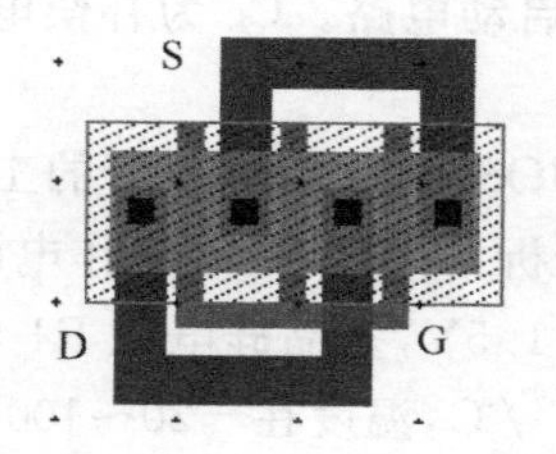


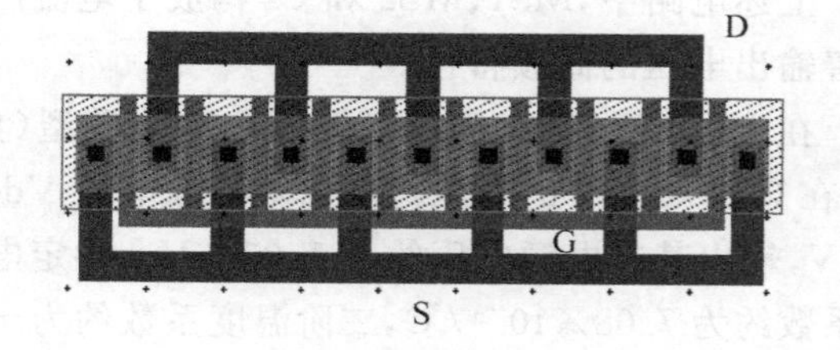

图 2-122 宽长比为 30/2 的 NMOS 的版图　　图 2-123 宽长比为 100/2 的 NMOS 的版图

③ 沟道 $W=10\mu m$，沟道 $L=20\mu m$ 的 NMOS 管版图如图 2-124 所示。

④ 沟道 $W=21\mu m$，沟道 $L=10\mu m$ 的 NMOS 管版图用“叉指”结构，将它分为两个 10.5/10 的晶体管如图 2-125 所示。

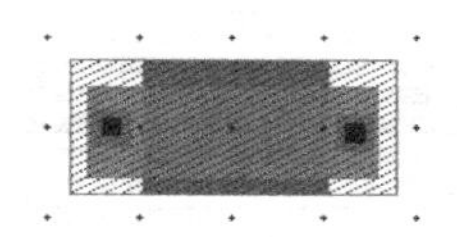

图 2-124　宽长比为 10/20 的 NMOS 的版图

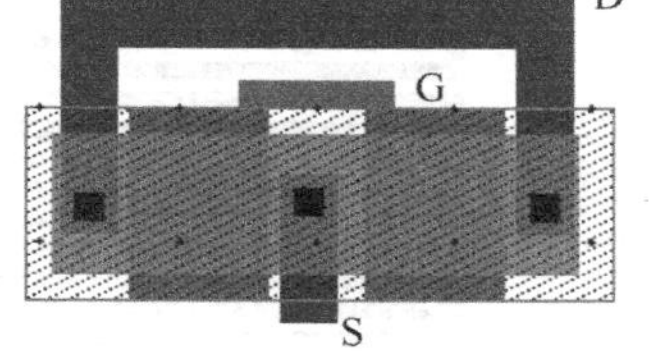


图 2-125　宽长比为 21/10 的 NMOS 的版图

⑤ 沟道 $W=10\mu m$,沟道 $L=20\mu m$ 的 PMOS 管版图如图 2-126 所示。

⑥ 沟道 $W=64\mu m$,沟道 $L=20\mu m$ 的 NMOS 管版图用"叉指"结构,将它分为两个 32/20 的晶体管,如图 2-127 所示。

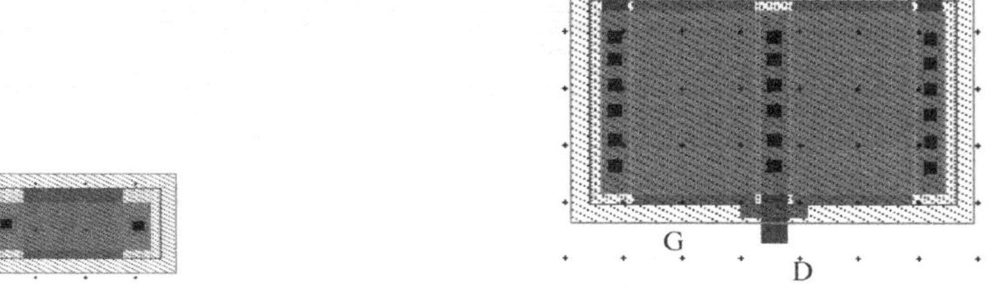


图 2-126　宽长比为 10/20 的 PMOS 的版图　　图 2-127　宽长比为 64/20 的 PMOS 的版图

⑦ 电容量为 50pF 的电容版图如图 2-128 所示。这里电容用双层多晶硅电容器来实现。图 2-128 中电容器的电容量为 49.981 734pF。电容量为 100pF 的电容也用双层多晶硅电容器来实现,最终得到的电容器的电容量为 99.988 855pF。

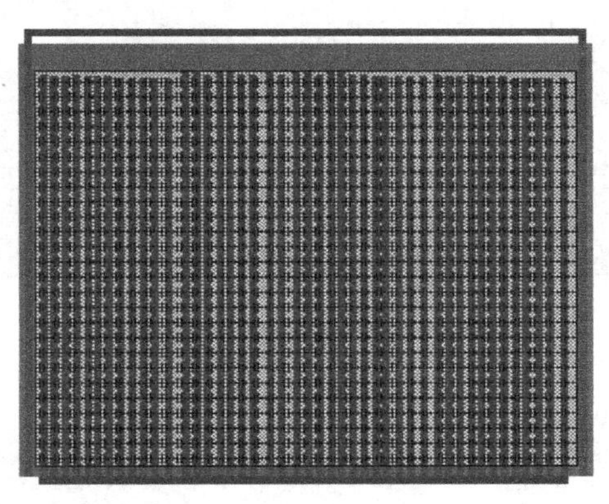

图 2-128　电容量为 49.981 734pF 的电容的版图

⑧ 电阻值为 80kΩ 电阻的版图如图 2-129 所示。这里采用多晶硅电阻来实现。由于电阻的阻值比较大,为了节省芯片面积这里采用蛇形的方法来绘制。图 2-129 中电阻的阻值为 79.9981kΩ。

CMOS 基准电压源的总体版图如图 2-130 所示,去除电容和电阻之后的版图如图 2-131 所示。

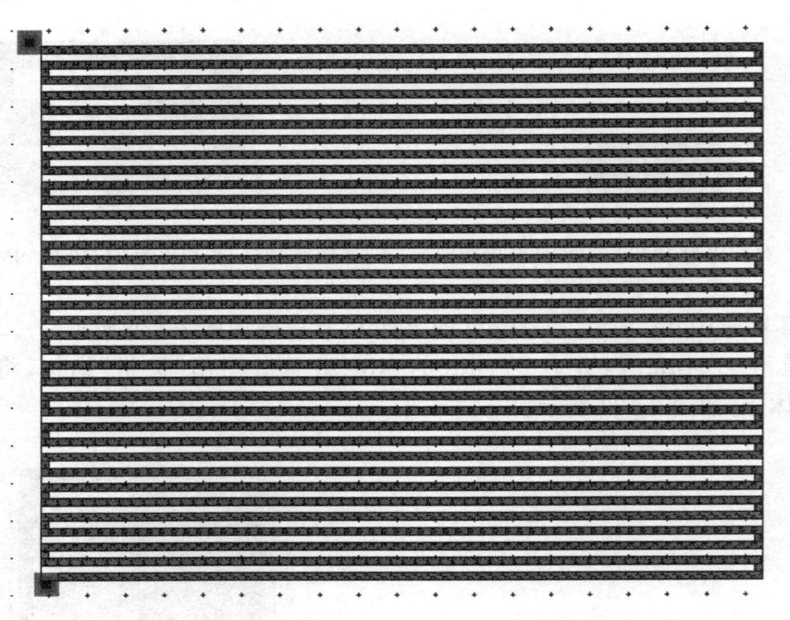

图 2-129　电阻值为 79.9981kΩ 的电阻的版图

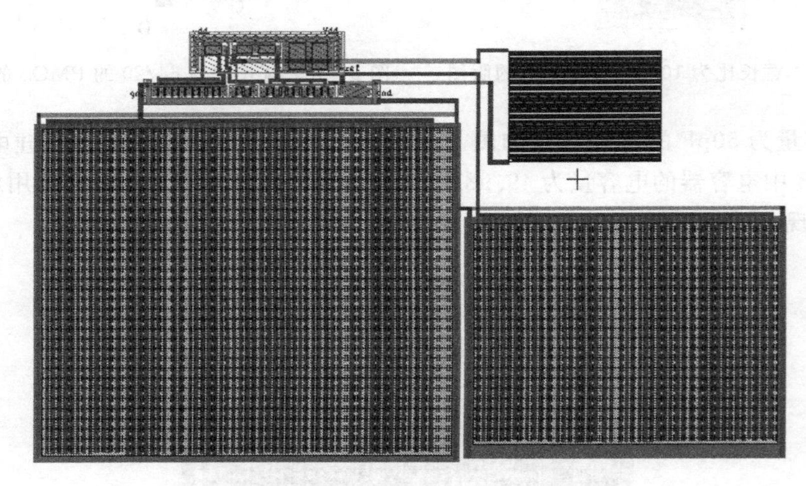

图 2-130　CMOS 基准电压源的整体版图

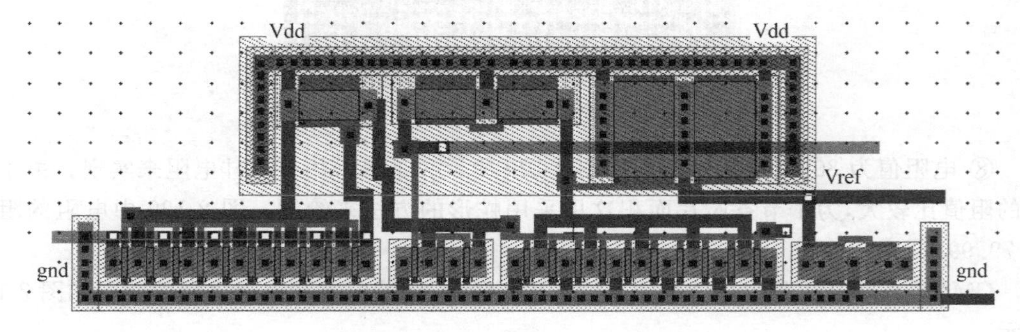


图 2-131　去除电阻和电容后的版图

## 2.4.3 触发器

触发器的种类繁多，不同类型的触发器可以通过适当的连接实现相互转换。这里以应用较为广泛的D触发器为例来加以说明。

**1. 基本的D触发器的电路结构**

常用的D触发器一般采用主从触发器的结构，这里以无置位和复位端的D触发器为例来加以说明。无置位和复位端的D触发器的电路如图2-132所示。

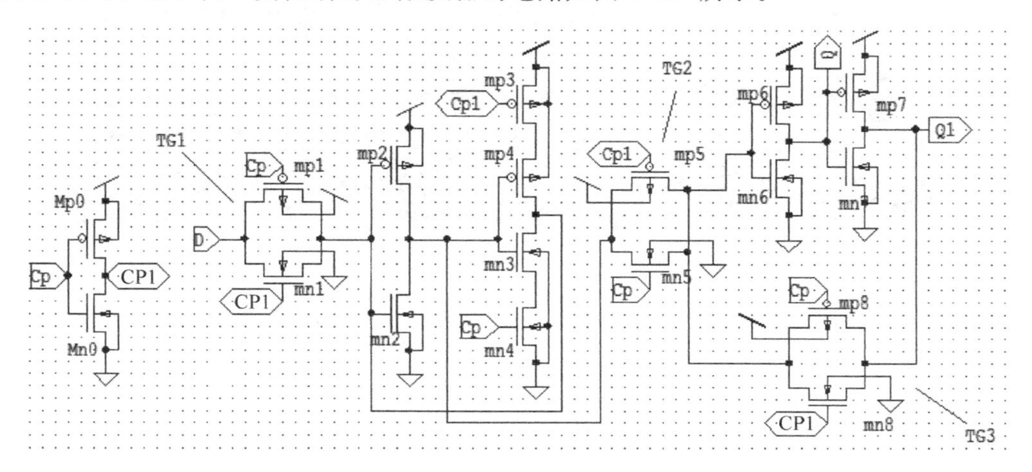


图2-132　基本的D触发器的电路结构

图中，Cp1为Cp的反向信号，Q1为Q的反向信号。该触发器的输出Q在Cp的上升沿触发。Mn0和Mp0构成的反相器用于产生Cp1信号。mn1～mn4以及mp1～mp4构成主触发器，mn5～mn8以及mp5～mp8构成从触发器。电路中有3个传输门TG1～TG3。当Cp为"0"时，TG1导通，mp3和mn4截止，TG2截止，TG3导通，输入信号D进入主触发器，但并不能传到输出端。之后当Cp信号变为"1"时，TG1截止，mp3和mn4导通，TG2导通，TG3截止，输入的信号通过TG2传送到输出端。当Cp信号再变为"0"时，虽然TG2截止，但由于TG3导通，信号在从触发器中形成闭合回路，输出端Q和Q1处于保持状态。

**2. 基本的D触发器的版图结构**

基本的D触发器的版图设计采用4行结构。由于该触发器的单元只有反相器和传输门，因此在布局的时候，中间的两行用来形成反相器，第1行和第4行用来形成传输门。布线时可采用Poly层、Metal1层和Metal2层，以达到交叉布线的目的。

绘制版图时采用的设计规程名称为MOSIS/ORBIT 2.0U SCNA Design Rules，在绘制D触发器的过程中应注意查看相应的设计规程并及时进行设计规程检查。用标准单元法绘制的D触发器的版图如图2-133所示。

## 2.4.4 计数分频器

**1. 计数分频器的电路结构**

一个简单的由D触发器构成的3位二进制异步加法计数分频器如图2-134所示。

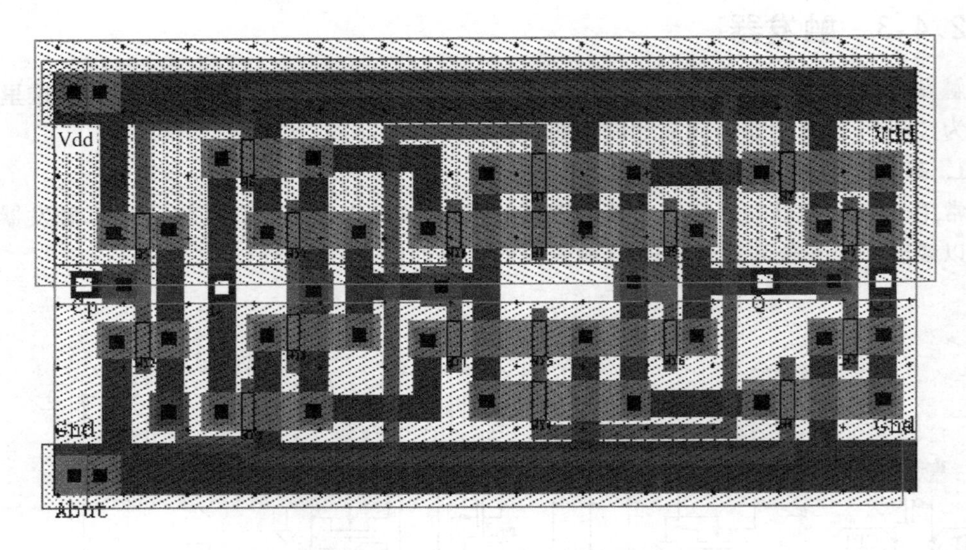


图 2-133 基本的 D 触发器的版图

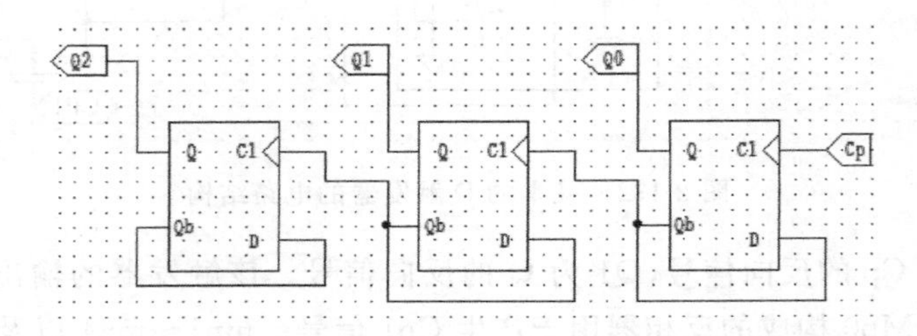


图 2-134 3 位二进制异步加法计数分频器

该电路由 3 个上升沿触发的无复位和置位端的 D 触发器组成。将 D 触发器的 Qb 端与输入端 D 短接，从而使 D 触发器处于计数状态。此时的 D 触发器的特性方程为：$Q^{n+1}=D=\overline{Q^n}$，当 Cp 脉冲到来时，触发器的状态发生翻转。计数脉冲 Cp 加到最低位触发器的 C1 端。电路中 Q2 为最高位输出端，Q0 为最低位输出端。将其中的 D 触发器用晶体管电路(图 2-132 所示)来代替即可得到晶体管级的计数器电路。

用 T-Spice 电路模拟器模拟得到该计数器的输出波形如图 2-135 所示。

如计数器从 000 状态开始计数，在第 8 个计数脉冲输入后计数器又重新回到 000 状态，完成一次计数循环。因此该计数器是八进制加法计数器，又称模 8 加法计数器。假定计数脉冲 Cp 的频率为 $f_o$，那么输出端 Q0 的波形频率为$\frac{1}{2}f_o$，输出端 Q1 的波形频率为$\frac{1}{4}f_o$，输出端 Q2 的波形频率为$\frac{1}{8}f_o$。这说明计数器除具有计数的功能外，还具有分频的功能。

**2. 计数分频器的版图结构**

3 位二进制异步加法计数器的版图如图 2-136 所示，在 3 个无复位和置位端的 D 触发器的版图上做相应的连接后即可得到 3 位二进制异步加法计数器的版图。

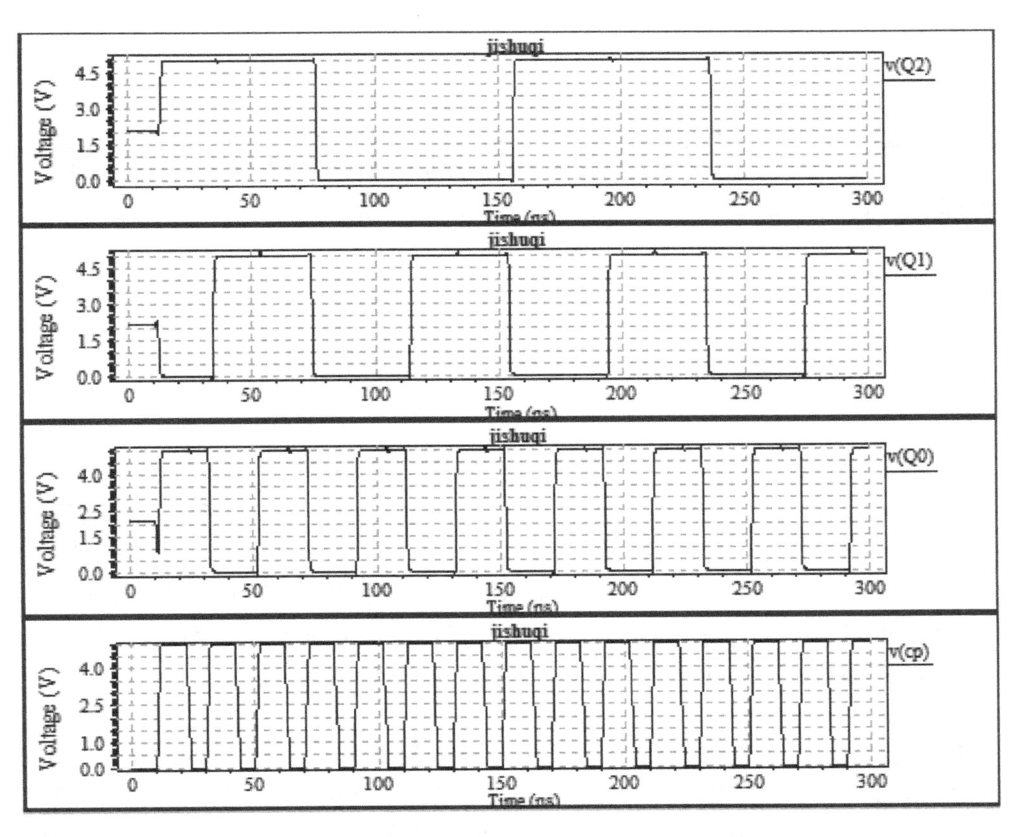


图 2-135　3 位二进制异步加法计数器的输出波形

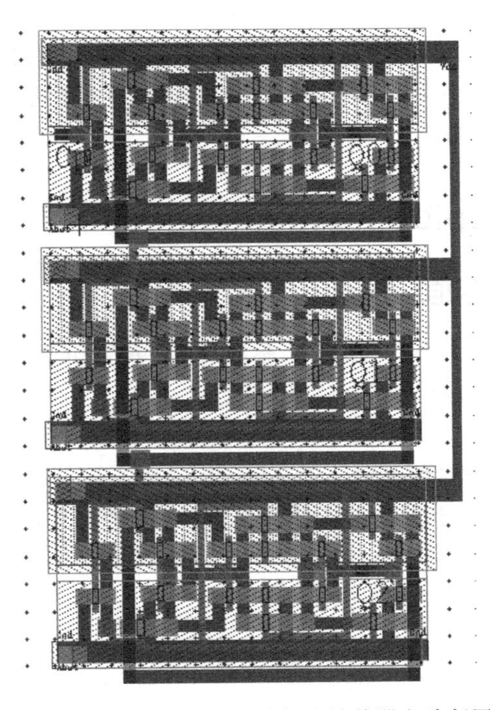

图 2-136　3 位二进制异步加法计数器电路版图

# 第3章 版图后仿真 T-Spice 使用

CHAPTER 3

本章主要介绍版图后仿真软件 T-Spice 电路模拟器及 W-Edit 波形观测器的使用方法。

电子电路的设计流程中包括一个重要的预制备验证阶段。由于实际的制备过程需要花费巨大的资金和时间，这使得精确地验证成为设计工艺的关键步骤。T-Spice 电路模拟器可以对包含成百上千个基本元件的模拟电路及模数混合电路进行精确的模拟和仿真。

T-Spice 电路模拟器主要是对 S-Edit 电路图编辑器输出的 SPICE 网表(后缀为. sp)和 L-Edit 版图编辑器提取的 SPICE 网表(后缀为. spc)进行模拟和仿真。SPICE 网表是用 T-Spice 语言写成的。

把集成电路模拟所产生的数据图形化对于电路的理解、测试及改进都十分重要。W-Edit 波形观测器可以实现将模拟数据图形化的功能。W-Edit 软件提供给使用者观察信号的窗口，它允许使用者打开多个信号，并将这些信号分置或合并在多个或一个版面上，也可让使用者重新选择哪些信号要显示在窗口中。

W-Edit 波形观察器用来观察 T-Spice 电路模拟器在仿真过程中得到的输出波形图。W-Edit 从 T-Spice 模拟器中得到描述波形的数据文件，并将数据文件绘制成波形图。W-Edit 不对数据文件加以修改。

## 3.1 初识 T-Spice

### 3.1.1 使用者界面

T-Spice 窗口的界面由 7 个部分组成：标题栏、菜单栏、工具栏、状态栏、模拟管理器、文本窗口以及模拟状态显示窗口，如图 3-1 所示。

**1. 标题栏**

标题栏显示 T-Spice 窗口的名称。T-Spice 窗口的工作区可以同时打开一个模拟窗口和多个文本编辑窗口。当某个文本窗口最大化时，标题栏可显示该文件的名称。当模拟窗口最大化时，标题栏将显示 T-Spice Simulation Status(T-Spice 模拟状态)。标题栏的右侧有使窗口最小化、最大化和关闭的图标。

**2. 菜单栏**

菜单栏显示 T-Spice 命令菜单的名称，如图 3-2 所示。其中，编辑菜单(Edit)和窗口(Window)菜单只有在当前窗口含有文本文件时有效。

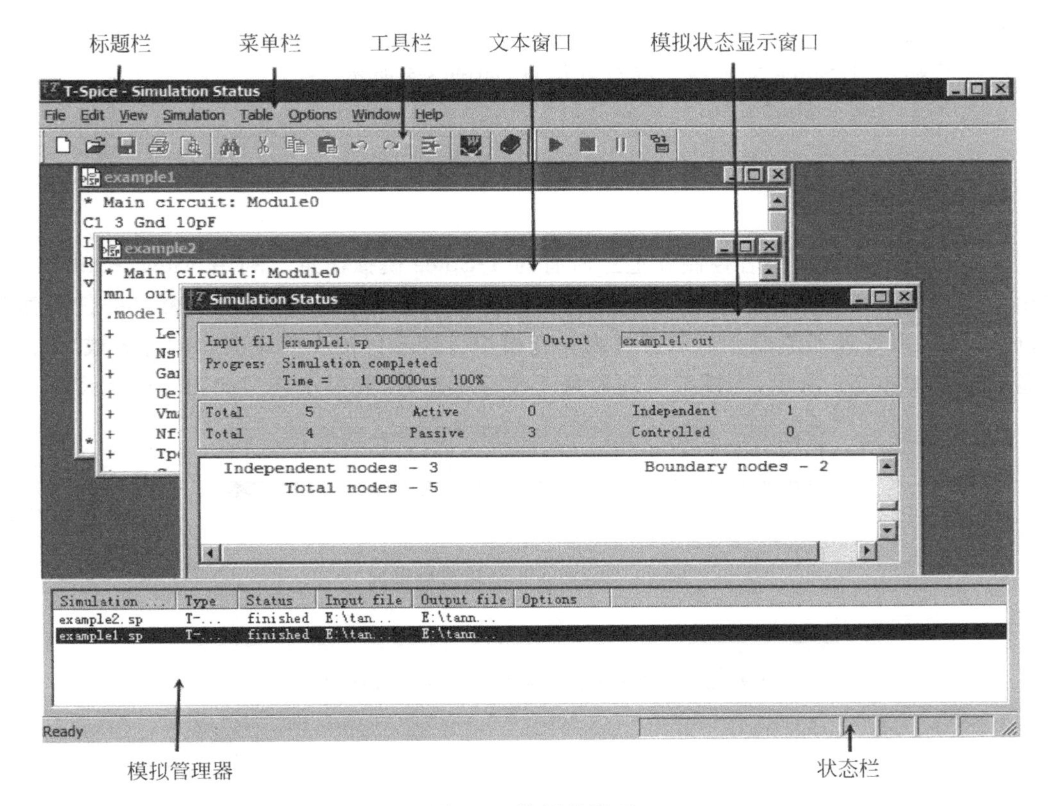


图 3-1　使用者界面

File Edit View Simulation Table Options Window Help

图 3-2　菜单栏

其中，File为文件编辑命令；Edit为文本编辑命令；View为视图工具命令；Simulation为操作模拟命令；Table为外部表相关命令；Options为选项命令；Window为窗口命令；Help为在线帮助命令。

**3. 工具栏**

工具栏中有最常用的命令工具的图标按钮，如图3-3所示。将鼠标指针放在相应的图标上时，在指针的右下方会出现该图标的功能提示。

图 3-3　工具栏

其中：：插入命令按钮；

：打开W-Edit波形观测器按钮；

：开始模拟按钮；

：停止模拟按钮；

：暂停模拟按钮；

：成批模拟按钮。

**4. 状态栏**

状态栏显示 T-Spice 文本窗口的行列信息，如图 3-4 所示。

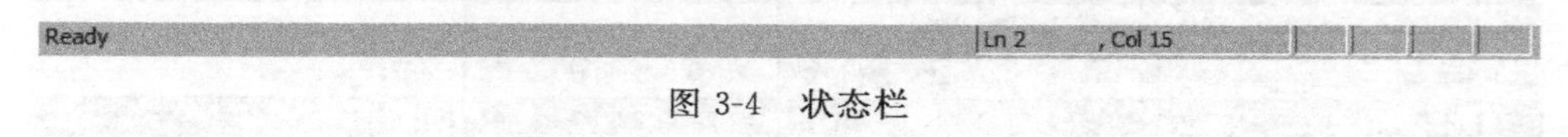


图 3-4　状态栏

**5. 模拟管理器**

模拟管理器允许使用者控制和追踪所有的 T-Spice 模拟信息。利用 View→Simulation Manager 来显示或隐藏模拟管理器。使用者可将模拟管理器停泊在显示窗口的任一边沿上，也可让模拟管理器漂浮在显示窗口内。当模拟管理器停泊在应用窗口的上方或下方时，其显示格式如图 3-5 所示，当模拟管理器处于漂浮状态时，其显示格式如图 3-6 所示。

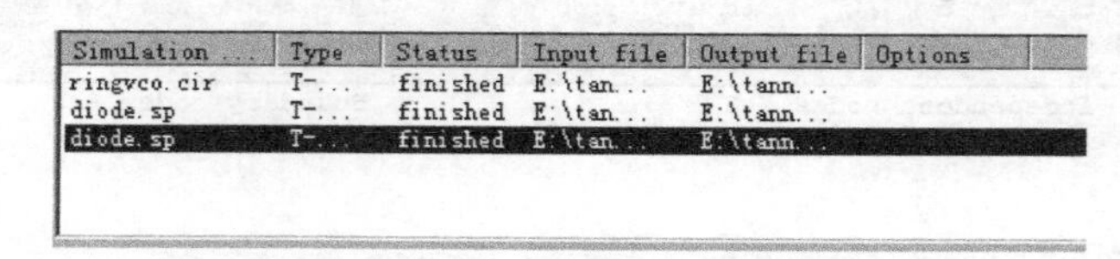


图 3-5　停泊状态的模拟管理器

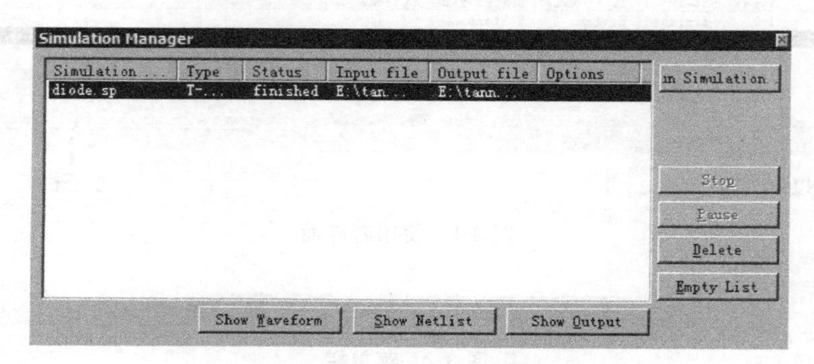


图 3-6　漂浮状态的模拟管理器

改变模拟管理器状态的方法有以下 3 种：

① 用鼠标将其拖曳到想要的位置。

② 在模拟管理器窗口中空白处右击，通过选择弹出菜单中 Docking View 工具来实现。

③ 当模拟管理器处于漂浮状态时，双击其标题栏可改变其显示状态；当其处于停泊状态时，双击其对话框的任何一个边沿可改变其状态。

**6. 模拟状态显示窗口**

模拟状态显示窗口用于显示 T-Spice 模拟文件的输出信息。它能够显示所模拟文件的数值统计，进程信息，以及警告或错误信息。

**7. 文本窗口**

文本窗口显示 T-Spice 模拟文件的输入信息。包括器件的描述语句，对电路进行的分析命令语句，以及打印输出命令语句等。

## 3.1.2　文件的操作

T-Spice 模拟器的 File 菜单中包含各种文件操作命令，这些命令与其他文本编辑器中的命令是类似的。

### 1. 文件的创建

File→New 命令用于创建一个新文件，在这个过程中使用者需要选择所创建的新文件的类型，T-Spice 可以创建以下的文件类型：

- T-Spice(.sp)：创建一个 Spice 文件；
- Model(.md)：创建一个模型文件；
- Output(.out)：创建一个输出文件；
- C(.c)：创建一个 C 语言文件；
- Header(.h)：创建一个页眉文件；
- Text(.txt)：创建一个文本文件。

### 2. 文件的打开

File→Open 命令用于打开任一个存储的文本文件，如图 3-7 所示。对话框上方的查找范围用来选择文件路径。对话框下方的文件类型下拉框用来选择文件类型。

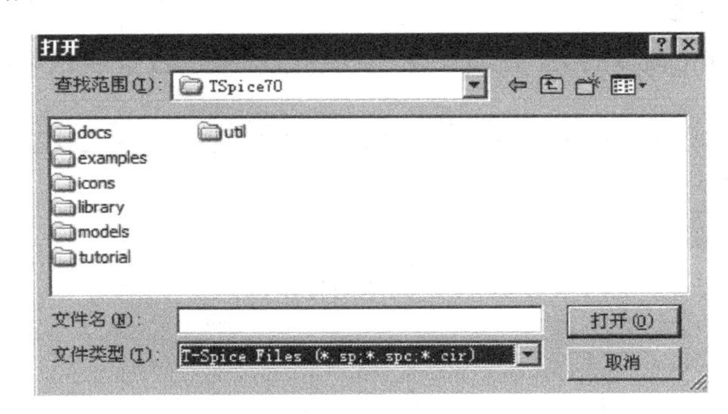


图 3-7 打开文件

### 3. 文件的关闭

File→Close 命令关闭活动窗口。如果文件已经修改，T-Spice 将出现一个警告对话框提醒使用者保存修改信息或取消关闭命令。

### 4. 文件的保存

File→Save 命令把活动窗口中的文件内容保存到上一次保存的文件路径和名称下。如果该文件之前未保存，则将打开 Save As 对话框。

File→Save As 命令打开 Save As 对话框，用于指定存储文件的路径和名称。如果使用者试图使用一个已存在的名称，T-Spice 将会出现一个警告对话框询问使用者是否要代替已存在的文件。

### 5. 文件的打印

File→Print 命令用来打印活动窗口中的文本文件，如图 3-8 所示。

对话框有如下选项：

- 打印机(Printer)选项组：名称(Name)选择框选择默认的打印机。状态(Status)，类型(Type)，位置(Where)以及备注(Comment)等显示栏分别显示打印机的相应信息。属性(Properties)按钮打开打印机属性对话框，对默认打印机进行相关设置。打印到文件(Print to File)复选框，把图表输出到文件而不打印到纸上。
- 打印范围(Print range)选项组：指定打印的页面范围。

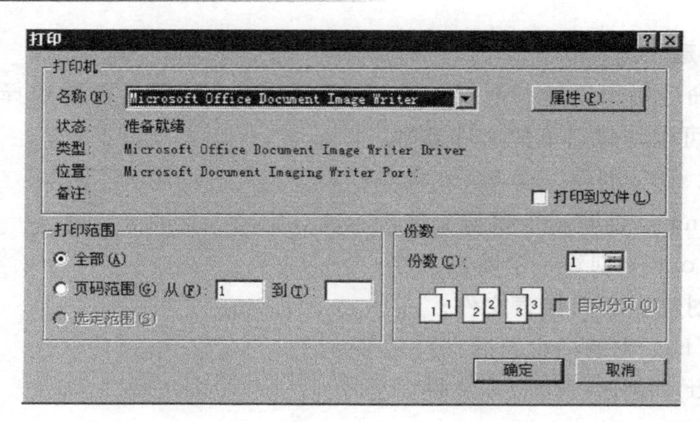


图 3-8　打印

- 份数(Copies)选项组：设置打印份数。

**6. 文本的打印预览**

File→Print Preview 命令打开"打印预览"对话框，用来进行打印预览设置，如图 3-9 所示。

图 3-9　文本的打印预览

对话框有如下选项：

- 打印(Print)：打开 File→Print 命令，开始打印。
- 下一页(Next Page)：卷动到文件的下一页。
- 前一页(Prev Page)：卷动到文件的前一页。
- 两页(Two Page)：同时显示当前文件的两页内容。
- 放大(Zoom In)：放大当前文件。
- 缩小(Zoom Out)：缩小当前文件。
- 关闭(Close)：关闭打印预览。

**7. 文件的打印设置**

File→Print Setup 命令打开"打印设置"对话框，用来进行打印设置，如图 3-10 所示。

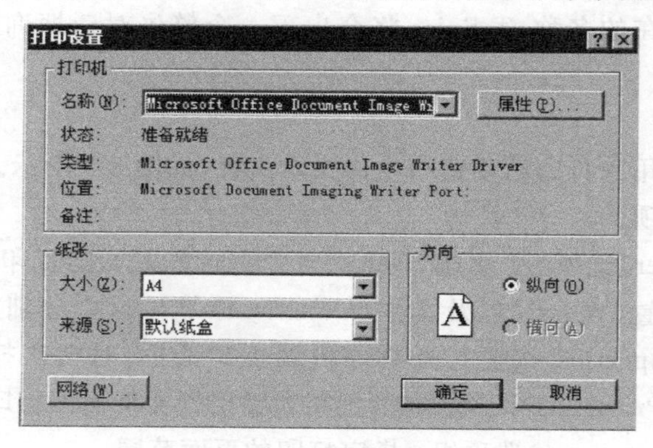


图 3-10　打印设置

对话框有如下选项：

- 打印机(Printer)选项组：名称(Name)选择框选择默认的打印机。状态(Status)、类型(Type)、位置(Where)以及备注(Comment)等显示栏分别显示打印机的相应信息。属性(Properties)按钮打开打印机属性对话框，对默认打印机进行相关设置。
- 纸张(Paper)选项组：大小(Size)下拉框用于选择纸张尺寸。来源(Source)下拉框用于选择纸张来源。
- 方向(Orientation)选项组：包含两个单选框用来选择纸张的方向，纵向(Portrait)和横向(Landscape)。
- 网络(Web)按钮：打开连接到打印机对话框，从网络中选择打印机。

**8. 文本的发送**

File→Send命令打开"文件发送"对话框，通过电子邮件把当前文件发送给邮件接收者(如果计算机系统没有邮件支持系统，那么这个功能不可用)。

**9. 最近打开的文件**

File→recently opened，最多能显示10个最近打开的文件，从这个列表中任意选择一个文件便可直接打开。

**10. 文件的退出**

File→Exit命令用于关闭T-Spice模拟器。当文件未保存或文件正在模拟中时将会出现一个警告对话框。

## 3.2 文本编辑器

在文本编辑器中，鼠标指针处在当前文本窗口中时将会变成'I'状。可以在输入文件中光标闪动的位置添加文字。状态栏的右侧会显示光标所在的行号和列号。单击可以把光标移动到所需的位置。按住左键并拖动鼠标可以选中文本窗口中一段文字，双击左键可以选中文件窗口中的一个单词，若要选中全部文本文件可用Edit→Select All(全选)命令。

可以用Edit→Cut，Edit→Copy，Edit→Paste，以及Edit→Clear命令来处理选中的文本文字。前3个命令在工具栏中有相应的快捷按钮。剪切(Cut)和拷贝(Copy)命令把删除或拷贝的内容放进剪贴板；粘贴(Paste)命令可把剪贴板的内容放到别处或者别的文本文件中。清除(Clear)命令则删除选中的文字。

### 3.2.1 操作的取消和复原

Edit→Undo命令(热键Ctrl+Z)或工具栏中的快捷按钮，可用来取消最近对输入文件的操作。T-Spice电路模拟器中有一个Undo缓冲器，最多可以保存前100次编辑操作的内容，按照逆向时间顺序，Undo工具一次只能取消一次操作。

以下情况下Undo操作可以被恢复：

- 打字的内容(包括删除的内容)。
- 用Edit→Cut，Edit→Copy，Edit→Paste，Edit→Clear，以及Edit→Insert Comment命令所做的编辑操作。

以下情况下 Undo 操作不可用：

- 刚打开 T-Spice 模拟器窗口时。
- T-Spice 模拟器窗口中的输入文件刚创建，刚打开，以及刚保存时。

Edit→Redo 命令（热键 Ctrl+Y）或工具栏中的快捷按钮，用来恢复前一次 Edit→Undo 命令取消的改变。一次只能恢复一次 Undo 操作，复原命令以相反的时间顺序保存在 Undo 缓冲器中。

## 3.2.2 文本的查找

Edit→Find（热键 Ctrl+F）命令用于在活动窗口中找到目标字符，它将打开 Find Item（查找项目）对话框，如图 3-11 所示。

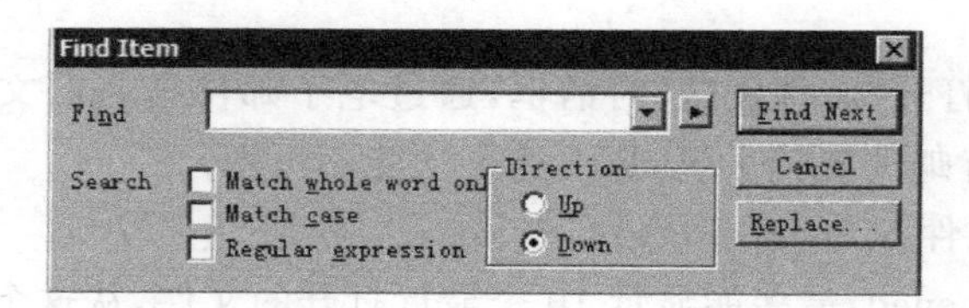


图 3-11 查找项目

对话框中有如下选项：

- Find（查找）填充框：填写所要查找的目标字符。填写框右侧的按钮用来填写特殊的字符代码，包括 manual line break（^l，手写行结束符），tab break（^t，制表符），White space（^w，空格符），以及 carat character（^^，脱字符）。
- Search（搜查数据）选项组有 3 个复选框：
  - Match whole word only（全部词匹配）复选框：只搜索与要查找的字符或字符串完全相匹配的词。
  - Match case（大小写匹配）复选框：只搜索与要查找的字符或字符串大小写完全匹配的词。
  - Regular expression（正规表达式）：打开正规表达式查找。
- Direction（方向）选项组：包含两个单选框：
  - Up（向上）单选框：从光标的位置开始向上查找。
  - Down（向下）单选框：从光标的位置开始向下查找。
- Find Next（查找下一个）按钮：开始在文本文件中寻找写入的字符或字符串。
- Replace（替换）按钮：将打开 Replace（替换）对话框，如图 3-12 所示。

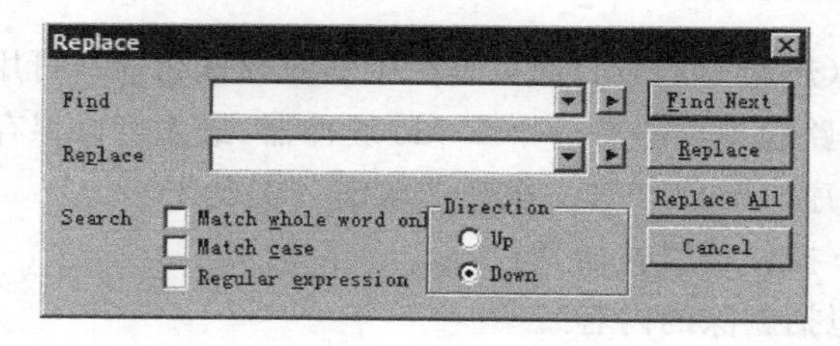


图 3-12 替换对话框

该对话框内的选项与 Find Item(查找项目)对话框基本相同,但多了两个选项:

- Replace(替换)填充框:写入替换字符,可用来替换 Find 填充框中字符的内容。填写框右侧的▶按钮用来填写特殊的字符代码,与 Find Item 对话框中的功能相同。
- Replace All(全部替换)按钮:在活动窗口中实现全部替换。

### 3.2.3　递增查找

Edit→Incremental Find(热键 Ctrl+I)命令将打开 Incremental Search(递增查找)对话框,如图 3-13 所示。在递增查找中,每写入一个目标字符都会启动一次新的查找。

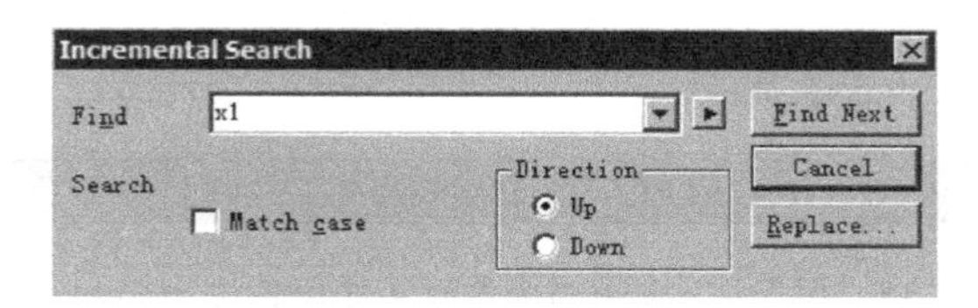


图 3-13　递增查找

递增查找对话框的选项与 Find Item(查找项目)对话框很相似,但 Search(搜查数据)选项只有一个:Match case(大小写匹配)单选框。

对话框的选项如下:

- Find(查找)填充框:填写在文本文件中要搜寻的目标字符。使用填充框右侧的▶按钮写入特殊字符代码,与 Find Item 对话框的功能相同。
- Search Match Case(搜索匹配的大小写)单选框:只搜索与要查找的字符或字符串大小写完全相匹配的词。
- Direction(方向)选项组,又包含两个单选框:
  - Up(向上)单选框:从光标的位置开始向上查找。
  - Down(向下)单选框:从光标的位置开始向下查找。
- Find Next(查找下一个)按钮:开始在文本文件中寻找写入的字符或字符串。
- Replace(替换)按钮:打开 Edit→Replace(替换)对话框,如图 3-12 所示。

## 3.3　设计的模拟

本节以一个简单的 RLC 电路为例来说明 T-Spice 模拟器的工作原理。

### 3.3.1　创建输入文件

在 T-Spice 模拟器下,用 File→New 命令(热键 Ctrl+N)打开"新建"对话框,如图 3-14 所示。选择 T-Spice,将创建一个新的 SPICE 文件,文件自动命名为 T-Spice1。也可以用工具栏中的打开新文件快捷按钮 ,它可直接在显示区中出现一个空的 T-SPICE 文件,文件也自动命名为 T-Spice1。

图 3-14　创建新文件

用 File→Save 命令(热键 Ctrl+S),或者用工具栏中的快捷按钮 ,打开保存为(Save Text As)对话框。在对话框中的保存在(save where)填充栏中选择文件的保存地址。在文件名(name)填充框中可写入文件的名称,这里为 example1. sp,之后单击保存(save)按钮,结果如图 3-15 所示。

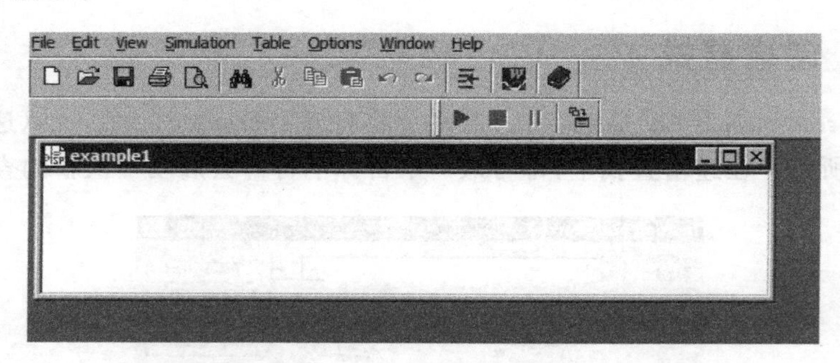


图 3-15 用 File→Save 命令给新文件命名为 example1. sp

## 3.3.2 写电路描述

本节以一个实际的例子来说明写电路的描述过程。本例中要描述的电路是一个 RLC 电路,其电路如图 3-16 所示。

**1. 电路的 SPICE 网单文件**

在 example1. sp 文件的窗口中,写入上述电路的描述语句,每一行用 Enter 键结束,如图 3-17 所示。

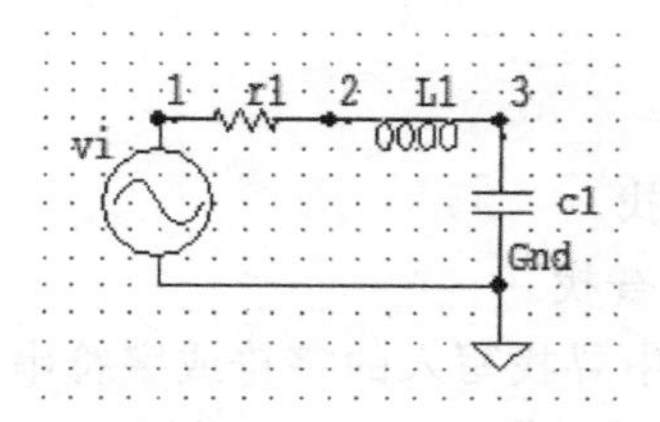


图 3-16 RLC 电路

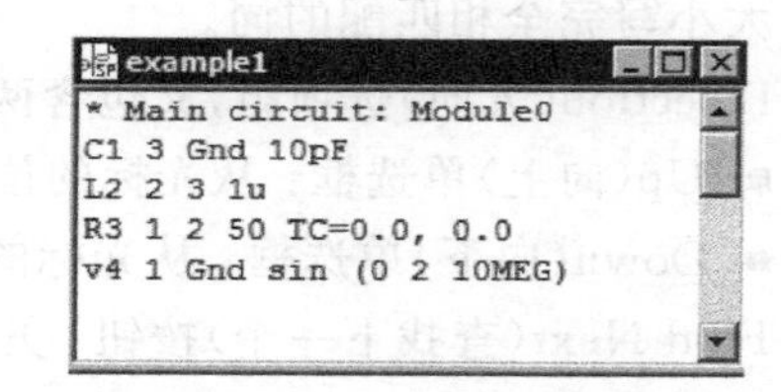


图 3-17 RLC 电路的 Spice 网单文件

example1. sp 文件的第 1 行是标题行,T-Spice 默认输入文件的第 1 行是标题行,它不参与模拟程序的执行。以下的 4 行为电路的描述语句,其中电容的描述语句用关键字'c 或 C'开头,电感的描述语句用关键字'l 或 L'开头,电阻的描述语句用关键字'r 或 R'开头,电压源的描述语句用关键字'v 或 V'开头。语句的排列不分先后。

example1. sp 文件中显示:电容 C1 的电容量为 10pF;电感 L2 的电感量为 1μH;电阻 R3 的电阻值为 50Ω,电阻值不随温度变化;电源 V4 是一个正弦波,其幅度为 2V,频率为 10MHz。

该电路的 Spice 网表还可以从 S-Edit 电路图编辑器中得到。在 S-Edit 中创建上述 RLC 电路,通过 File→Export 命令,输出成 SPICE 网表,然后在 T-Spice 编辑器下直接打开即可。

**2. 添加模拟命令**

要进行模拟需要在 T-Spice 网单文件中加入模拟命令。这里对 RLC 电路进行瞬态分析，查看输入电压和以节点 3 为输出端的输出电压随时间变化的波形。

添加模拟命令的方法有两种：①在电路的 Spice 网单文件中添加；②在 S-Edit 电路编辑器中添加。这里只介绍第①种添加命令的方法。

在 SPICE 网单文件中添加模拟命令又可分为两种：①在网单文件中直接写入所要添加的模拟命令(要求使用者熟练掌握 Spice 描述语言的命令语句)，结果如图 3-18 所示。②利用 T-Spice 中的插入命令工具来添加，操作步骤如下。

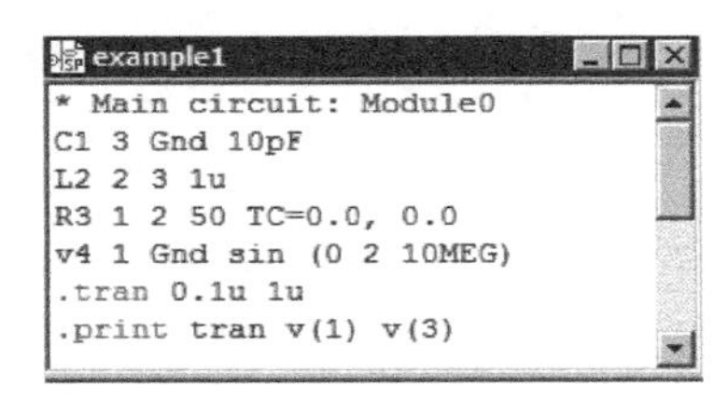

```
* Main circuit: Module0
C1 3 Gnd 10pF
L2 2 3 1u
R3 1 2 50 TC=0.0, 0.0
v4 1 Gnd sin (0 2 10MEG)
.tran 0.1u 1u
.print tran v(1) v(3)
```

图 3-18　加入模拟命令的 Spice 网单文件

(1) 加入瞬态分析命令(. tran 命令)

用 Edit→Insert Comment 命令(热键 Ctrl＋M)，或工具栏中的快捷按钮，打开 T-Spice Comment Tool(T-Spice 命令工具)对话框，如图 3-19 所示。

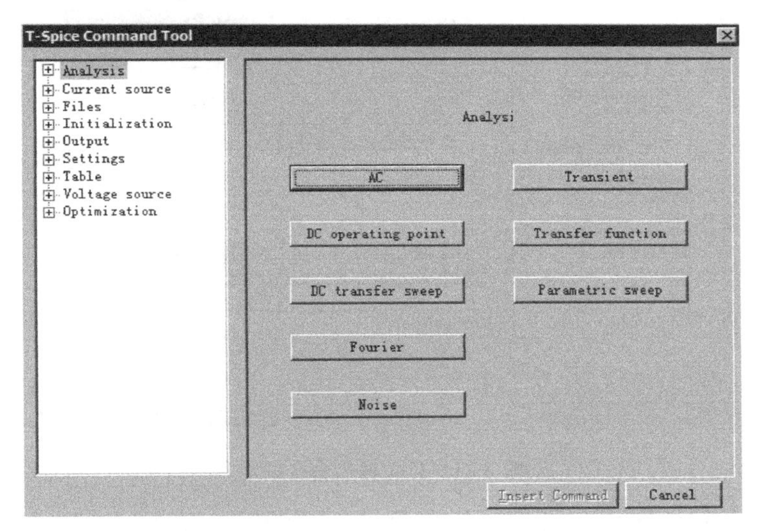


图 3-19　命令工具对话框

对话框中左侧是命令的类别，右侧是选中的命令类别包含的命令。左侧中第一类为 Analysis(分析)，选中其中包含的 Transient(瞬态)命令，出现瞬态命令设置对话框，如图 3-20 所示。

在 Maximum time(最大时间步距)填充框输入 100us(T-Spice 语言中用 u 表示 $\mu$)。在 Simulation(模拟时间长度)填充框输入 5ms。之后单击 Insert Comment(插入命令)按钮，即可在 SPICE 网单文件中加入瞬态分析命令。

(2) 加入打印输出命令(. print 命令)

打开 T-Spice Comment Tool(T-Spice 命令工具)对话框，选择左侧栏 Output(输出)类中的 Transient results(瞬态结果)命令，如图 3-21 所示。

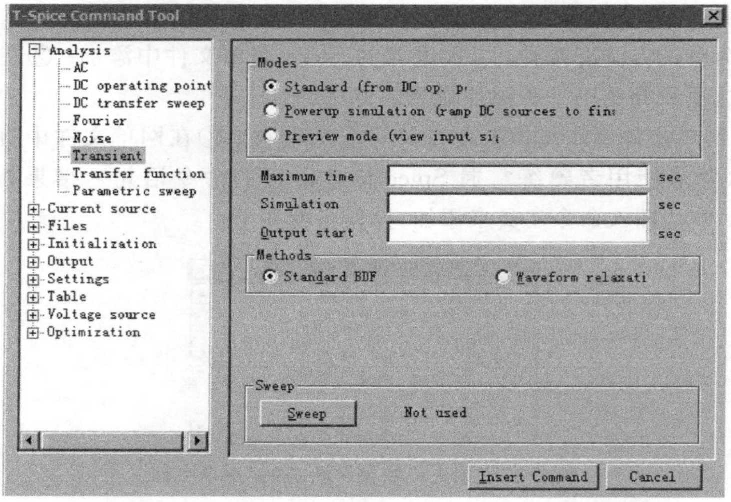

图 3-20　瞬态分析设定

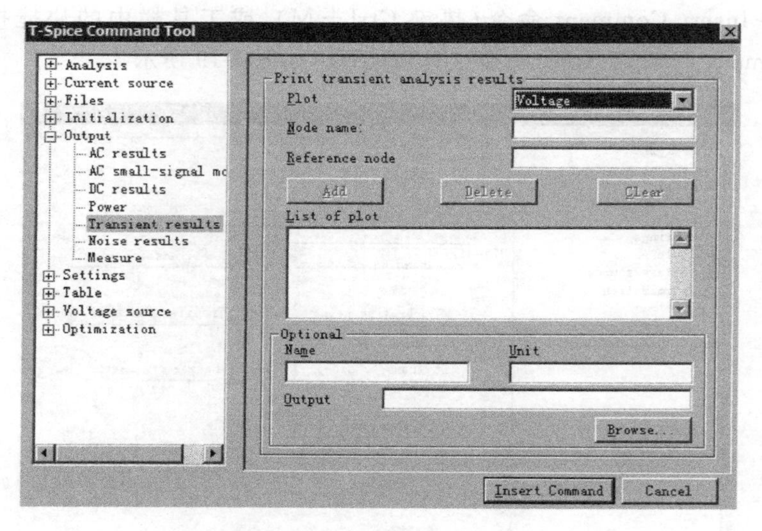


图 3-21　打印输出命令设定

在对话框的 Polt(绘图)下拉框中选择 Voltage(电压)。Node name(节点名称)填充框中写入 1,单击 Add(加入)按钮。将节点名称 1 替换成 3,再次单击 Add 按钮。最后单击 Insert Comment(插入命令)按钮,即可在 SPICE 网单文件中加入打印输出分析命令。

## 3.3.3　运行模拟

**1. 启动模拟**

用 Simulate→Run Simulation 命令(热键 F5)或者是工具栏中的快捷按钮▶,打开 Run Simulation(进行模拟)对话框对 example1. sp 文件进行模拟,如图 3-22 所示。

对话框中有以下选项:

- Input file name(输入文件名称)填充框:框内出现默认的输入文件的名称,后缀为 . sp 文件。

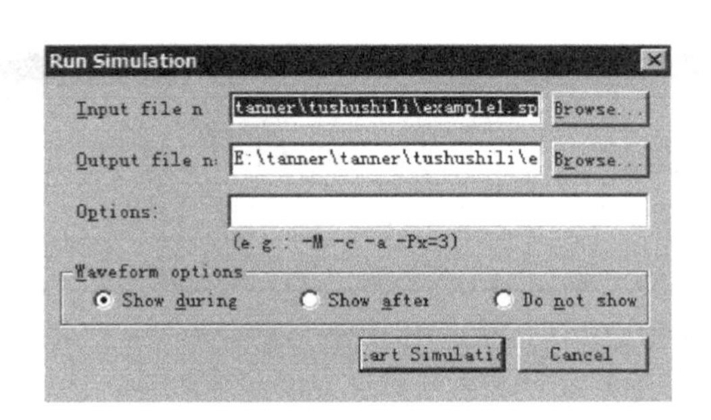


图 3-22　模拟对话框

- Output file name(输出文件名称)填充框：框内出现默认的输出文件的名称，文件的基本名称与输入文件相同，其后缀为.out。使用者也可以对输出文件的名称进行修改。
- Options(选项)填充框：输入命令行选项，这个命令行选项只对模拟输出产生影响而不改变输入文件。命令行选项可以有多个，相互之间用空格隔开。
- Waveform options(波形选项)选项组：包括3个单选框：
  - Show during(同时显示)：在模拟的同时在W-Edit中显示踪迹。
  - Show after(稍后显示)：在模拟完成后才在W-Edit中显示踪迹。
  - Do not show(不显示)：不打开W-Edit。
- Start Simulation(开始模拟)按钮：将文件增加到Simulation Manager(模拟管理器)队列的最后。

单击Start simulation(开始模拟)按钮，开始对输入文件进行T-Spice模拟，此时T-Spice Simulation Status(模拟状态)窗口打开，显示模拟的进程和状态，如图3-23所示。Simulation Status模拟状态窗口中的内容可以被剪切、拷贝以及粘贴，但不能保存。

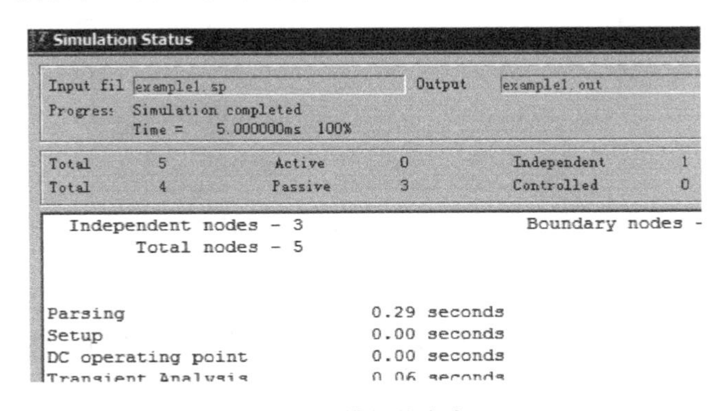


图 3-23　模拟状态窗口

模拟过程中因为选中Show during(同时显示)单选框，所以在W-Edit编辑器中将会同时出现模拟文件的输出波形，如图3-24所示。

**2. 终止模拟**

用Simulate→Stop Simulation(停止模拟)命令或者是工具栏中的快捷按钮■来停止正在进行的模拟进程。

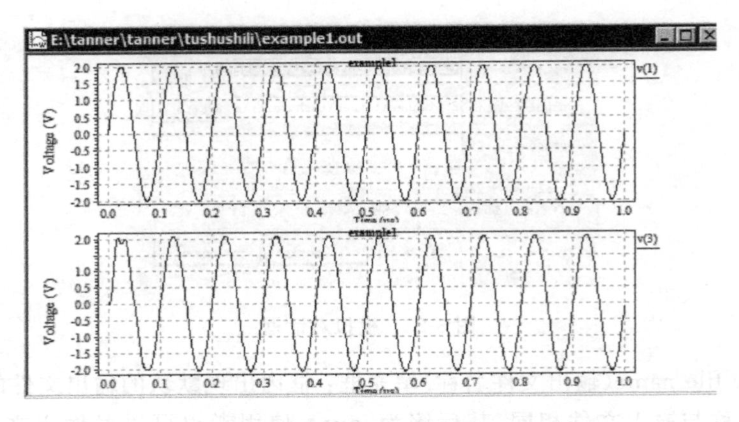


图 3-24 模拟输出波形

**3. 暂停模拟和重新开始模拟**

用 Simulate→Pause(暂停)命令或者是工具栏中的暂停按钮 II 来暂停正在进行的模拟进程。模拟暂停后,用 Simulate→Resume(重新开始)或者工具栏中的重新开始按钮 II 来重新激活当前模拟。

**4. 队列模拟**

用 Simulate→Batch Simulations(队列模拟)命令,打开 Create Batch(创建队列)对话框,如图 3-25 所示。

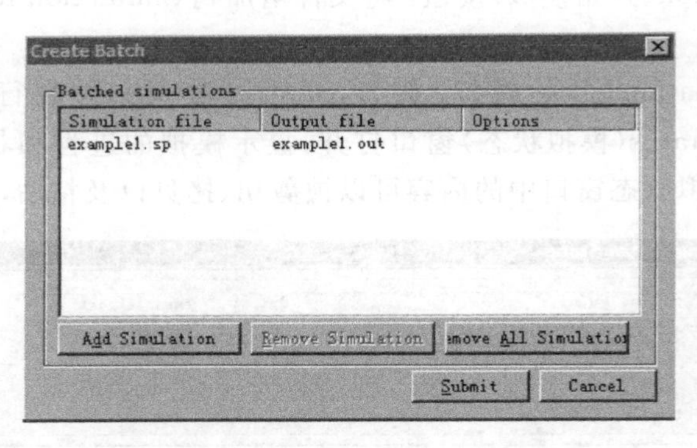


图 3-25 创建队列对话框

对话框中有以下选项:

- Add Simulation(增加模拟文件)按钮:打开 Add Simulation 对话框,增加一个新的文件到模拟管理器的文件列表中。
- Remove Simulation(移除模拟文件按)按钮:将选中的模拟管理器文件列表的文件移除。
- Remove All Simulations(移除所有的模拟文件)按钮:将模拟管理器文件列表中的文件全部移除。
- Submit(提交)按钮:将 Create Batch(创建队列)对话框中的列表文件发送到模拟管理器队列中。

## 3.3.4　查看输出文件

用 File→Open 命令打开 Open 对话框，在文件类型下拉表中选择 Output files( * . out)类型，然后在查找范围选择框中找到要查看的输出文件的地址和名称，单击"打开"(OK)按钮即可将所选的输出文件打开。

## 3.3.5　example1. sp 中的元件语句和命令语句

**1. 元件语句**

example1. sp 中的各元件的 T-Spice 语句格式分别为：

(1) 电阻

```
Rxxx n1 n2 [modelname] [R=] rValue
```

其中：xxx 为电阻名称，n1、n2 为电阻的两个引脚的节点名称，modelname 为电阻的模型名称，R=是任选的关键字，rValue 是电阻值。

(2) 电容

```
Cxxx n1 n2 [modelname] [C=] cValue
```

其中：xxx 为电容名称，n1、n2 为电容的两个引脚的节点名称，modelname 为电容的模型名称，C=是任选的关键字，cValue 是电容量。

(3) 电感

```
Lxxx n1 n2 [modelname] [L=] lValue
```

其中：xxx 为电感名称，n1、n2 为电感的两个引脚的节点名称，modelname 为电感的模型名称，L=是任选的关键字，lValue 是电感值。

(4) 电源电压

```
Vname n1 n2 [ [DC] I ] [ [AC] M [P] ] [waveform]
```

其中：name 为电压源名称，n1 为电压源的正端节点，n2 为电压源的负端节点，I 为电压源的直流值，M 为交流电压幅度，P 为交流电压相位，waveform 为瞬态波形。

电压源的直流、交流和瞬态值可以独立地和以任意次的次序指定，example1. sp 中指定电压源 V4 是一个正弦瞬态源。正弦瞬态源的 Spice 语句格式为：

```
sin (Vo Vp[Fr [De[Da[Ph]]]])
```

其中：sin 表示为正弦波，Vo 为偏移电压，Vp 为峰值电压，Fr 为频率，De 为延迟时间，Da 为阻尼因子，Ph 为相角超前。

**2. 命令语句**

(1) . tran 命令语句

. tran 命令是对电路进行瞬态分析，查看电路随时间变化的响应。. tran 命令的句法为：

.tran [/*mode*] *S L* [START=*A*] [method=*method*] [wrfactor=*F*] [wrwindow=*W*]

其中：*mode* 为瞬态分析的分析模式。包括 Op 模式、Powerup 模式和 Preview 模式。

选择 Op 模式时，电路在模拟前先进行 DC 工作点计算，确定电路的初始稳态电压。选择 Powerup 模式时，电路执行加电模式，设定在时间为零时，电路中所有节点上的初始电压都为零，随后其电位随时间而变化。选择 Preview 模式时，电路执行预览模式，此时只对电路施加输入信号，不对电路进行模拟。*S* 为允许的最大时间步距。*L* 为总的模拟时间。*A* 为波形输出开始的时间。*method* 为波形分析模式，分为 BDF 模式和 Wr 模式。其中 BDF 模式为采用标准的 BDF 法绘制输出波形。Wr 模式为采用逐次逼近法绘制输出波形。*F* 为波形逐次近似系数，在 *method* 为 Wr 时有效。*W* 为波形逐次逼近时时间窗口的大小。在 *method* 为 Wr 时有效。

(2) .print tran 命令语句

.print 命令用于报告模拟产生的结果。其语句格式为：

.print [*mode*] ["*filename*"] [*arguments*]

其中：*mode* 为分析模式。包括 tran、DC、AC 和 Noise 4 种模式。分别对应瞬态分析模式、直流转移特性分析模式、交流小信号分析模式和噪声分析模式。"*filename*"为设定输出文件的名称，必须加双引号。没有设定时采用 T-Spice 默认的文件名称。*arguments* 为输出变量。变量可以包含其他变量和全局参数的表达式。

## 3.4 外部表

T-Spice 输入文件中的元件模型有 3 种计算方法，分别为内部表计算、直接模型计算以及外部表计算。内部表是默认的计算方法。外部表计算方法速度最快，但占用的内存大，只有当输入文件带有先进的模拟库(Advanced Model Package)时才能使用外部表计算方法。

### 3.4.1 外部表文件

在 T-Spice 模拟器中，Table→Generate Table(产生表)命令用于从当前输入文件中产生一组外部表文件的基本名称。每个输入文件可被转为两个外部表文件：电流表文件和电荷表文件。

每个外部表文件都有两种格式，分别为文本格式(ASCII TEXT)和二进制格式(Binary)。文本格式的外部表的电流表文件和电荷表文件的后缀分别为.ftx 和.qxt。二进制格式的外部表的电流表和电荷表文件的后缀分别为.f 和.q。

使用外部表前需要首先定义外部表的参考名称。T-Spice 模拟器用 table 命令来定义表的参考名称。table 命令的格式如下：

```
.table tablename current charge
```

其中：tablename 为表的参考名称，current 为恒定的电流表文件，charge 为电荷表文件。

举例：

```
.table nmoslx3 nlx3.ftx nlx3.qtx
```

该命令语句将在外部表参考名称 nmoslx3 和表文件 nlx3.ftx 和 nlx3.qtx 之间建立了

某种联系。输入文件用于寻找表名称为 nmosl3 的器件描述，该器件使用电荷表文件 nlx3. qtx 和电流表文件 nlx3. ftx。

## 3.4.2　外部表的创建

创建外部表文件，需先在 T-Spice 中打开要转换的 T-Spice 输入文件。输入文件需要至少包括一个模型的定义语句和一个元件(如 MOSFET、JFET 或 Diode)的定义语句。

例如，需要转换的 SPICE 输入文件的名称为 example2. sp，其内容为：

```
* Main circuit: Module0
mn1 out in gnd gnd nmos l=2u w=22u
.model nmos nmos
+    Level=2              Ld=0.0u          Tox=225.00E-10
+    Nsub=1.066E+16       Vto=0.622490     Kp=6.326640E-05
+    Gamma=.639243        Phi=0.31         Uo=1215.74
+    Uexp=4.612355E-2     Ucrit=174667     Delta=0.0
+    Vmax=177269          Xj=.9u           Lambda=0.0
+    Nfs=4.55168E+12      Neff=4.68830     Nss=3.00E+10
+    Tpg=1.000            Rsh=60           Cgso=2.89E-10
+    Cgdo=2.89E-10        Cj=3.27E-04      Mj=1.067
+    Cjsw=1.74E-10        Mjsw=0.195
```

在 T-Spice 模拟器中用 Table→Generate Table 命令(热键 Ctrl+E)打开 Generate T-Spice Table(创建 T-Spice 表)对话框，如图 3-26 所示。

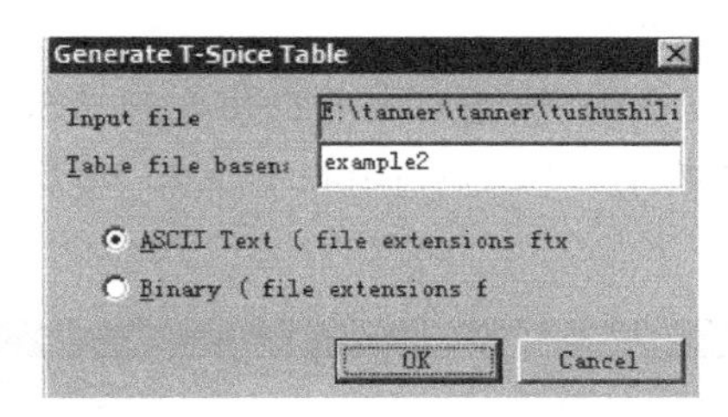


图 3-26　创建外部表

对话框中有如下选项：

- Input file(输入文件)框：列出要转换的 Spice 文件。
- Table file basename(表文件的基本名称)填充框：填写生成的外部表文件的名称。
- ASCII Text(ASCII 文字)单选框：生成文本格式的表文件。
- Binary(二进制)单选框：生成二进制的表文件。

单击对话框中的 OK 按钮，T-Spice 输入文件 example2. sp 的外部表 example2. ftx 和 example2. qtx 生成。

## 3.4.3　外部表的计算

执行外部表的计算需要打开待计算的 SPICE 文件。输入文件需要至少包含一个模型定义语句和一个元件(MOSFET、JFET 或 Diode)的定义语句。

假设需要计算的 Spice 输入文件的名称仍为 example2. sp。用 Table→Evaluate Table

命令(热键 Ctrl+U)打开 Evaluate Table(计算表值)对话框,如图 3-27 所示。

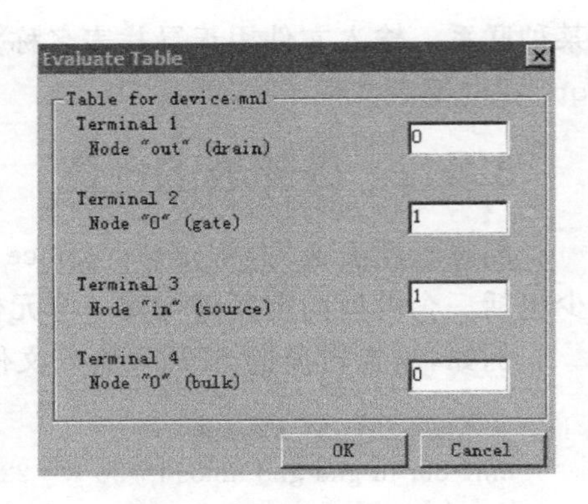

图 3-27 计算表值对话框

对话框中有以下内容:

- Table for device 显示栏:显示 Spice 输入文件中的元件名 mn1。
- 端电压表:包括元件 mn1 所有端点的电压设置填充框。

在 mn1 端点的电压填充框中输入各端点的电压值后单击 OK 按钮,T-Spice 模拟器开始计算当前输入文件所对应的外部表的电流和电荷值。

图 3-27 所示的设置下得到的计算结果如下所示:

Parsing "E:\tanner\tanner\tushushili\example2. sp"
Generating table for device "mn1"
CHECKTABLE RESULTS for device "mn1"

| Terminal | Voltage | Current | Charge |
|---|---|---|---|
| 1 | 0 | −4.58503e-005 | −1.65104e-014 |
| 2 | 1 | 0 | 5.08959e-014 |
| 3 | 1 | 4.58503e-005 | −6.69399e-015 |
| 4 | 0 | 0 | −2.76914e-014 |

## 3.4.4 外部表的转换

用 Table→Convert Table 命令(热键 Ctrl+T)可实现 ASCII 文本格式文件和二进制格式文件之间的相互转换。它将打开 Select Table File to be Converted(选择要转换的表文件)对话框,如图 3-28 所示。

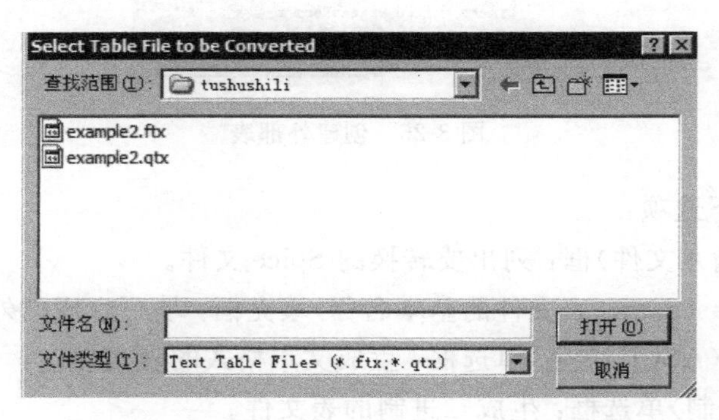

图 3-28 Select Table File to be Converted 对话框

在"查找范围"选择框的下拉框中找到要转换的文件,例如选择 example2. ftx 文件,单击"打开"按钮,即可将其转换成 example2. f 文件,反之也一样。

## 3.4.5 外部表的单调性检查

用 Table→Monotonicity Check 命令(热键 Ctrl+K)打开 Select Table File for Monotonicity Check(选择进行单调性检查的表文件)对话框,如图 3-29 所示。

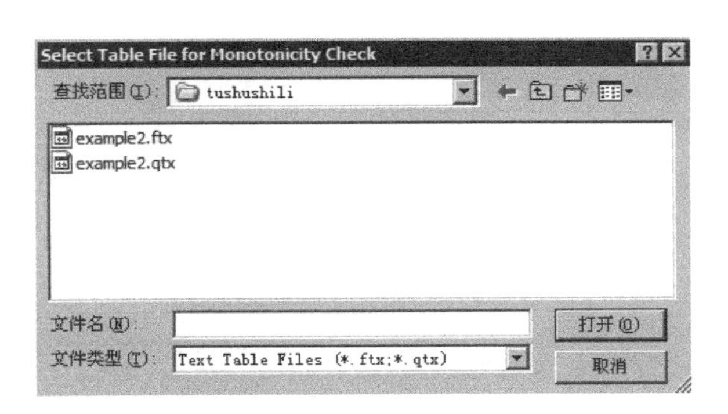


图 3-29 Select Table File for Monotonicity Check 对话框

在“查找范围”下拉框中找到要进行单调性检查的文件(ASCII 文本文件或二进制文件),单击“打开”按钮,出现 Save Output to File(保存输出到文件)提示框,如图 3-30 所示。提示框中显示默认的输出文件的路径,它跟输入文件在同一路径下。输出文件的后缀为 prt,基本名称与输入文件的基本名称相同。单击 OK 按钮,T-Spice 模拟器开始把单调性检查的结果输出到默认的输出文件中,同时在 Simulation Status(模拟状态)窗口中显示检查执行的情况,如图 3-31 所示。

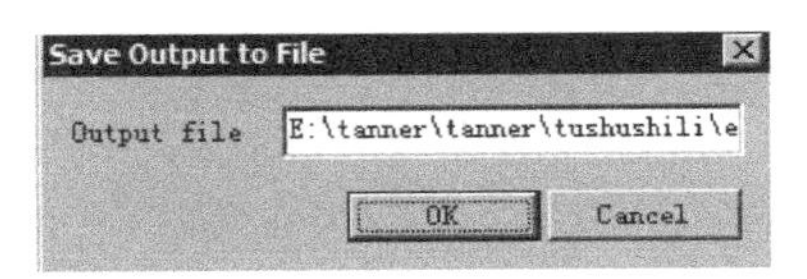


图 3-30 Save Output to File 提示框

```
Simulation Status
Input fil            Output
Progres:  Simulation failed
Total    0    Active    0    Independent    0
Total    0    Passive   0    Controlled     0

Copyright (c) 1993-2002 Tanner Research, Inc.

Checking monotonicity of table "E:\tanner\tanner\tushushili\example2.ftx"
Output is written to file "E:\tanner\tanner\tushushili\example2.prt"
   Parsing ascii table "E:\tanner\tanner\tushushili\example2.ftx"
0 non-monotonicities found.
```

图 3-31 单调性检查执行结果

## 3.4.6 表的输出

T-Spice 用 Table→Print Table 命令(热键 Ctrl+R)把外部表以可读格式输出到文件。该命令将打开 Select Table File to be Printed(选择要输出的表文件)对话框,如图 3-32 所示。

在“查找范围”下拉框中找到要输出的表文件(ASCII 文本文件或二进制文件),之后的操作同 3.4.5 节中的操作十分类似,这里不再赘述。

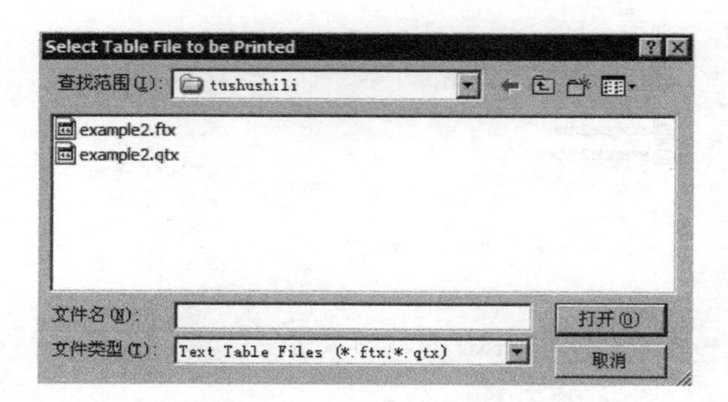


图 3-32 Select Table File to be Printed 对话框

# 第4章 版图后仿真 W-Edit 的使用

CHAPTER 4

## 4.1 初识 W-Edit

W-Edit 与 T-Spice 软件紧密地集成在一起。W-Edit 可以直接用 T-Spice 电路模拟器产生的数据输出文件进行绘图。W-Edit 把数据的集合当作一个称之为踪迹的单元来对待。不同文件的踪迹可同时在一个或多个窗口中显示。

W-Edit 观测器所显示的图表的视图可以移动或缩放；可以指定其 x-y 坐标轴的范围。使用者可以用游标工具来测量点的位置和点与点之间的距离；可以依照使用的喜好设定文字、坐标轴、格子、图表、颜色等，这些设定的信息保存在后缀为.wdb 的文件中。

### 4.1.1 启动 W-Edit

W-Edit 可以用安装目录中的启动图标来启动，也可以用 S-Edit 电路编辑器窗口或 T-Spice 电路模拟器窗口下工具栏中的图标来启动。

### 4.1.2 使用者界面

W-Edit 的使用者界面有5个组成部分：标题栏、菜单栏、工具栏、状态栏以及显示区，如图 4-1 所示。

**1. 标题栏**

标题栏显示 W-Edit 窗口的名称。

**2. 菜单栏**

菜单栏中包含 W-Edit 波形观测器的命令菜单名称，如图 4-2 所示。其中，File 包括文件的装入、保存和链接数据文件的命令。Edit 包括编辑和选择视图项目的命令。View 包括显示和放大视图项目的命令。Chart 包括操纵图表的命令。Options 包括图表的默认选项和全局选项命令。Window 包括安排和激活窗口的命令。Help 命令用于取得在线帮助。

**3. 工具栏**

W-Edit 的工具栏由一些图标按钮组成，如图 4-3 所示。将鼠标指针放在相应的图标上时，在指针的右下方会出现该图标的功能提示。

其中，：加载数据输出文件(out 文件)；

：选择当前窗口中的所有图表；

标题栏
菜单栏
工具栏
显示区
W-Edit Waveform Viewer - [E:\tanner\tanner\tushushili\example1.out]
File Edit View Chart Options Window Help
example1
Voltage (V)
Time (us)
v(3)
v(1)
For Help, press F1
CAP NUM SCRL
状态栏

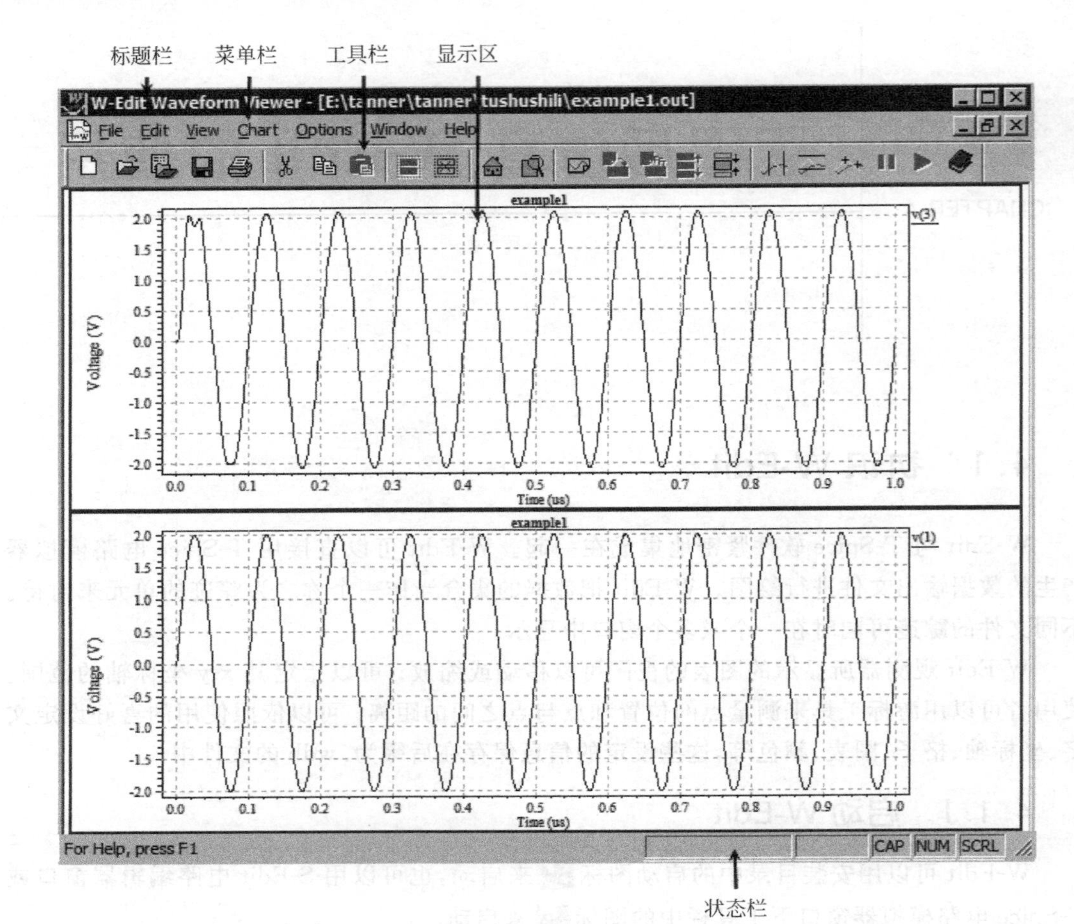

图 4-1 W-Edit 使用者界面

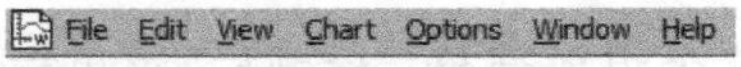

File Edit View Chart Options Window Help

图 4-2 菜单栏

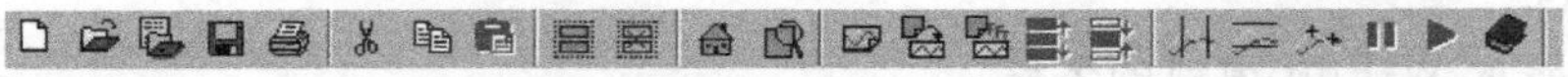

图 4-3 工具栏

：取消选中当前窗口中的所有图标；

：以最适当的范围显示所选信号的图形；

：用鼠标指针实现对信号图形的区域放大；

：在当前窗口中创建一个新的版面；

：改变选中的版面中的信号；

：扩展图表；

：收缩图表；

：这 3 个按钮都可打开测量光标尺。

**4. 显示区**

标题栏、工具栏、菜单栏以外的所有窗口都为显示区。在 W-Edit 的显示区中可以同时打开多个任务窗口，可以对这些窗口进行查看、编辑、最小化、最大化、关闭以及改变尺寸等操作。

**5. 状态栏**

状态栏有 6 个分格，如图 4-4 所示。

图 4-4　状态栏

## 4.1.3　文件格式

W-Edit 波形观测器具有两种文件格式，分别为数据文件格式和 WDB 文本格式。数据文件中含有 W-Edit 用来产生图表所需的所有数据信息。WDB 文件是二进制文件格式，用来保存 W-Edit 窗口的相关设置数据。

## 4.1.4　窗口、图表和踪迹

W-Edit 波形观测器显示区中最大的分立单元是窗口。在显示区中可以打开多个窗口，但一次只有一个窗口处于选中状态。使窗口处于活动状态的方法有两个：单击窗口或从窗口命令中的开启文件列表中选中它。可以对窗口进行移动、最小化、最大化、改变尺寸、关闭等操作。

在显示区产生新窗口的方法如下：

① File→Open 命令；

② File→New 命令；

③ File→Load Data 命令；

④ File→New Simulation Update 命令。

W-Edit 中的每个窗口都包含了一个或多个图表，图表中包含一个 X-Y 二维直角坐标系统。在图表的坐标系统中用称为踪迹的独立二维曲线来表示二维数据。图表窗口中还包括各种辅助项目，如栅格线、刻度标记以及注释等。

每个图表都必须有坐标系统，W-Edit 提供了一个含有 X-Y 坐标的直角坐标系。W-Edit 用内部比率的方式来确定坐标系统的大小，以及图标中标题、注释和说明的位置。当图表大小改变时，W-Edit 将自动地调整图表元素的大小和位置。

数据文件中的数字列形成了踪迹。通常，数字列由一个 X-列和一个相应的 Y-列来组成坐标对(X,Y)，这些坐标对用于形成踪迹。代表.step 或.alter 命令中的个体扫描范围的踪迹形成踪迹族。族中的踪迹可以被单独编辑，但同一族中的所有踪迹都具有相同的标识，另外各踪迹还可加上自己的号码。

每个踪迹都有名称、标记以及显示特性(如颜色、宽度、线形、标识符号等)。踪迹的名称由数据文件决定，使用者不能对其进行编辑。图表中的标号用来识别踪迹或踪迹族。双击图表的踪迹可以打开 Trace Properties(踪迹属性)对话框,它可以对踪迹的名称、标记和显示特性进行相关设置。

### 4.1.5 坐标轴系统

一张图表只能有一个坐标轴系统。坐标轴系统由坐标轴长方形、栅格线、刻度记号、刻度记号数字以及 X-和 Y-坐标轴的标号和单位组成。改变视图时,刻度记号和栅格线也会自动调整。使用者可以编辑标号和单元,设定主刻度与辅助刻度记号的可见度和间距,还可以设置 X-和 Y-坐标轴以线性方式还是以对数方式来显示图形。

W-Edit 支持 3 种类型的 X-坐标轴系统:数据、时间和频率。W-Edit 根据数据文件的标题信息自动设置该图表的 X-坐标轴系统。一旦 X-坐标轴系统被确定,与系统不匹配的踪迹单元将不能加载到图表中。

W-Edit 根据数据文件的信息自动产生 X-和 Y-坐标轴的标号。标号的格式一般为"类型(单位)"。其中,类型是坐标轴变量的名称(如时间、电压等),单位是标准单位名称。

### 4.1.6 选中和取消选中对象

大多数的操作和命令只对活动窗口中选中的目标对象起作用。W-Edit 有 3 种类型的目标对象:图表、踪迹和注释。

将鼠标指针放在要选择的对象上单击即可选中对象。在选中一个对象的同时,一般其他的对象会自动取消选中。如果在选中一个对象的同时按下 Shift 键或 Ctrl 键,那么对其他对象的选择状态将不产生影响。

单击未选中图表中的踪迹或注释时,W-Edit 观测器会自动选中该图表。使用者可以使用 Edit→Select 和 Edit→Deselect 命令来实现特殊类型对象的选择。

## 4.2 文件的操作

本节用实例来说明 W-Edit 相关命令的应用过程。这里所用的实例为 T-Spice 电路模拟器的输出文件 Nand2. out。

### 4.2.1 实例说明

**1. 电路描述**

输出文件 Nand2. out 对应的 S-Edit 电路图文件为 Nand2. sdb。Nand2. sdb 的电路图如图 4-5 所示。

**2. T-Spice 网单文件**

输出文件 Nand2. out 对应的 T-Spice 输入文件为 Nand2. sp 文件。

在 S-Edit 电路图模拟器中可以用 File→Export 命令将电路图转换成 T-Spice 网单文件,然后在 T-Spice 模拟器中打开上述生成的 Spice 文件。由 S-Edit 电路图生成的 Nand2. sp 文件的内容如下:

```
.probe
.options probefilename="E:\tanner\Nand2.dat"
```

```
+ probesdbfile="E:\tanner\Nand2.sdb"
+ probetopmodule="Nand2"
* Main circuit: Nand2
.include ml2_125.md
.print tran v(A) v(B) v(out)
.tran 100n 1u
Mn1 out A N2 Gnd NMOS L=2u W=22u
Mn2 N2 B Gnd Gnd NMOS L=2u W=22u
Mp2 out B Vdd Vdd PMOS L=2u W=22u
Mp1 out A Vdd Vdd PMOS L=2u W=22u
v1 Vdd Gnd 5.0
vB B Gnd pulse(0 5 0 10n 10n 100n 200n)
vA A Gnd pulse(0 5 0 5n 5n 50n 100n)
* End of main circuit: Nand2
```

在 T-Spice 中用 Simulation→Run Simulation 命令或工具栏中的快捷按钮 ▶，对上述网单文件进行 Spice 模拟，模拟过程中同时生成 nand2.out 数据文件，该文件包含了绘制图表的详细信息。

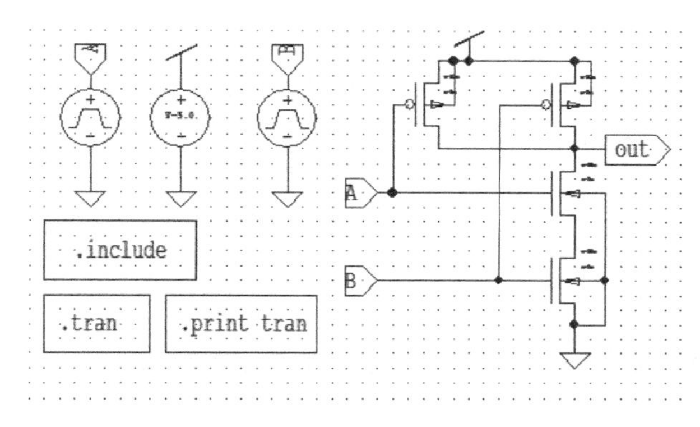


图 4-5　Nand2.out 对应的电路图

### 3. Nand2.sp 网单文件的相关解释

(1) 元件描述语句

① MOSFET

金属氧化物半导体晶体管(MOSFET)有 4 个端：源极、漏极、栅极和体极。其句法格式为：

*Mname drain gate source bulk model* [l=*L*] [w=*W*] [ad=*Ad*] [pd=*Pd*] [as=*As*] [ps=*Ps*] [nrd=*Nrd*] [nrs=*Nrs*] [M=*m*] [Tables=*T*]

其中：

*name* 为晶体管的名称；

*drain* 为晶体管的漏端；

*gate* 为晶体管的栅端；

*source* 为晶体管的源端；

*bulk* 为晶体管的体端；

*model* 为晶体管的模型名称；

*Ad* 为晶体管的漏极面积；

*Pd* 为晶体管的漏极周长；

*As* 为晶体管的源极面积；

*Ps* 为可通过的源极周长；

*Nrd* 为晶体管的漏极扩散方数；

*Nrs* 为晶体管的源极扩散方数；

*M* 为倍增因子，表示并联的个数；

*T* 为内部表的打开（*T*=1）或关闭（*T*=0）。

② 电压源

```
Vname n1 n2 [ [DC] I ] [ [AC] M [P] ] [waveform]
```

其中，name 为电压源名称，n1 为电压源的正端节点，n2 为电压源的负端节点，I 为电压源的直流值，M 为交流电压幅度，P 为交流电压相位，waveform 为瞬态波形。

电压源的直流、交流和瞬态值可以独立地和以任意次的次序指定。Nand2. sp 文件中定义 V1 为直流电压源，定义 VA 和 VB 为脉冲电压源。脉冲波形的格式为：

```
Pulse (Vi Vp [D [Tr [Tf [Pw [Pp] ] ] ] ]) [Round=R]
```

其中，Vi 初始电压；Vp 为峰值电压；D 为初始延迟时间；Tr 为上升时间；Tf 为下降时间；Pw 为脉冲宽度，Pp 为脉冲周期；R 为圆化半区间。

（2）相关命令语句

① . tran 命令和. print tran 命令

详见 3.3.5 节所述。

② . include 命令

. include 命令为包含文件命令，它将指定的文件中的内容包含到当前文件中。其语法格式为：

```
.include filename
```

其中，filename 为包含文件的名称，包含文件的后缀须为. md。

### 4.2.2 文本数据文件的装入

在 W-Edit 波形观测器窗口中，用 File→Load Data 命令或单击工具栏上的快捷按钮来打开 Load data 对话框，如图 4-6 所示。

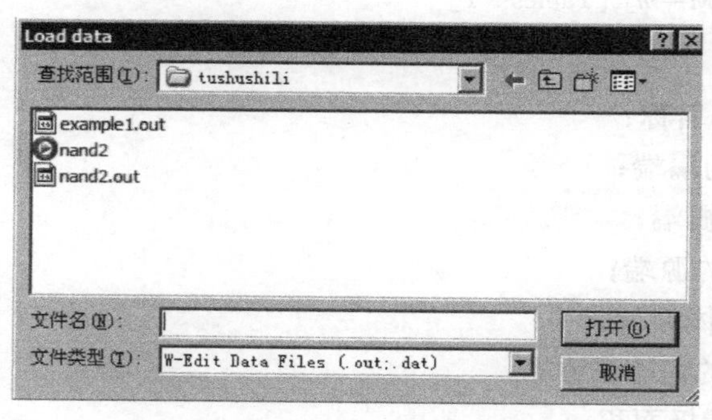


图 4-6　Load data 对话框

在对话框中的查找范围下拉框中找到 nand2. out 文件所在的路径，选中 nand2. out，单击“打开”按钮就可以装入所选的数据文件。装入文件后，将在 W-Edit 窗口的显示区中出现一个新的波形窗口，输出数据文件中的所有踪迹都显示在这张波形窗口中，将波形图保存为 nand2. wdb，如图 4-7 所示。

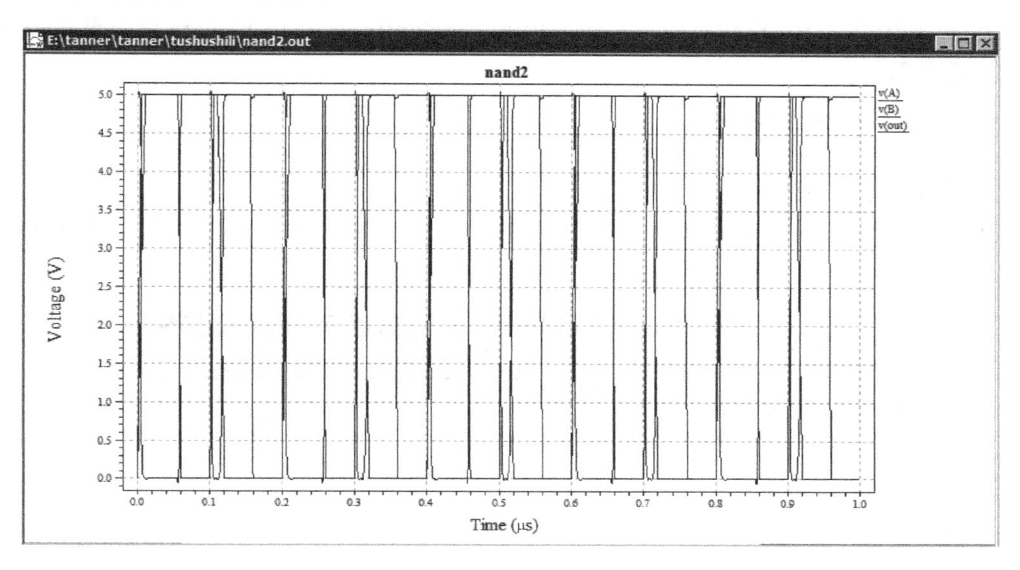


图 4-7 数据文件 Nand2. out 产生的波形图

## 4.2.3 WDB 文件的保存和打开

在 W-Edit 波形观测器中，当波形图未被保存时，用 File→Save 命令将打开 Save As 对话框，把当前窗口中的图表信息保存到. wdb 文件中去。

W-Edit 只能打开和保存后缀为. wdb 的 WDB 格式文件。WDB 文件不能移动或拷贝，这是因为 WDB 文件中包含有数据文件的引用信息，移动或拷贝会造成波形文件信息的丢失，使其无法打开。

W-Edit 用 File→Open 命令打开 WDB 文件。WDB 文件提供文件上次保存时的所有信息，如图表、踪迹、坐标轴系统、显示颜色等。

## 4.2.4 图表在模拟运行中的更新

当 T-Spice 电路模拟器在模拟 Spice 文件时，W-Edit 可自动绘出由 T-Spice 模拟产生的输出数据文件的波形图，这个过程就是图表在模拟运行中的更新。

**1. 启动 W-Edit 运行中更新**

启动 W-Edit 运行中更新的方法有以下几种：

- 选择 T-Spice 模拟对话框中的 Show Waveform During Simulation 单选框；
- 用 W-Edit 中的 File→New Simulation Update 命令；
- 模拟完成后在 S-Edit 中用波形探测工具对电路的节点或元件进行探测。

**2. 选择运行时更新文件**

在 W-Edit 窗口中可以设定新的运行时更新文件，以便在 T-Spice 模拟器过程中随时显示模拟产生的波形。可用 File→New Simulation Update 命令实现选择运行时更新文件。

**3. 暂停图表自动更新**

在 W-Edit 窗口中，用 File→Pause Auto Update 命令暂停活图表的自动更新。

**4. 继续图表自动更新**

在 W-Edit 窗口中，自动更新暂停后可用 File→Continue Auto Update 命令重新开始图表的自动更新。

## 4.2.5 图表的打印

**1. 图表的打印预览**

用 File→Print Preview 命令打开“打印预览”对话框，用来进行打印预览设置，如图 4-8 所示。

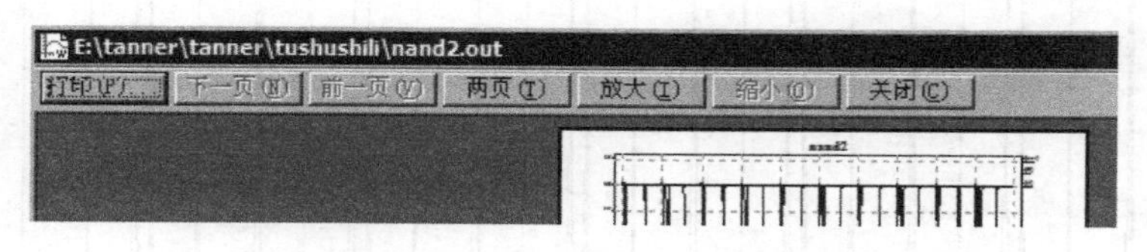


图 4-8 打印预览

对话框有如下选项：

- 打印(Print)：选择 File→Print 命令，开始打印；
- 下一页(Next Page)：卷动到文件的下一页；
- 前一页(Prev Page)：卷动到文件的前一页；
- 两页(Two Page)：同时显示当前文件的两页内容；
- 放大(Zoom In)：放大当前文件；
- 缩小(Zoom Out)：缩小当前文件；
- 关闭(Close)：关闭打印预览。

**2. 图表的打印设置**

用 File→Print Setup 命令打开“打印设置”对话框，用来进行打印设置，如图 4-9 所示。

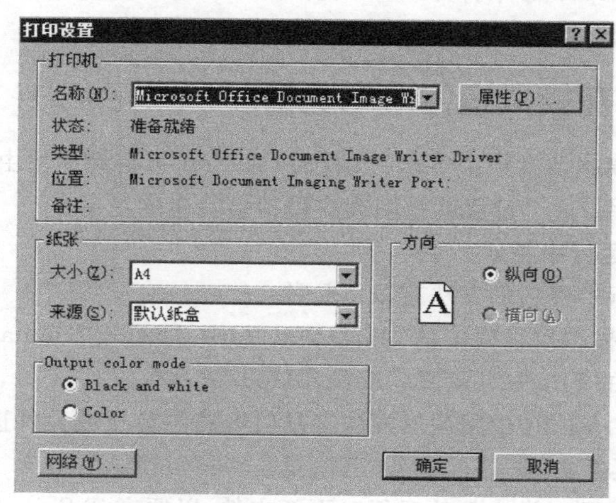


图 4-9 打印设置

对话框有如下选项：

- 打印机(Printer)选项组：名称(Name)选择框选择默认的打印机。状态(Status)、类型(Type)、位置(Where)以及备注(Comment)等显示栏分别显示打印机的相应信息。属性(Properties)按钮打开"打印机属性"对话框，对默认打印机进行相关设置。
- 纸张(Paper)选项组：大小(Size)下拉框用于选择纸张尺寸。来源(Source)下拉框用于选择纸张来源。
- 方向(Orientation)选项组：又包含两个单选框用来选择纸张的方向：纵向(Portrait)和横向(Landscape)。
- 网络(Web)按钮：打开"连接到打印机"对话框，从网络中选择打印机。
- Output Color Mode 选项组：有 Black and White(黑白打印)和 Color(彩色打印)两个单选框。

**3. 图表的打印**

File→Print 命令用来打印活动窗口中的图表，如图 4-10 所示。

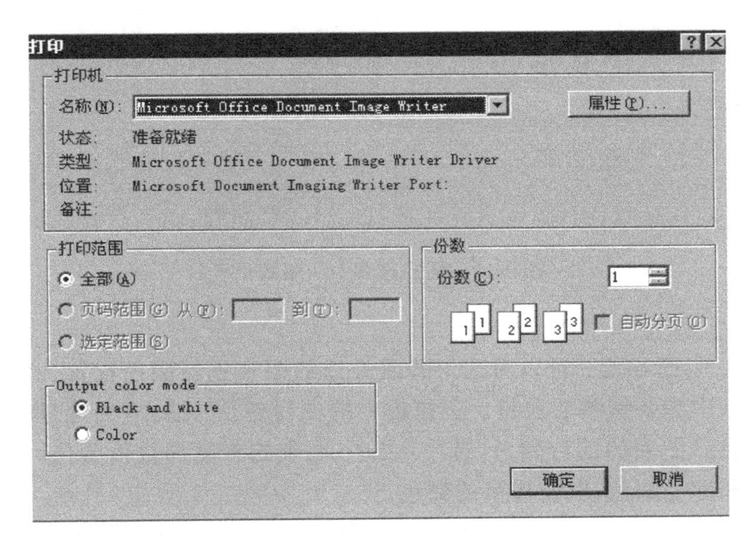


图 4-10　打印

对话框有如下选项：

- Printer(打印机)选项组：名称(Name)选择框选择默认的打印机。状态(Status)、类型(Type)、位置(Where)以及备注(Comment)等显示栏分别显示打印机的相应信息。属性(Properties)按钮打开"打印机属性"对话框，对默认打印机进行相关设置。打印到文件(Print to File)复选框，把图标输出到文件而不打印到纸上。
- 打印范围(Print range)选项组：指定打印的页面范围。
- 份数(Copies)选项组：设置打印份数。
- Output Color Mode 选项组：有 Black and White(黑白打印)和 Color(彩色打印)两个单选框。

### 4.2.6 图表的颜色设置

选择 Chart→Options-Format 命令，打开“版式设置”对话框，可对选中图表和去选图表的颜色、字体和栅格进行相关设置，如图 4-11 所示。

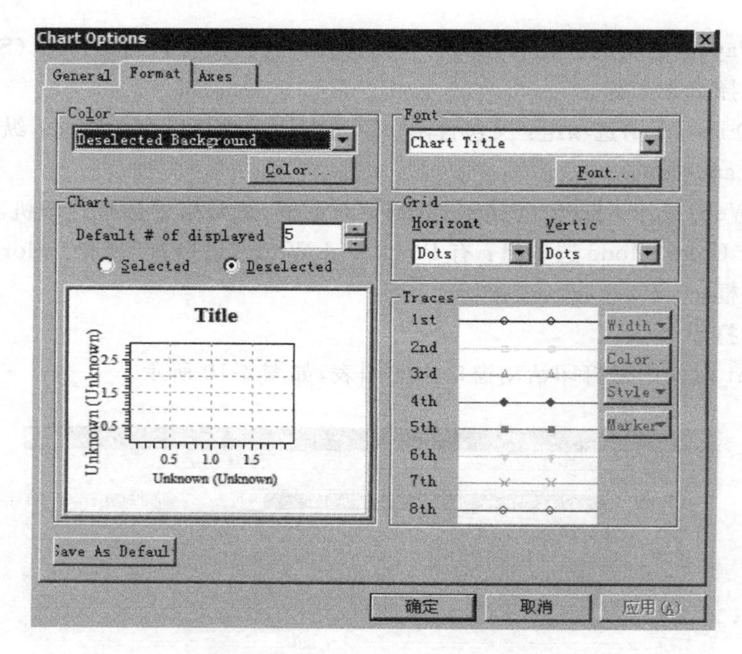


图 4-11 图表选项中的版式设置

其中：

- Color(颜色)选项组：可以对选中的或去选的图表进行颜色设置。使用者可以从下拉框中选中想要编辑的项目。下拉框中的项目包括：选中(去选)图表的背景颜色，选中(去选)图表的前台颜色，选中(去选)图表的刻度和数值颜色，选中(去选)图表的标题和标号颜色，以及栅格的颜色。
- Font(字体)选项组：改变选中项目的字体大小、颜色和字形。下拉框中的项目包括图表的标题，标号和单元，光标坐标，主要的显示刻度数值以及图例集合等。
- Chart(图表)选项组：选中图表的预览设置。可以选择选中或取消选中模式的预览设置。
- Grid(栅格)选项组：对水平和垂直栅格的显示方式进行设置，显示方式包括虚线、点以及不显示。
- Traces(踪迹)选项组：对图表中的踪迹进行相关设置，包括踪迹的宽度、颜色、线形以及标识。
- Save as Default(默认保存)按钮：将当前图表的版式设置保存为所有图标的默认设置。所有图标的默认设置可用 Options→Chart Default Options→General 命令进行设置。默认设置完成后，每次调用 W-Edit 都会加载图表的默认设置。

## 4.3 图表的操作

### 4.3.1 图表的选中和取消选中

W-Edit 窗口中的图表有两种状态，分别为选中或取消选中状态。默认情况下，选中的图表的背景变成灰色，图表的周围加上一个选中框。

图表元素的颜色在选中状态和取消选中状态可以进行分别设置。使用以下方法可以选中和取消选中图表：

- 单击图表中踪迹和注释以外的区域将选中该图表，同时使当前窗口中的其他图表处于取消选中状态。
- 用 Edit→Select→Charts 命令选中活动窗口中所有的图表。
- 用 Edit→Deselect→Charts 命令取消选中活动窗口中所有的图表。
- 单击图表中踪迹和注释以外区域的同时按住 Shift 键或 Ctrl 键，将使图表在选中和取消选中状态之间切换。

### 4.3.2 图表的剪切、拷贝、清除以及粘贴

Edit→Cut 命令（热键 Ctrl＋X）删除选中的图表，并将图表拷贝到剪贴板。Edit→Copy 命令（热键 Ctrl＋C）不删除选中的图表，将图表拷贝到剪贴板。图表被同时拷贝到内部剪贴板和外部剪贴板，它可以在 W-Edit 文件或其他应用文件中使用。

Edit→Clear 命令（热键 Del）删除选中的图表，但并不把它放进剪贴板。Edit→Paste 命令（热键 Ctrl＋V）命令将内部剪贴板的内容粘贴到活动窗口中。

### 4.3.3 图表的扩展和收缩

这里以 Nand2. wdb 文件为例来说明图表的扩展和收缩。在 W-Edit 观测器中打开 Nand2. wdb 波形文件，如图 3-39 所示。

使用 Chart→Expend Chart 命令或者工具条上的快捷按钮来完成图表的扩展。图表扩展后，图表中的每个信号都占用一个版面来显示，如图 4-12 所示。

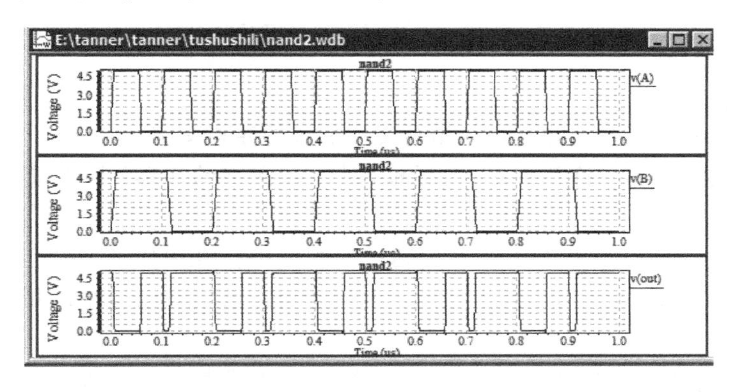


图 4-12 nand2. wdb 图形的扩展

使用 Chart→Collapse Charts 命令或者工具条上的快捷按钮来实现图表的收缩。可以把活动窗口中的两张或更多的图表合并成一张图表。按住 Shift 键或 Ctrl 键，同时单击图表中除踪迹和注释以外的区域，可以选中两张或更多的图表。这里以选中两张图表为例来说明，收缩后的 nand2. wdb 图表如图 4-13 所示。

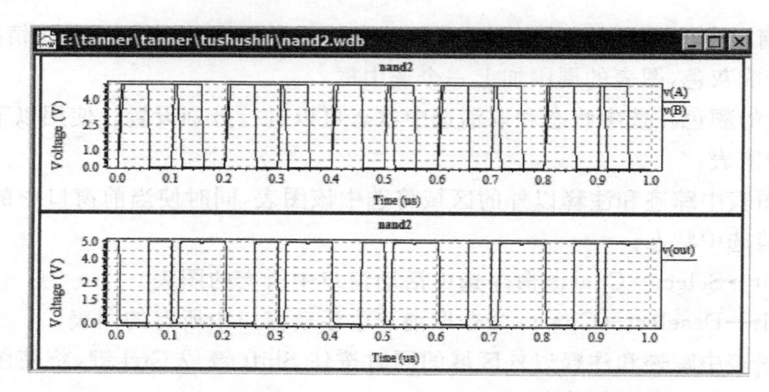


图 4-13　nand2. wdb 图形的收缩

### 4.3.4　图表的注释

用 Chart→Insert Annotation 命令对选中的图表进行注释操作，它将打开 Insert Annotation 对话框，如图 4-14 所示。

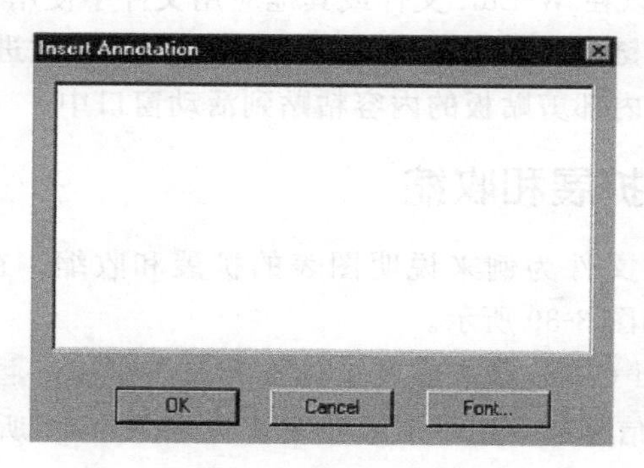


图 4-14　插入注释对话框

其中：

- Text area(文本区)：在空白区填写想要加入的注释文字。
- Font(字体)按钮：打开 Font 对话框，对注释文字的字体、字形和大小等进行相关设置。
- OK(确定)按钮：将填写的注释加到目标图表中。方法如下：在目标图表中用鼠标移动光标到要想的位置，单击即可。使用者可以选中添加的注释并将其拖曳到新的位置。

当对图表进行剪切或复制操作时，图表中的注释随图表一起移动。注释本身不能被剪切、复制或粘贴。

## 4.3.5　图表的显示和隐藏

View→Show only the Selected Charts 命令的功能是：只显示当前窗口中选中的图表，而将当前窗口中取消选中的图表隐藏。当前窗口中被隐藏的图表的数目在状态栏的右侧显示。

View→Show all Charts 命令的功能是：显示当前窗口中的所有的图表。

## 4.3.6　图表的缩放

可用于对图表进行缩放操作的命令有如下几种：

① View→Mouse Zoom（热键 Z）命令：在选中图标中，对鼠标选中的矩形区域进行放大。

② View→Zoom X 命令：在选中的图表中，使视图在 X-方向上放大，在 Y-方向上保持不变。

③ View→Zoom Y 命令：在选中的图表中，使视图在 Y-方向上放大，在 X-方向上保持不变。

④ View→Zoom In（热键＋）命令：使选中的图表在 X-和 Y-方向上都按照 10%的比例放大。

⑤ View→Zoom Out（热键-）命令：使选中的图表在 X-和 Y-方向上都按照 10%的比例缩小。

⑥ View→Home View（热键 Home）命令：设置选中的图表的坐标轴范围，使图表能够显示全部数据值。

⑦ View→Zoom Range 命令：对选中图表的特定区域进行放大。一次只能指定一张图表的坐标轴范围。该命令将打开 Zoom Ranges 命令对话框，如图 4-15 所示。

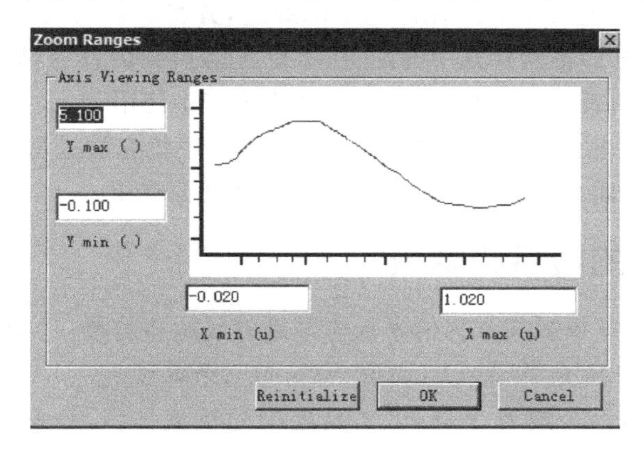


图 4-15　放大范围对话框

其中：

- Axis Viewing Ranges（坐标轴观察范围）填充框：分别指定 X-轴和 Y-轴显示的最大和最小值。
- Reinitialize（重新预置）按钮：将选中图表的坐标轴显示范围重新预置到 Home

View(最适当的显示)范围。

⑧ View→Pan 命令可分为以下 4 种：

- View→Pan→Left(热键 Left Arrow)：使选中的图表以 10%的比例在 X-轴上向左移动。
- View→Pan→Right(热键 Right Arrow)：使选中的图表以 10%的比例在 X-轴上向右移动。
- View→Pan→Up(热键 Up Arrow)：使选中的图表以 10%的比例在 Y-轴上向上移动。
- View→Pan→Down(热键 Down Arrow)：使选中的图表以 10%的比例在 Y-轴上向下移动。

## 4.4 踪迹的操作

### 4.4.1 踪迹的选中和取消选中

对踪迹进行选中和取消选中操作前，需要先选中一张或几张图表。选中和取消选中踪迹有如下几种方法：

① 用 Edit→Select→Traces 命令来选中活动窗口中所有选中图表中的踪迹。

② 单击选中图表中的踪迹，即可选中踪迹。

③ 用 Edit→Deselect→Traces 命令来取消选中活动窗口中所有选中的图表中的踪迹。

### 4.4.2 踪迹的剪切、拷贝、清除以及粘贴

对踪迹进行剪切、拷贝以及清除操作前，需要先选中图表中的踪迹。

Edit→Cut 命令(热键 Ctrl+X)删除选中的踪迹，并将踪迹拷贝到内部剪贴板。Edit→Copy 命令(热键 Ctrl+C)不删除选中的踪迹，将踪迹拷贝到内部剪贴板。拷贝到内部剪贴板的踪迹可以在当前图表窗口和其他 W-Edit 图表窗口中使用。

Edit→Clear 命令(热键 Del)删除选中的踪迹，但并不把它放进剪贴板。Edit→Paste 命令(热键 Ctrl+V)命令将内部剪贴板的内容粘贴到活动窗口中。

### 4.4.3 踪迹的显示和隐藏

这里以 Nand2. wdb 波形文件为例来说明踪迹的显示和隐藏。Nand2. wdb 波形扩展图如图 4-7 所示。该图中显示 V(A)、V(B)和 V(out)三条踪迹。

用 Chart→Traces 命令或者 W-Edit 工具栏中的快捷按钮来实现踪迹的显示或隐藏。选择 Chart→Traces 命令将打开 Traces 对话框，如图 4-16 所示。

其中：

- Chart 栏默认显示选中的波形文件名称为 nand2。
- Axes 栏显示坐标轴的类型。这里的坐标轴类型为 Date vs. Time——瞬态分析数据。
- Traces 栏：列出存储器中所有打开的与选中的图表的坐标轴类型相匹配的文件和踪迹。

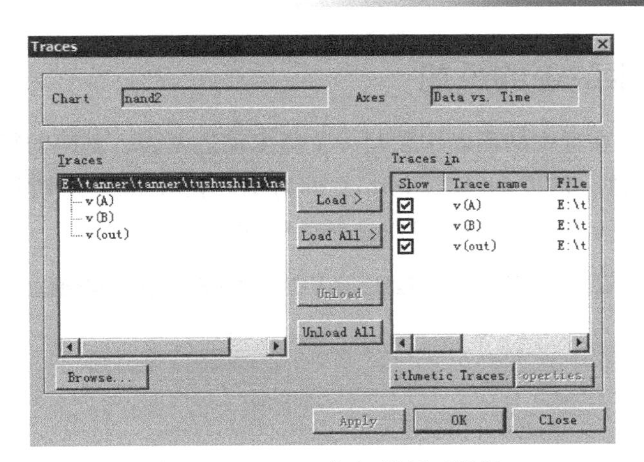


图 4-16 Traces(踪迹)设置对话框

- 选中 Traces 栏中的文件或踪迹,单击 Load 按钮,即可将它加载到 Traces in 栏中。单击 Load All 按钮将把 Traces 栏中所有的踪迹都加载到 Traces in 栏中。
- Browse 按钮:打开 Load data file(加载数据文件)对话框,以加载更多的文件和踪迹到存储器中。
- Traces in 栏:列出存储器中选中图表的所有踪迹。列表的排列顺序为图表中踪迹的显示顺序。
- 选中 Traces in 栏中的一个或多个踪迹,单击 Unload 按钮,即可将选中的踪迹从图表中移除。单击 Unload All 按钮,则将选中的图表中的所有踪迹都移除。
- Arithmetic Traces(算术踪迹)按钮:打开编辑算术踪迹对话框,在 4.4.4 节中介绍。
- Properties(属性)按钮:在 Traces in 栏中选中一条踪迹,单击 Properties(属性)按钮,打开 Trace Properties 对话框,可以对选中的踪迹的标号、线形、线宽、颜色、标记等进行设置。
- Apply(应用)按钮:对选中的图表应用所有的改变,不关闭对话框。
- OK 按钮:对选中的图表应用所有的改变,并关闭对话框。
- Cancel 按钮:不对选中的图表做任何改变,关闭对话框。

举例:在图 4-7 中,取消选中 Traces in 栏中标号为 v(B)踪迹,即可将踪迹 v(B)隐藏。改变后的波形如图 4-17 所示。

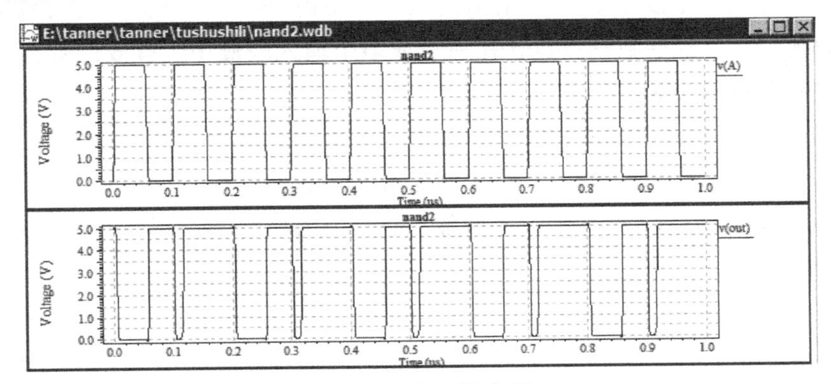


图 4-17 踪迹的隐藏

### 4.4.4 算术踪迹的添加

算术踪迹命令将在选中的图表中创建一个算术踪迹图表。创建的算术踪迹是加载的踪迹或 X-轴变量的函数。仍以 Nand2. wdb 文件为例。在 Traces 对话框中单击 Arithmetic Traces(算术踪迹)按钮,打开编辑算术踪迹对话框,如图 4-18 所示。

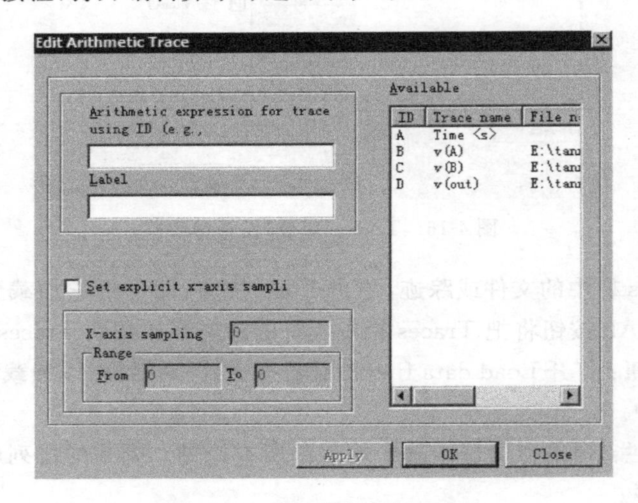


图 4-18 编辑算术踪迹对话框

其中:

- Available Traces(有效的踪迹)栏:列出选中图表的所有踪迹。每个踪迹都用一个独一无二的字母(A-Z)来识别。踪迹 A 总是代表独立的 X-轴变量。
- Arithmetic Expression for Trace using ID(用 ID 号组成的踪迹算术表达式)填充框:填写新踪迹的算术表达式。
- Label(标号)填充框:填写新踪迹的标号。在没有提供标号的情况下,默认用算术表达式作为新踪迹的标号。
- Set explicit X-axis sampling(设置精确地 X-轴取样)可选框:当复选框被选中时,使用者可以对新的踪迹进行精确地取样设置。当选中的图表是空表时,复选框自动选中。当复选框未被选中时,在有效的数据范围内,W-Edit 计算所有的数据点上的算术踪迹的值。这些数据点包含在一个或多个输入踪迹中。有效的数据范围为输入踪迹的范围的交集。
- X-axis sampling(X-轴取样)填充框:设定新踪迹的数据点之间的距离。
- Range(范围)填充框:指定新踪迹的 X-轴的范围。
- Apply(应用)按钮:将算术踪迹增加到 Available traces(有效地踪迹)列表中,不关闭对话框。

举例:图 4-18 中,在 Arithmetic Expression for Trace using ID 填充框中写入 B+C,即可实现踪迹 v(A)和踪迹 v(B)的相加。计算得到的新的计算踪迹如图 4-19 所示。

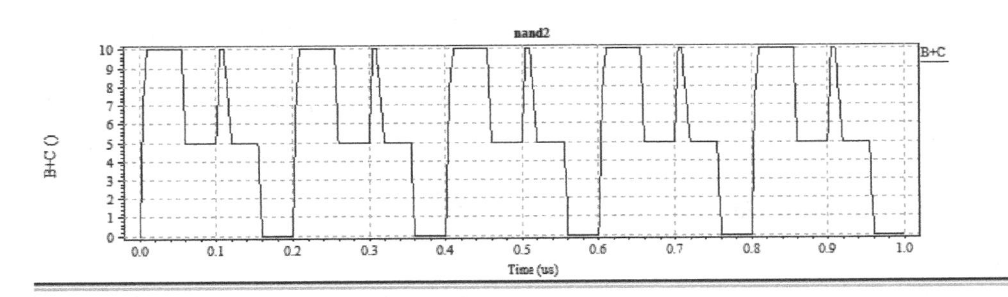


图 4-19　新的计算踪迹波形图

### 4.4.5　游标和测量

在 W-Edit 中，对于选中的图表，光标测量工具可以测量其踪迹中某一点的 X 坐标和 Y 坐标，也可以测量踪迹中任意两个点之间的 X 坐标差和 Y 坐标差。

用 Chart→Cursors→Vertical Bars 命令或者工具栏中的快捷按钮，在选中的图表中加入一对垂直光标线。单击选中其中一条垂直线，将其拖曳到想要的位置，即可查看这一点的 X 坐标，还可以查看两条垂直线之间的在 X-轴方向上的距离。再次单击工具栏中的快捷按钮，就可以把图表中的两条垂直线去掉。

用 Chart→Cursors→Horizontal Bars 命令或者工具栏中的快捷按钮，在选中的图表中加入一对水平光标线。单击选中其中一条水平线，将其拖曳到想要的位置，即可查看这一点的 Y 坐标，还可以查看两条水平线之间的在 Y-轴方向上的距离。再次单击工具栏中的快捷按钮，就可以把图表中的两条水平线去掉。

用 Chart→Cursors→Markers 命令或者工具栏中的快捷按钮，在选中的图表中加入一对标识光标。单击选中其中一个标识光标，将其拖曳到想要的位置，同样可以移动另一个标识光标，即可查看任两点的坐标，以及两点之间的 X 坐标差和 Y 坐标差。再次单击工具栏中的快捷按钮，就可以把图表中的两个标识光标去掉。

用 Chart→Cursors→Clear All 命令，将选中的图表中的所有的测量光标都移除。

## 4.5　多文件窗口

### 4.5.1　多文件窗口命令

W-Edit 的显示区中可以同时打开多个窗口，但每次只有一个窗口处于活动状态。对多文件窗口进行操作可以用菜单栏中 Window 下包含的各个命令工具来完成。

① Window→Cascade 命令：从显示区的左上角开始，将显示区中的窗口叠放在一起。各个窗口的标题都是可见的。

② Window→Tile Horizontally 命令：将显示区中的各个窗口以不重叠的方式水平平铺，它们的大小充满整个显示区。

③ Window→Tile Vertically 命令：将显示区中的各个窗口以不重叠的方式垂直平铺，它们的大小充满整个显示区。

④ Window→Arrange Icons 命令：在显示区的左下方，从左向右排列各窗口的图标（最小化的窗口）。

⑤ Window→Close All 命令：关闭显示区中的所有窗口。当存在未保存窗口时，出现警告提示信息。

⑥ Window→(most recently opened)显示区：列出显示区中所有窗口的名称。在当前选中的窗口名称前面有一个对勾标志。

## 4.5.2 多文件窗口命令的使用实例

举例：

① 在 W-Edit 下，用 File→Load Data 命令，拉开 nand2.out 文件和 example1.out 文件。

② 用 Window→Cascade 命令，将两个窗口文件叠放，如图 4-20 所示。

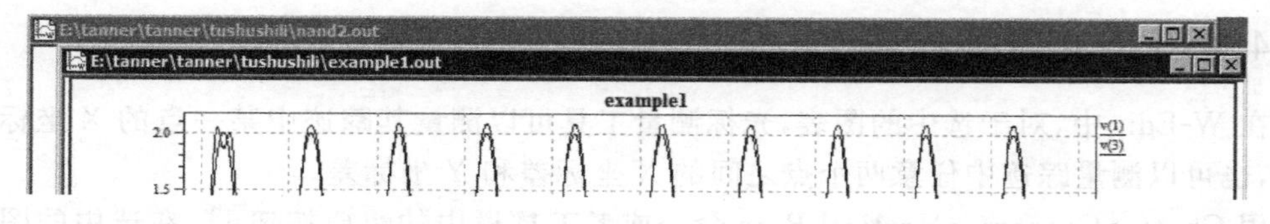

图 4-20 叠放两个窗口文件

③ 用 Chart→Traces 命令删除 nand2.out 窗口中的踪迹 v(A)和 v(B)。

④ 用 Window→Tile Horizontally 命令将改变后的 nand2.out 窗口与 example1.out 窗口水平平铺，如图 4-21 所示。

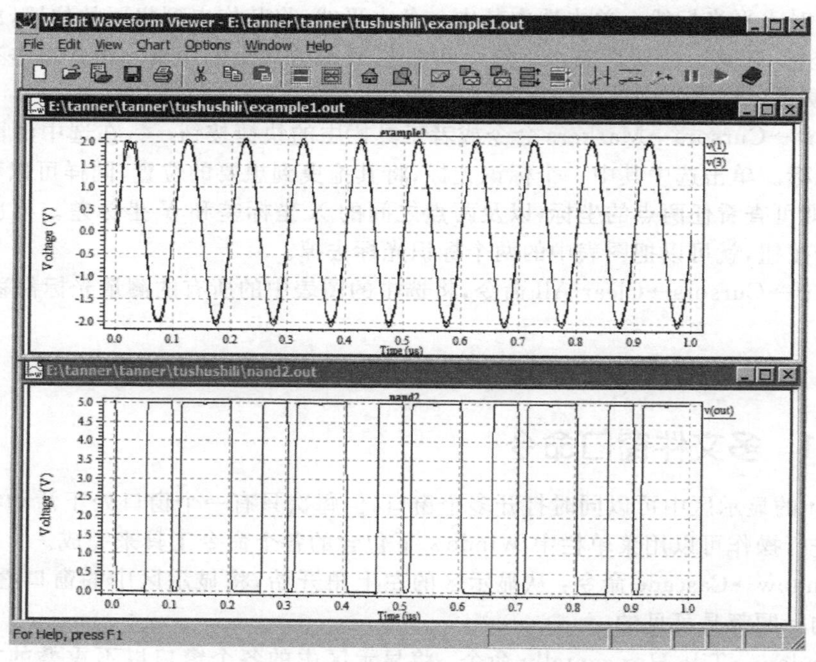

图 4-21 垂直平铺多个窗口

## 4.5.3 比较不同模拟的数据

要比较不同模拟的数据，可以用踪迹的剪切或复制命令，再将剪切或复制的踪迹粘贴到目标窗口中。

举例：将 nand2. wdb 文件的踪迹 v(B)的数据与 example1. wdb 文件的踪迹 v(1)的数据加以比较。

实现方法：

① 在 W-Edit 中打开上述两个波形文件窗口。在 nand2. wdb 文件窗口中，选中踪迹 v(B)，然后用 Edit→Cut(or Copy)命令，将踪迹 v(B)放进剪贴板。

② 在 example1. wdb 文件窗口中，用 Edit→Paste 命令，将踪迹 v(B)粘贴到踪迹 v(1)的图表中，如图 4-22 所示。

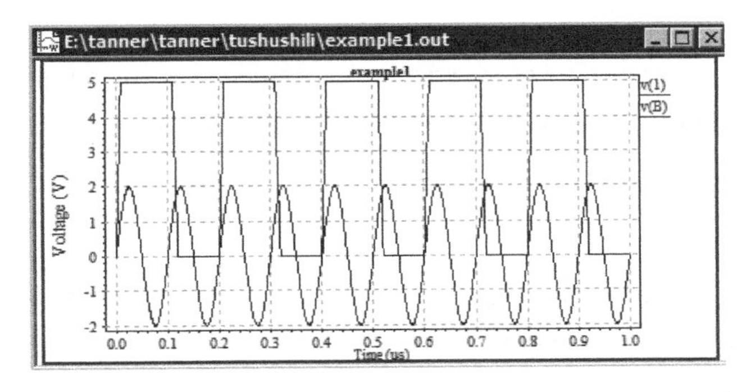


图 4-22 把 nand2. out 文件中的踪迹粘贴到 example1. out 中

## 4.6 数据文件的格式

### 4.6.1 数据文件的结构

W-Edit 只能读入后缀为. out 的数据文件。数据文件中除注释行外，还包括能用于绘图的一个或多个数据节部分和不能用于绘图的数据节部分。

能用于绘图的数据节部分包含了用于绘图的所有信息。这部分数据文件由 3 个部分组成，这 3 个部分在文中的排列顺序是：①分析类型；②标号行；③数据行。

举例：

```
TRANSIENT ANALYSIS
Time<s>             v(1)<V>          v(3)<V>
   0.0000e+000     0.0000e+000      0.0000e+000
   1.3217e-013     1.6610e-005      2.9018e-014
   1.5309e-011     1.9239e-003      1.1271e-008
   2.9394e-011     3.6939e-003      6.6336e-008
```

不能用于绘图的数据节文件是一组文本描述信息，其典型结构如下：

```
* BEGIN NON-GRAPHICAL DATA
文本描述行语句
* END NON-GRAPHICAL DATA
```

举例：

```
* BEGIN NON-GRAPHICAL DATA
```

Power Results
v4 from time 0 to 1e-006
Average power consumed -> 4.486394e-005 watts
Max power 2.557680e-003 at time 1.09002e-008
Min power 0.000000e+000 at time 0
* END NON-GRAPHICAL DATA

### 4.6.2 数据文件的句法

**1. 注释行**

数据文件中的注释行以“*(星号)”开头。一个数据文件中可以包含一行或多行注释行。它只有解释说明的作用,不对命令分析结果产生任何影响。如:

* BEGIN NON-GRAPHICAL DATA

**2. 分析行**

用于说明数据节中数据分析的类型。不同的分析类型及其分析结果属于不同的数据节文件。分析行的数据必须是文本格式的。如:

TRANSIENT ANALYSIS, DC ANALYSIS

**3. 标号行**

用于定义分析结果中的数据列的名称和单位。一个数据节有且只有一个标号行。标号行的数据也必须是文本格式的。标号行的格式为:

标号名[<单位>]或'标号名'[<单位>]

如:

Time<s>　v(1)<V>　v(3)<V>

**4. 数据行**

数据行包含 T-Spice 的模拟结果,或用于 W-Edit 绘图的大量数据信息。与分析行和标号行不同,数据行可以是文本数据和二进制数据。数据行的格式为:

datum(已知数) [datum] [datum]

如:

0.0000e+000　0.0000e+000　0.0000e+000
1.3217e-013　1.6610e-005　2.9018e-014

## 4.7 版图后仿真和波形模拟举例

### 4.7.1 版图

这里以用标准单元法绘制的 INV 反相器为例,其版图如图 4-23 所示。

用 Tools→Extract 命令将反相器的版图转化为 T-Spice 文件。首先,在打开的对话框中选择 General 选项卡,在其中的 Extract definition file 栏中通过 Browse 按钮选择…

tanner \LEdit90 \Samples \SPR \example2\ morbn20. ext 文件，如图 4-24 所示。其次，选择 Output 选项，在其中的 Write nodes and devices as 栏中选择 Names 单选框，这样提取的元件中的节点将以名称的形式表示。再次，在 Output 选项卡中选中 Write nodal parasitic capacitance 项，并设定当节点的寄生电容小于 5pF 时被忽略，这可使提取的 Spice 文件中包含版图绘制过程中不可避免存在的寄生电容，经 T-Spice 后模拟后可查看寄生电容对电路特性的影响。注意，该操作不适合将电路图的 sp 文件与相应版图的 spc 文件进行 LVS 比较，否则将会出现电路图与版图不相匹配的结果。最后，在 Output 选项卡的 SPICE include statements 填充栏中，写入以下 4 个命令：

```
.include ml2_125.md
.tran 10n 100n
.print tran v(A) v(out)
.power vdd
```

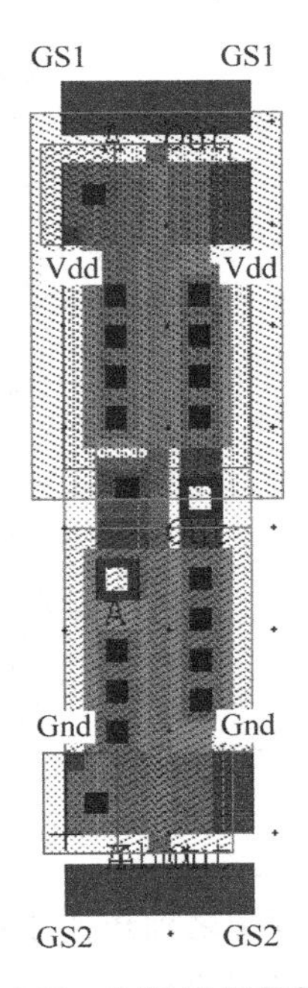


图 4-23 INV 反相器版图

上述 4 个命令分别表示 INV 反相器中 MOS 管的模型文件名称为 ml2_125. md、对反相器做瞬态分析、查看反相器的输入和输出信号随时间变化的波形以及查看电源电压的功耗。Output 选项卡的设置如图 4-25 所示，设定完成后单击 Run 按钮执行对 INV 版图的提取操作。

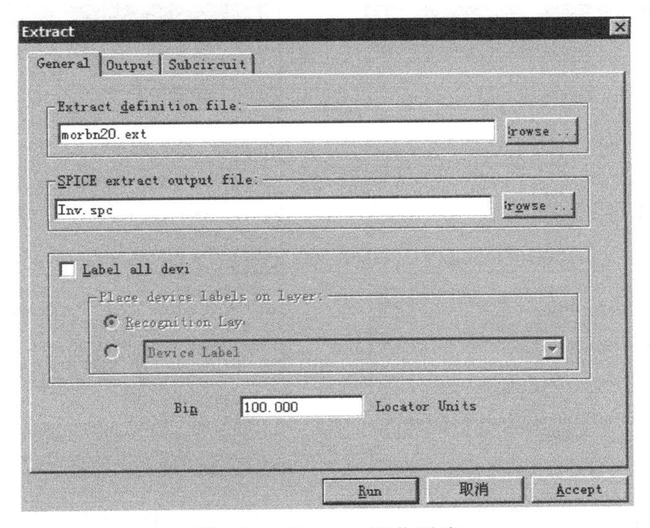


图 4-24 Extract 转化设定

## 4.7.2 提取的 SPICE 网表和 T-Spice 后模拟

在 T-Spice 电路模拟器下，用 File→Open 命令打开 INV 反相器提取之后的 T-Spice 网表(INV. spc 文件)，如图 4-26 所示。

提取的网表中显示提取的晶体管和寄生电容的个数和电路的连接描述，还显示在 Output 选项卡中 SPICE include statements 填充栏下填写的 4 条模拟命令。对该文件进行

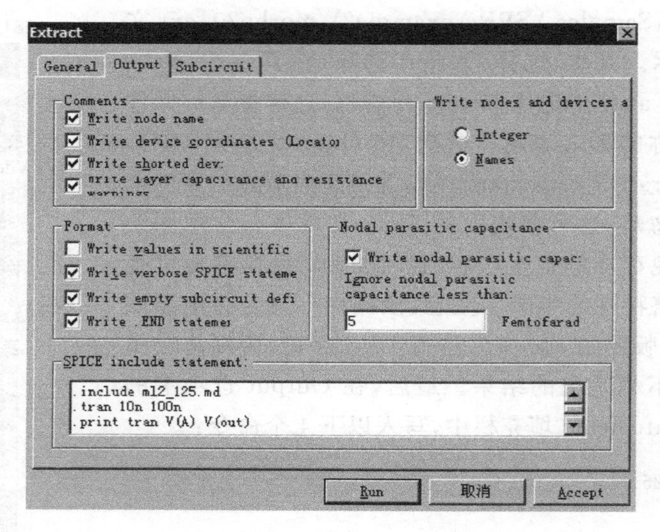


图 4-25　Output 选项卡设定

Spice 模拟之前还要添加电源电压的设定语句和输入信号的设定语句，具体的设定过程参见 4.2 节的描述。添加完成的结果如图 4-27 所示。之后，使用 Simulation→Run Simulation 命令或工具栏中的快捷按钮 ▶ 对上述网单文件进行 Spice 模拟，得到的仿真波形如图 4-28 所示。此时的电源电压的平均功耗为 2.650 299W。

```
inv
* NODE NAME ALIASES
*       1 = OUT (11,32)
*       2 = A (3,24)
*       3 = Gnd (18,0)
*       4 = Vdd (18,58)
*       4 = vdd (0,58)
.include ml2_125.md
.tran 10n 100n
.print tran V(A) V(out)
.power vdd
Cpar1 OUT 0 C=80.808f
Cpar2 A 0 C=6.273f
Cpar3 Gnd 0 C=41.36f
Cpar4 Vdd 0 C=64.216f

M1 OUT A Vdd Vdd PMOS L=2u W=28u
* M1 DRAIN GATE SOURCE BULK (8 38 10 66)
M2 OUT A Gnd Gnd NMOS L=2u W=28u
* M2 DRAIN GATE SOURCE BULK (8 0 10 28)
* Total Nodes: 4
* Total Elements: 8
* Total Number of Shorted Elements not written t
* Extract Elapsed Time: 0 seconds
.END
```

图 4-26　反相器版图的转化结果

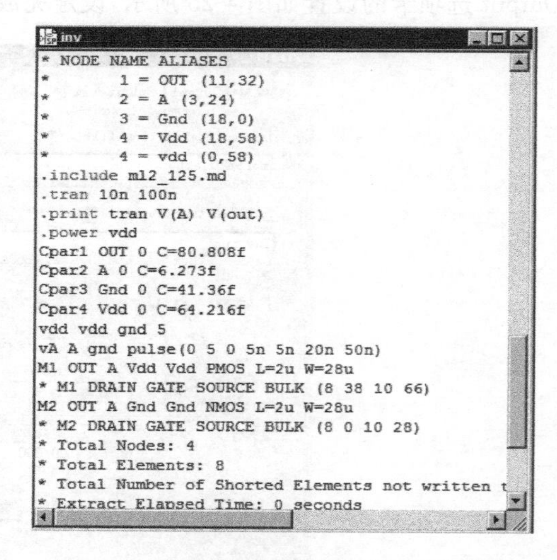

```
inv
* NODE NAME ALIASES
*       1 = OUT (11,32)
*       2 = A (3,24)
*       3 = Gnd (18,0)
*       4 = Vdd (18,58)
*       4 = vdd (0,58)
.include ml2_125.md
.tran 10n 100n
.print tran V(A) V(out)
.power vdd
Cpar1 OUT 0 C=80.808f
Cpar2 A 0 C=6.273f
Cpar3 Gnd 0 C=41.36f
Cpar4 Vdd 0 C=64.216f
vdd vdd gnd 5
vA A gnd pulse(0 5 0 5n 5n 20n 50n)
M1 OUT A Vdd Vdd PMOS L=2u W=28u
* M1 DRAIN GATE SOURCE BULK (8 38 10 66)
M2 OUT A Gnd Gnd NMOS L=2u W=28u
* M2 DRAIN GATE SOURCE BULK (8 0 10 28)
* Total Nodes: 4
* Total Elements: 8
* Total Number of Shorted Elements not written t
* Extract Elapsed Time: 0 seconds
```

图 4-27　版图提取文件中的 T-Spice 设定

在反相器的电路图生成的 Spice 文件中添加相同的分析命令和信号设定，并将电路图中两个 MOS 管的沟道宽长比也作相同的设定后，用 T-Spice 模拟得到的波形如图 4-29 所示。该电路中电源电压的平均功耗为 2.650 278W。

由图 4-28 及图 4-29 可见，由于版图绘制过程中产生的寄生电容都很小，因此它们对反相器的输出电压产生的影响也很小，但寄生电容的存在使电源电压消耗的功率略微增大了。

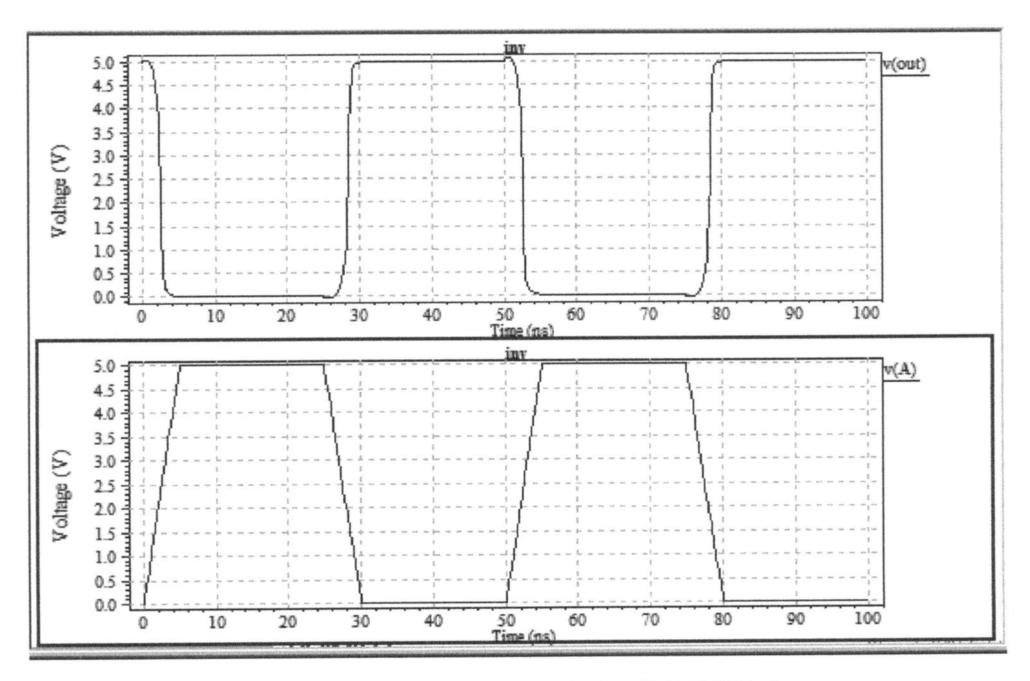


图 4-28　带有寄生电容的版图提取文件的模拟波形

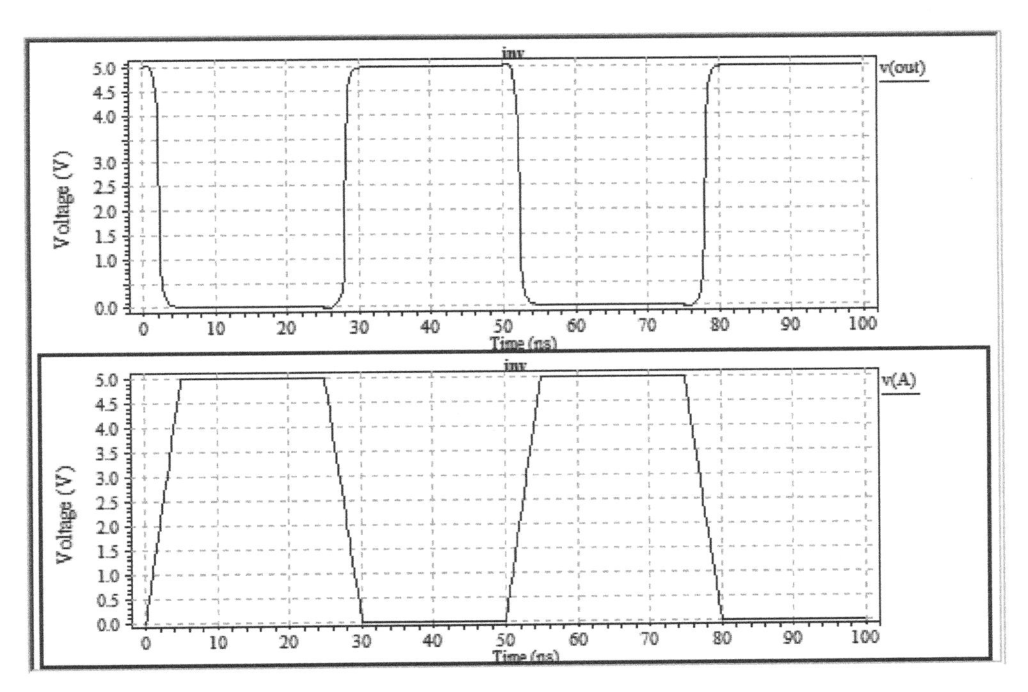


图 4-29　反相器电路图产生的 Spice 文件的模拟波形